本书由中国电工技术学会专家审核

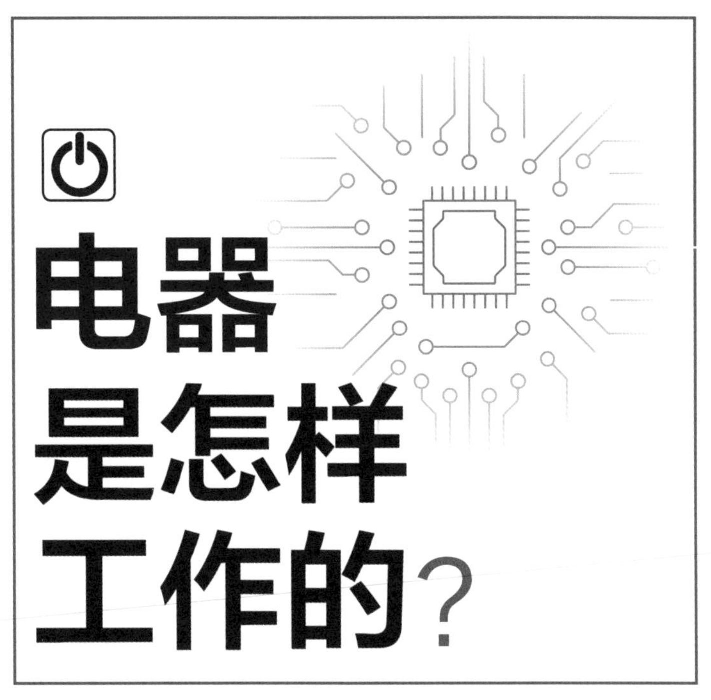

电器是怎样工作的？

彩色图解电器原理与构造

陈新亚　编著

化学工业出版社
·北京·

内容简介

本书是在中国电工技术学会的特别指导下，由知名科普作者编写而成。具体内容包括电知识入门、电力与电池、电机与电动、制热与制冷、声音与视觉、信息与通信、电脑与智能和医疗与健康8部分。

本书通过介绍常见常用电器的工作原理，按照相关知识体系划分章节，将电学原理、电气和电子知识贯穿全书。采用一页一主题的内容组织形式，通过全彩图解+简单文字的讲解方式，将抽象晦涩、难理解的电器知识形象生动地呈现给读者。本书是一本简洁明了、直观通俗的原创科普读物。

本书适合电器从业人员、初入电器制造和维修业的人员、电气或电子及相关专业的学生以及对电器科技感兴趣的科普爱好者们阅读使用。

图书在版编目（CIP）数据

电器是怎样工作的?：彩色图解电器原理与构造/陈新亚编著. —北京：化学工业出版社，2024.3（2025.3重印）
ISBN 978-7-122-45327-3

Ⅰ.①电… Ⅱ.①陈… Ⅲ.①日用电气器具-图解 Ⅳ.①TM925-64

中国国家版本馆CIP数据核字（2024）第061695号

责任编辑：周　红　　文字编辑：李亚楠　温潇潇
责任校对：杜杏然　　装帧设计：王晓宇

出版发行：化学工业出版社
（北京市东城区青年湖南街13号　邮政编码100011）
印　　装：北京瑞禾彩色印刷有限公司
787mm×1092mm　1/16　印张10　字数284千字
2025年3月北京第1版第3次印刷

购书咨询：010-64518888　　售后服务：010-64518899
网　　址：http://www.cip.com.cn
凡购买本书，如有缺损质量问题，本社销售中心负责调换。

定　　价：89.80元　

致读者

是的，这是一本创新型科普图书，是一本展现现代电器科技魅力的画册，融知识性、技术性和趣味性于一体，并创新性地采用“简单”“直接”的版面设计，按照电器的工作过程和原理，以大量示意图、简洁说明文字、形象动画视频，将我们身边各种电器的复杂原理化繁为简，抽丝剥茧，一步步标出阅读顺序，循序渐进、深入浅出地揭示各种电器的奥秘所在。同时，还对相关的科学原理、定律、现象、常识等进行最简单、最直观的介绍，帮助快速理解电器的工作原理。

本书在中国电工技术学会的特别指导下，将电学原理、电气和电子知识贯穿全书，并按相关知识体系划分章节，进行系统性介绍，将科学知识和技术原理融入各种电器原理之中。通过揭示电器所蕴含的科学奥秘，展现科技创新的巨大魅力，激发人们对电器科技知识的学习兴趣和探索精神。

本书适合电器从业人员、初入电器制造和维修业的人员、电气或电子及相关专业的学生以及对电器科技感兴趣的科普爱好者们阅读使用。

我们的生活已离不开电器，电器几乎支撑着我们的一切。我们已进入被电器“捆绑”的时代。我们都生活在电器堆中，正享受着各种电器带来的快乐和希望。要想探索现代电器奥秘，了解电器是怎样工作的，请您往后翻阅。

最后，特别感谢中国电工技术学会组织专家对本书进行技术审核，确保内容正确、新颖、专业、权威。

270963083@qq.com

目录

电知识入门 1

电力与电池 15

电机与电动 31

制热与制冷 55

声音与视觉 79

信息与通信 105

电脑与智能 127

医疗与健康 145

电知识入门

THE BASICS OF ELECTRICITY

电的发现

电在我们生活中是如此普遍，它已经成为我们认为理所当然的东西。我们很少停下来思考它是如何变得无处不在的。在它的发展历史进程中，有几次顿悟的时刻和突破性的发明，塑造了我们的现代生活。

公元前2750年

发现电鲶带电

古埃及人把电鲶称为“尼罗河上的雷声”。电鲶引发了近千年的神秘传说，包括进行原始实验，例如用铁棒触摸电鲶以引起电击。

公元前500年

静电被发现

公元前500年左右，古希腊的米利都人发现，在琥珀上摩擦毛皮或羽毛等轻质物体，可以产生静电。这种静电效应在后来近2000年的时间里一直不为人所知，直到公元1600年左右，英国医生威廉·吉尔伯特才真正发现了静电。

1600年

Electricity 一词的来历

英文 Electricity（电）是从拉丁语“electricus”翻译过来的，原意是“琥珀的”。英国医生威廉·吉尔伯特用它来形容物体相互摩擦时所产生的力。几年后，英国科学家托马斯·布朗将其翻译为“Electricity”。

1752年

富兰克林冒险做风筝试验

1752年，美国科学家本杰明·富兰克林为了证明闪电是电，在雷雨天放风筝。他把一把金属钥匙系在风筝线上导电。风暴云中的电转移到风筝上，顺着线流下来，给了他一个电击。他很幸运没有受伤。他并不介意受到惊吓，因为这证明了他的想法。

另外，正电、负电、电荷等，也是富兰克林率先于书面提出的。

1800年

伏特发明电池

意大利科学家亚历山德罗·沃特在1800年发明了电池。伏特意识到，当锌和银浸入一种电解液中时，就会产生电流——这一原理至今仍是化学电池的基础。

电流的产生

物质由分子、原子构成。原子中心是原子核，原子核由质子和中子构成。在原子核周围，有一定数目的电子在运动。电子带负电，原子核带正电。通常情况下，原子核带的正电荷与电子所带的负电荷在数量上相等，原子整体不显电性，物体对外也不显电性。

靠近原子核轨道的电子，受质子的吸引力较强，而远离原子核的电子受质子的吸引力较弱。电子可以通过摩擦、加热、发光、压力、化学作用和磁作用等被释放。释放后的自由电子在电动势的作用下移动，从一个原子移动到另一个原子，这样一连串的自由电子就形成了电流。

电子在某些物体中移动比在其他物体中移动更容易些，如铜、铁和铝等，它们很容易导电，所以被称作导体；与导体相对的是绝缘体，绝缘体不容易导电；介于导体与半导体之间的物体称为半导体；在某一温度以下，具有零电阻和完全电磁排斥的材料，称为超导体。

照明变得实用而廉价

托马斯·爱迪生获得了第一个实用的白炽灯泡的发明专利。这种灯泡使用碳化的竹丝，可以燃烧超过1200小时。1879年12月31日，爱迪生首次公开展示了他的白炽灯泡。他说："电力将变得很便宜，只有富人才会点蜡烛。"虽然他不是唯一一位试验白炽灯的发明家，但他发明的电灯是最持久、最实用的。

集成电路诞生

1958年9月12日，美国人杰克·基尔比研制出世界上第一块集成电路，成功地实现了把电子器件集成在一块半导体材料上的构想，为开发电子产品的各种功能铺平了道路，开创了电子技术历史的新纪元。

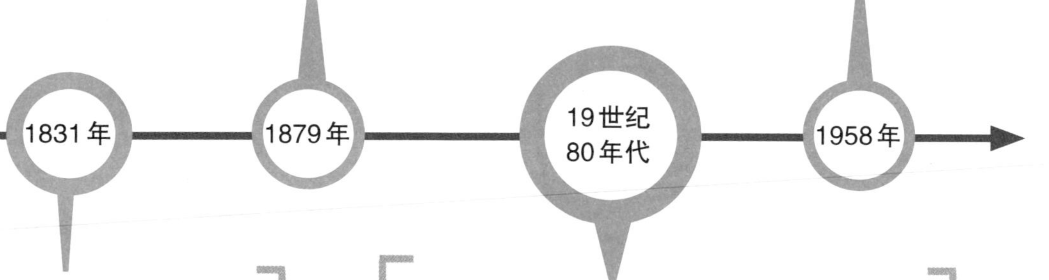

法拉第发明发电机

英国人迈克尔·法拉第在1831年发明的发电机，为以后几个世纪的发电开了先河。他的发明将机械能转换为电能。虽然最初的发电机很简陋，但它在产生稳定、连续的电力方面取得了突破，为托马斯·爱迪生等人的电器发明打开了大门。

特斯拉与爱迪生的"电流大战"

19世纪80年代，尼古拉·特斯拉和托马斯·爱迪生之间爆发了"电流大战"。特斯拉决心证明交流电对家庭使用是安全的，这与爱迪生认为由电池输送的直流电更安全、更可靠的观点相反。

这场冲突导致了数年的危险演示和实验，其中一次特斯拉在观众面前触电"自杀"，以证明自己不会受到伤害。最终交流电获胜。

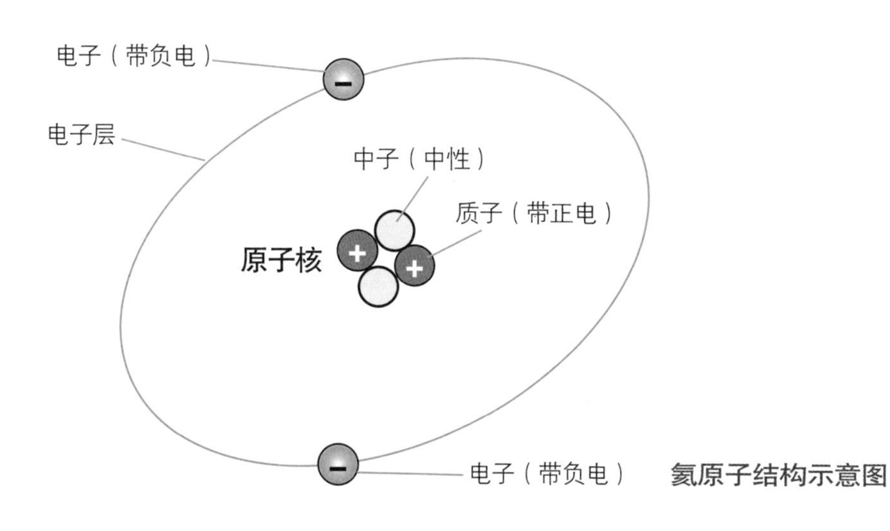

氦原子结构示意图

扫描观看动画视频

电的产生

电的来源与应用

下图中所列电器，以本书中所介绍的内容为主。有关电的来源、存储和应用的相关技术和电器，实际中还有很多，在此不再列举。

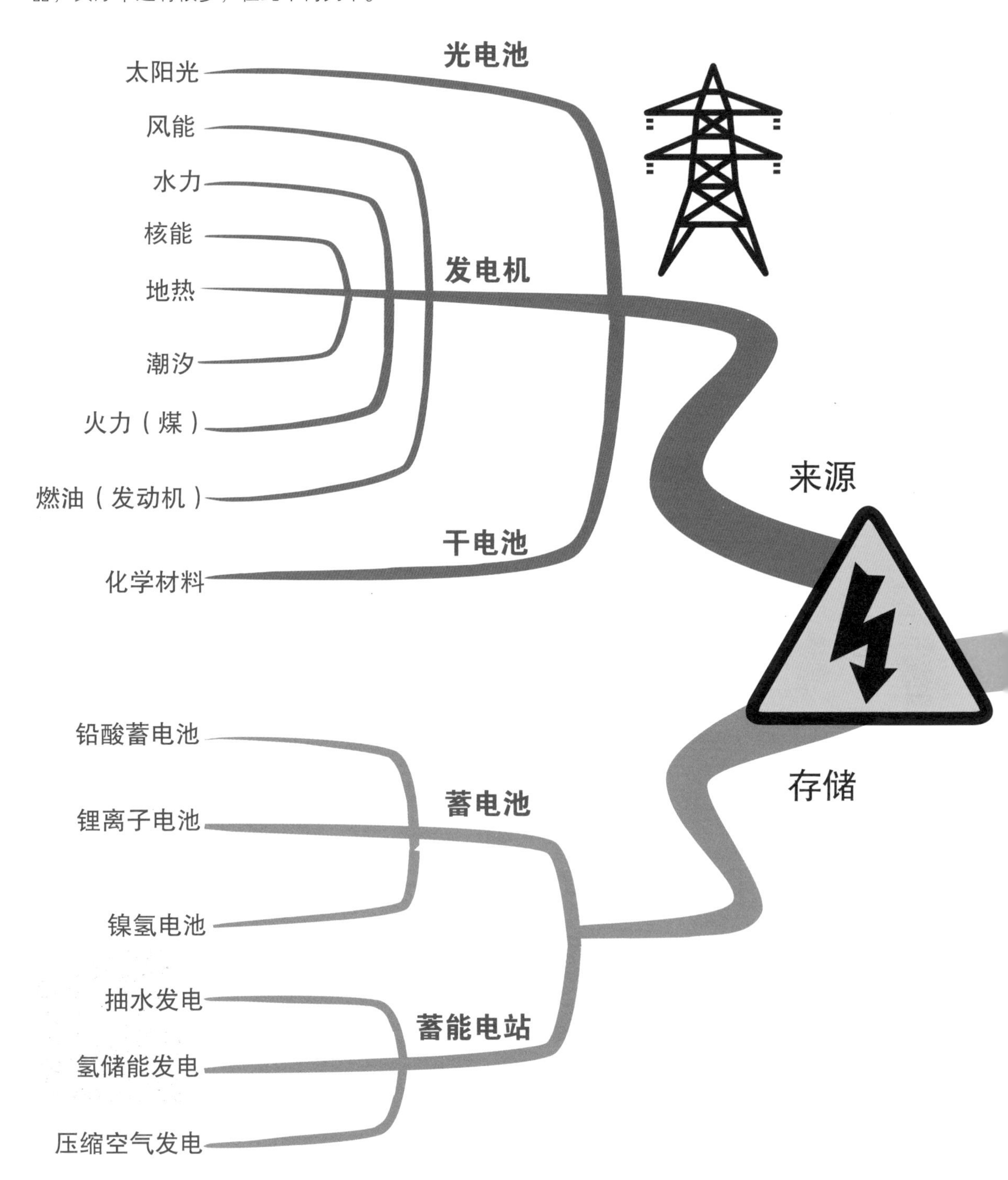

电的来源、存储与应用思维导图

- 应用
  - 电流的化学效应
    - 电解
    - 电镀
    - 蓄电池充电
  - 电磁感应
    - 电磁炉
    - 无线充电
    - 变压器
  - 电流的磁效应
    - 电动机
      - 电动汽车
      - 电钻
      - 电梯
    - 扬声器
    - 电磁铁
      - 磁共振扫描仪
      - 磁悬浮列车
      - 磁悬浮牙刷
  - 电流的荧光效应
    - 荧光灯
  - 电流的生物效应
    - 心电图
    - 脑电图
    - 触摸屏
  - 压电效应
    - 超声波发生器
    - 晶体耳机
    - 石英钟
  - 温差电效应
    - 温度传感器
    - 温度差计
  - 电流的珀耳帖效应
    - 电子冰箱
  - 电流的热效应
    - 电烤箱
    - 电吹风机
    - 电热水器
    - 白炽灯
  - 光电效应
    - 光电池
    - 光电二极管
    - 光电传感器

电路

电路

电流流过的回路叫做电路。最简单的电路由电源、用电器、开关和导线组成。

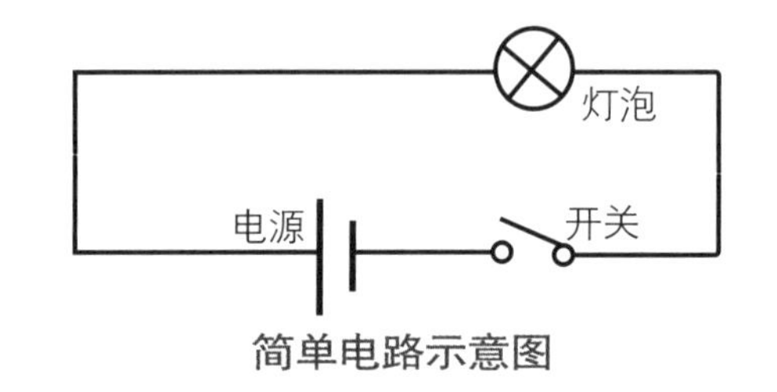

简单电路示意图

电压

电压是指两点之间的电势差或电位差。它是电路中自由电荷定向移动形成电流的原因。电压就像是推动水通过水管的压力。它的计量单位是伏特(简称伏，V)。

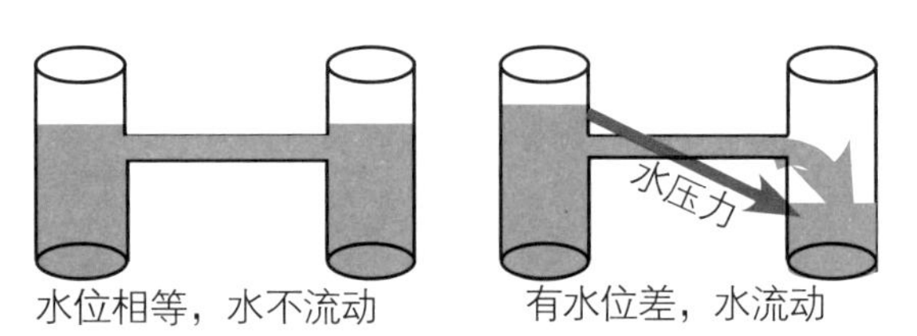

水位差示意图

电流

电荷的定向移动形成电流。电流的大小是指单位时间内流过导线横截面的电荷量，就像是水流过管道横截面的速率。电流的计量单位是安培(简称安，A)。

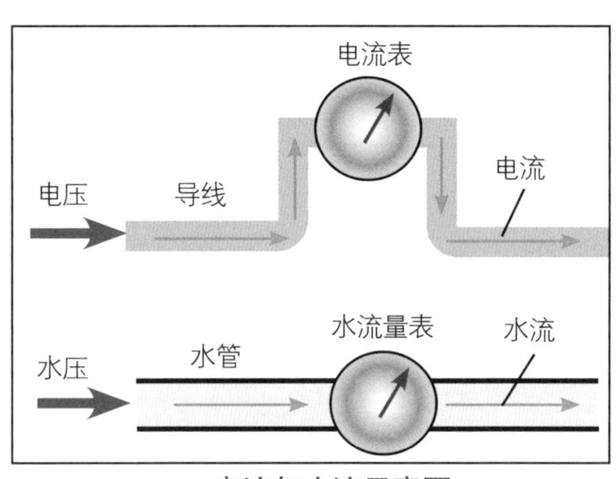

电流与水流示意图

电阻

导体对电流的阻碍作用就叫做该导体的电阻。电阻就像水管里的沙子，会减慢水流的速度。它的计量单位是欧姆(简称欧，Ω)。

欧姆定律

在同一电路中，通过某段导体的电流跟这段导体两端的电压成正比，和这段导体的电阻成反比。

电压、电流和电阻都是相关的，如果你在电路中改变其中一个，其他的也会改变。就像你在水管里加入沙子，保持压力不变，流出的水就会减少。

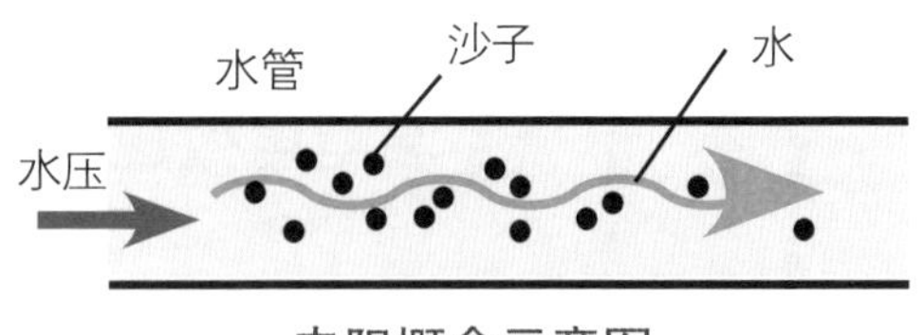

电阻概念示意图

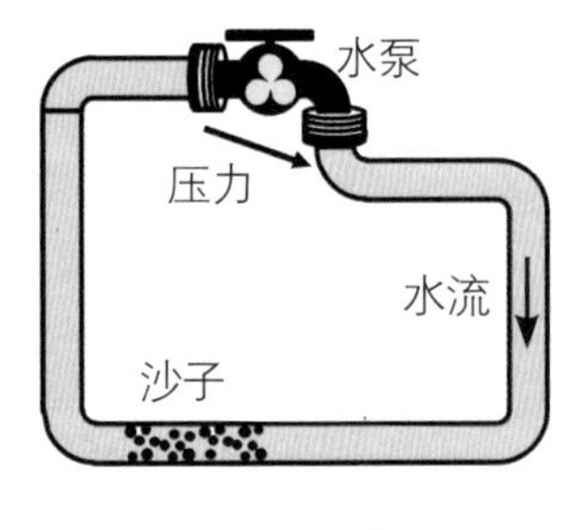

水循环示意图

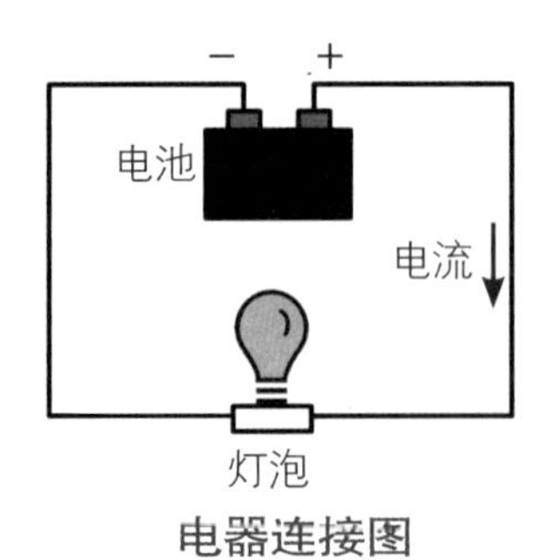

电器连接图

− +
电池
电流
电阻

电路图

直流电与交流电

直流电（DC）类似于水管中正常的水流——它从源头流向末端，沿一个方向流动。从历史上看，直流电最初是由托马斯·爱迪生在著名的“电流大战”中倡导的。虽然直流电当时输给了交流电，但直流电在现代电子产品中，却扮演了更令人兴奋的角色，比如电脑、手机和电视等。

交流电(AC)就像水在水管内每秒来回流动多次（当然这个类比在现实中不太可能存在）。交流电很容易由交流发电机产生。尼古拉·特斯拉支持交流电而不是直流电，并最终取得了胜利。交流电现在是通过电网输送电力的全球标准。

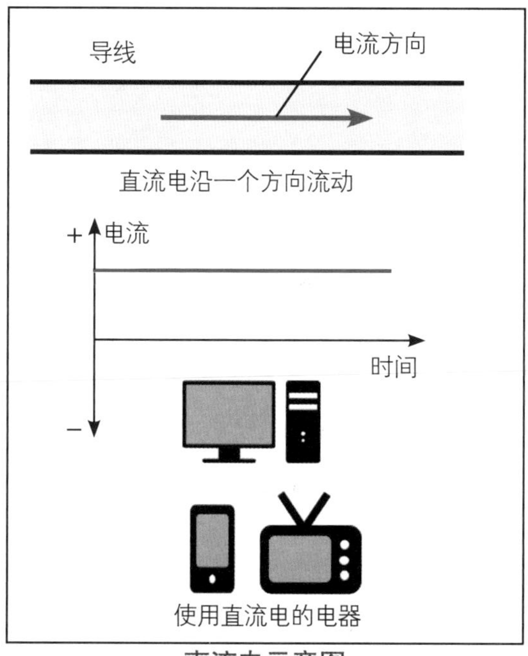

直流电示意图

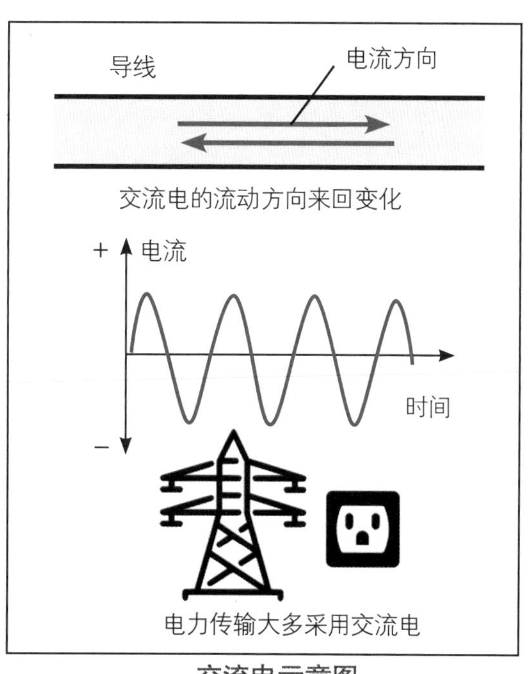

交流电示意图

强电与弱电

强电与弱电都是相对而言，没有权威的划分标准，一般按用途来区分强电与弱电。

强电主要用于传递电能，其特点是电压高、电流大、功率大、频率低，如输电线、空调线、照明线、插座线、动力线、高压线等。弱电主要用于传递信息或信号，即信息的传送和控制，其特点是电压低、电流小、功率小、频率高，如音频线、视频线、网络线、电话线等。

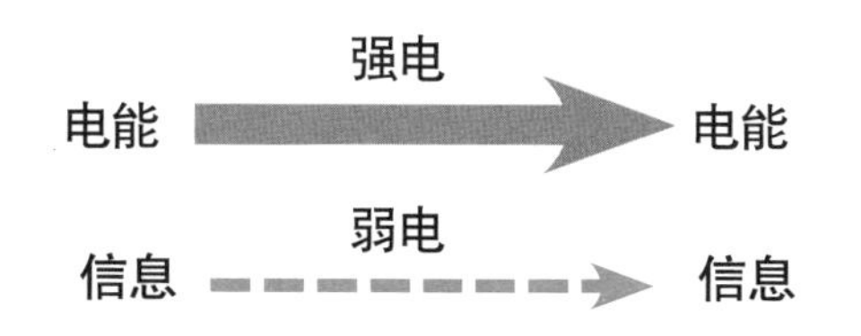

高压电与低压电

有关高压电、低压电的定义在不同国家和不同的行业领域有不同的标准，并在送电线路与配电线路、用电线路有所不同，交流电与直流电更有区别。

通常将低于1千伏的电压称为低压电，将1千伏及以上的电压，又分为中压、高压、超高压和特高压电。

请注意，这里的低压可不是安全电压。各国对安全电压值的规定有所不同，一般环境条件下允许持续接触的“安全特低电压”是36伏，但是在不同环境下对安全电压的要求可能会更低。

电流的热效应

将电能转换为热能

电流流过导体时导体会发热，这种现象称为电流的热效应。利用这个现象，可以制作制热电器和照明电器。

本书应用：电热水器、电烤箱、电吹风机、电熨斗、白炽灯等。

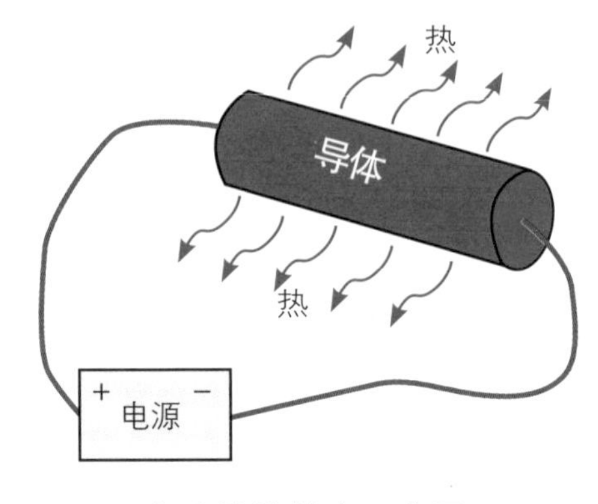

电流的热效应示意图

电流的化学效应

电流可以导致化学反应

电流通过导电的液体会使液体发生化学变化，产生新的物质。这种现象称为电流的化学效应。利用电流的化学效应，可以电镀各种金属制品；提炼更高纯度的金属，比如电解铜；可以电解水来制取氢和氧；可以对蓄电池充电，将电能转换为化学能。

本书应用：电池。

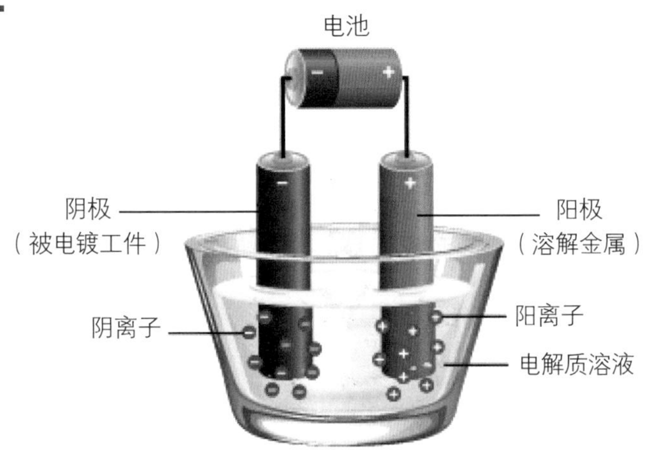

电镀工作原理示意图

电流的荧光效应

将电能转换为光能

当紫外光或波长较短的可见光照射到某些物质时，这些物质会发射出各种颜色和不同强度的可见光。而当光源停止照射时，这种光线随之消失。这种在激发光诱导下产生光的现象，称为荧光效应。这个过程将电能转化为光能。荧光效应被广泛应用于荧光灯、荧光屏幕等照明电器和显示设备。

本书应用：日光灯（荧光灯）、紧凑型日光灯等。

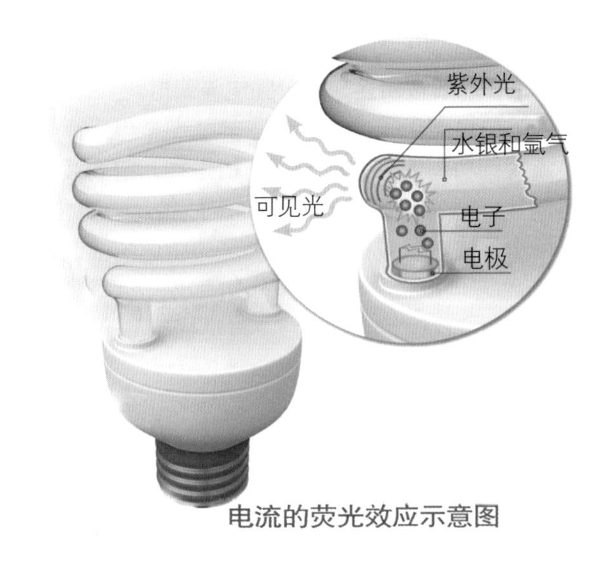

电流的荧光效应示意图

电流的珀耳帖效应

电流会导致半导体产生吸热和散热现象

当电流通过由两种不同材料组成的回路时，在两种材料的接头处会发生吸热或放热的现象。这个现象在1834年由法国物理学家珀耳帖发现，因此称为珀耳帖效应。利用半导体的珀耳帖效应，可以制作制冷机等。

本书应用：电子冰箱。

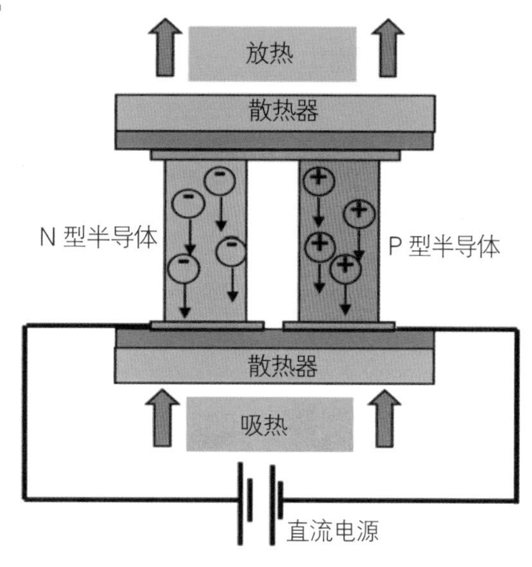

电流的珀耳帖效应示意图

压电效应

压力与电能可以相互转换

在石英、陶瓷等晶体的两个表面上施加压力或拉力，两个表面就会分别显示出正、负电性，这种现象称为压电现象。反过来，把这类晶体的两个表面和电源的正、负极相连，晶体就会发生机械形变：伸长或收缩。这种现象称为逆压电效应。利用逆压电效应，可以制造超声波发生器、晶体耳机等。

本书应用：石英钟表等。

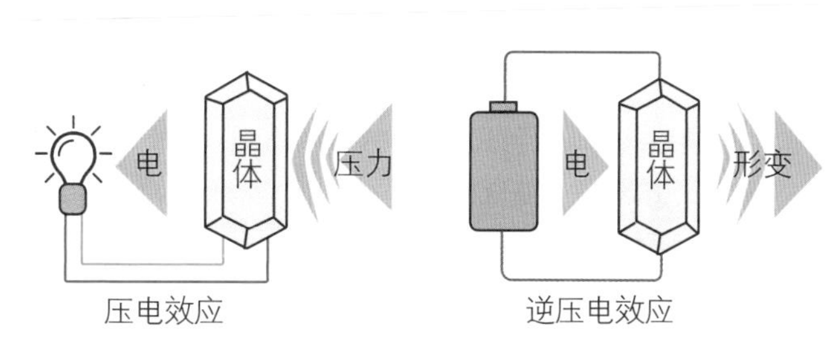

压电效应示意图

光电效应

将光能转换为电能

当光照射到某些材料表面时，会导致材料中的电子被激发，从材料表面释放出来，从而形成电流。利用光电效应可以将光能转换为电能或检测光信号，如光电池、光电二极管、光电传感器和激光等设备。

本书应用：太阳能发电、数码单反相机、扫描仪、传真机、复印机、彩色复印机等。

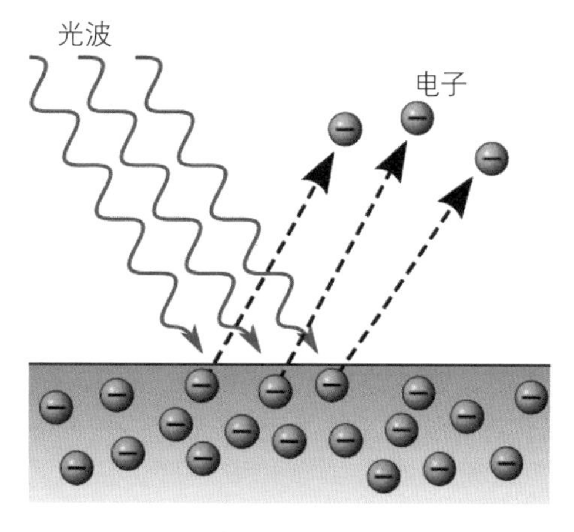

光电效应示意图

电流的生物效应

生物体都带有生物电

各种生物体都带有生物电，同时，外界电流对人体的各个部位产生不同程度的影响。这就是电流的生物效应。利用这个效应，可以把人体心脏或脑部产生的电流，经过仪器处理后再显示出图像，即心电图和脑电图。同时，使用外界电流也可以治疗疾病，如各种电疗。

本书应用：心电图仪、触摸屏等。

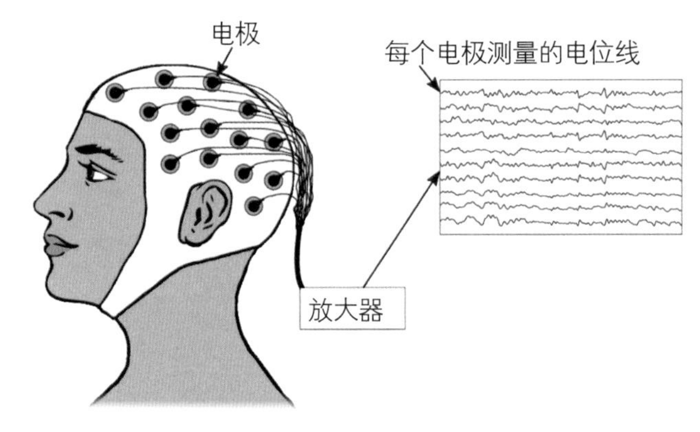

脑电图仪原理示意图

电流的磁效应

通电导体周围产生磁场

任何通有电流的导线，都可以在其周围产生磁场。这种现象称为电流的磁效应。这个现象是丹麦物理学家汉斯·奥斯特在1820年最先发现的。当时他发现一根通电导体可使它附近一个罗盘的磁针发生偏转。

本书应用：电动机、扬声器、电铃、磁悬浮电动牙刷、磁悬浮列车、磁共振扫描仪等。

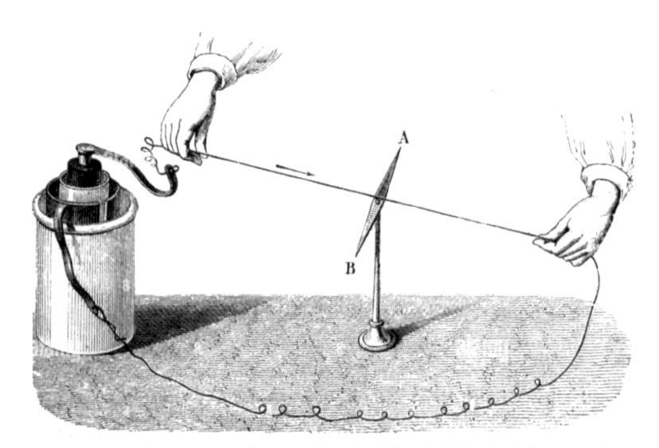

汉斯·奥斯特发现电流的磁效应的实验

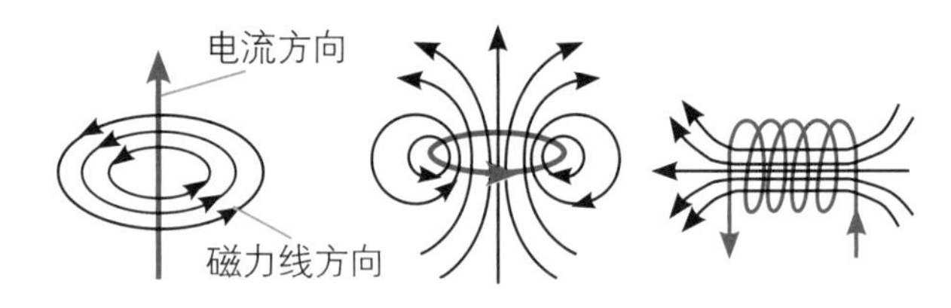

长直导线的磁力线　　圆电流的磁力线　　螺线管的磁力线

电磁铁

通电导体会变成电磁铁

在铁芯的外部缠绕与其功率相匹配的导电绕组，这种通有电流的线圈像磁铁一样具有磁性，称为电磁铁。电流越强，磁场就越强。

本书应用：电话、扬声器、电铃、磁悬浮电动牙刷、磁悬浮列车等。

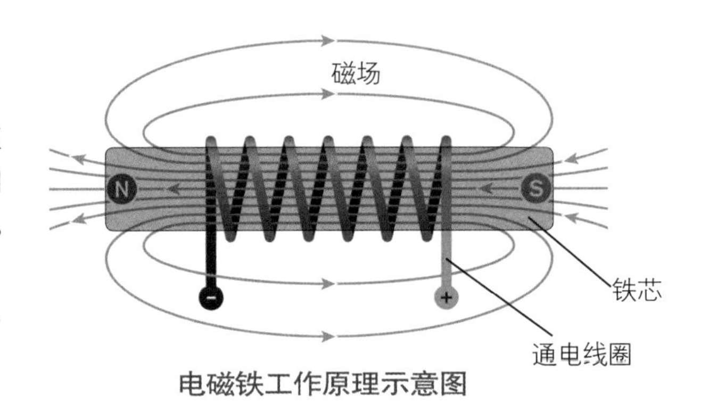

电磁铁工作原理示意图

电磁感应

变化磁场中的闭合导体可以产生电流

电磁感应现象是指放在变化磁通量中的导体，会产生电动势。若将此导体闭合成一个回路，则会在导体中形成感应电流。这一现象是英国物理学家法拉第在1831年最先发现的，并据此制作出一个圆盘发电机。

本书应用：发电机、感应电动机、手机无线充电器、变压器、电磁炉、磁悬浮列车等。

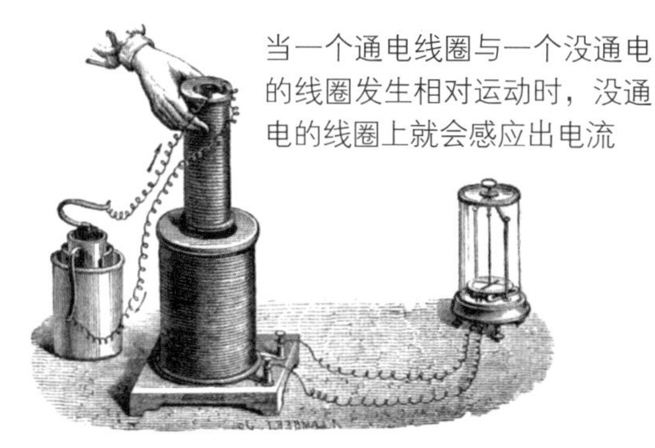

法拉第验证电磁感应的实验图

第一台圆盘发电机示意图

变压器

利用电磁感应原理调节交流电的电压大小

变压器利用电磁感应原理调节交流电压的大小。首先，交流电(AC)流经变压器的初级线圈，该线圈绕在铁芯上会产生一个变化的磁场。这个变化的磁场在次级线圈中产生感应电压。如果次级线圈比初级线圈拥有更多的匝数，电压就会增加或上升；如果次级线圈匝数比初级线圈少，电压就会降低。在手机充电器、麦克风、扬声器、电脑、电视、空调、洗衣机、饮水机等众多家用电器中，都离不开变压器。

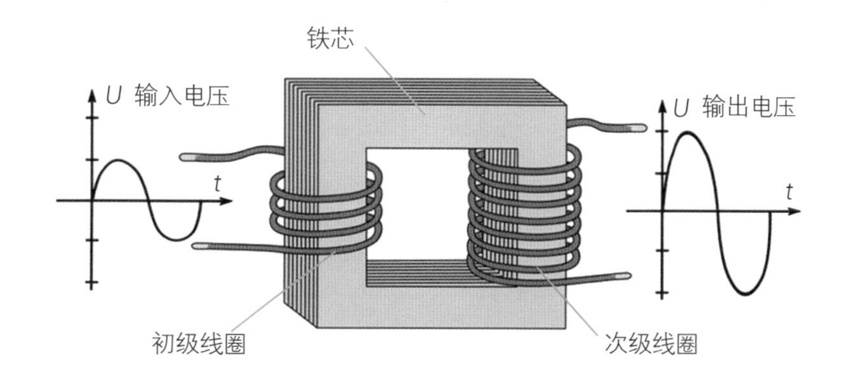

次级线圈匝数是初级线圈的2倍，输出电压也是输入电压的2倍，但电压的频率相同

变压器构造与工作原理示意图

电磁波

电磁波由电波和磁波组成

电磁波是由同相振荡且互相垂直的电场与磁场，在空间中衍生发射的振荡粒子波。电磁波实际上分为电波和磁波，但由于电场和磁场总是同时出现，同时消失，并相互转换，所以通常将二者合称为电磁波。

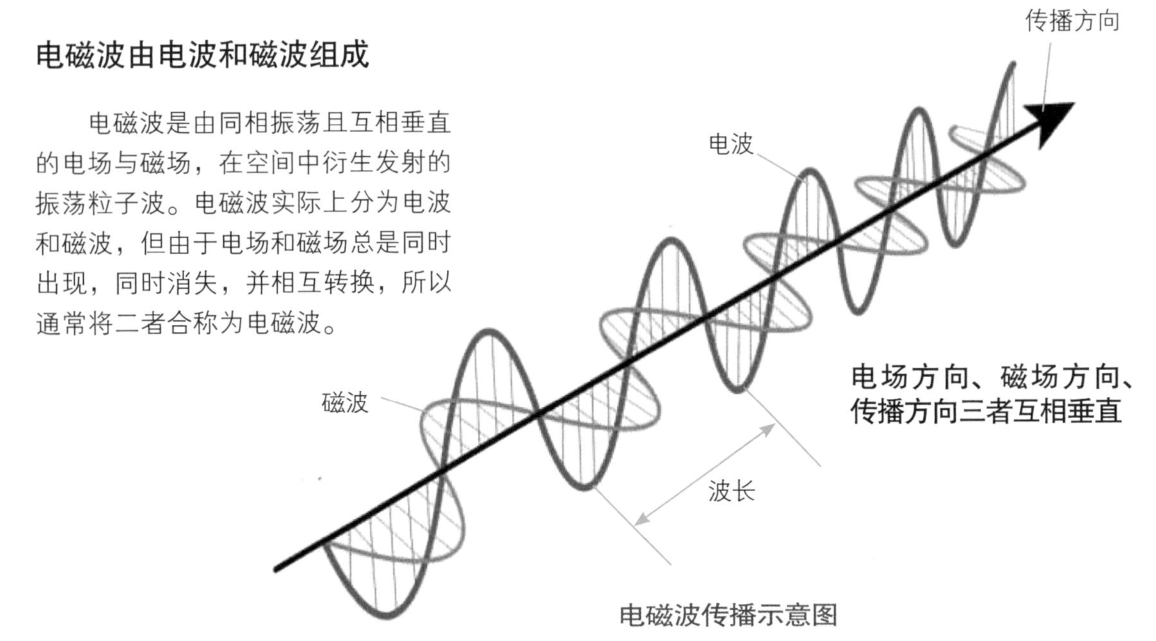

电磁波传播示意图

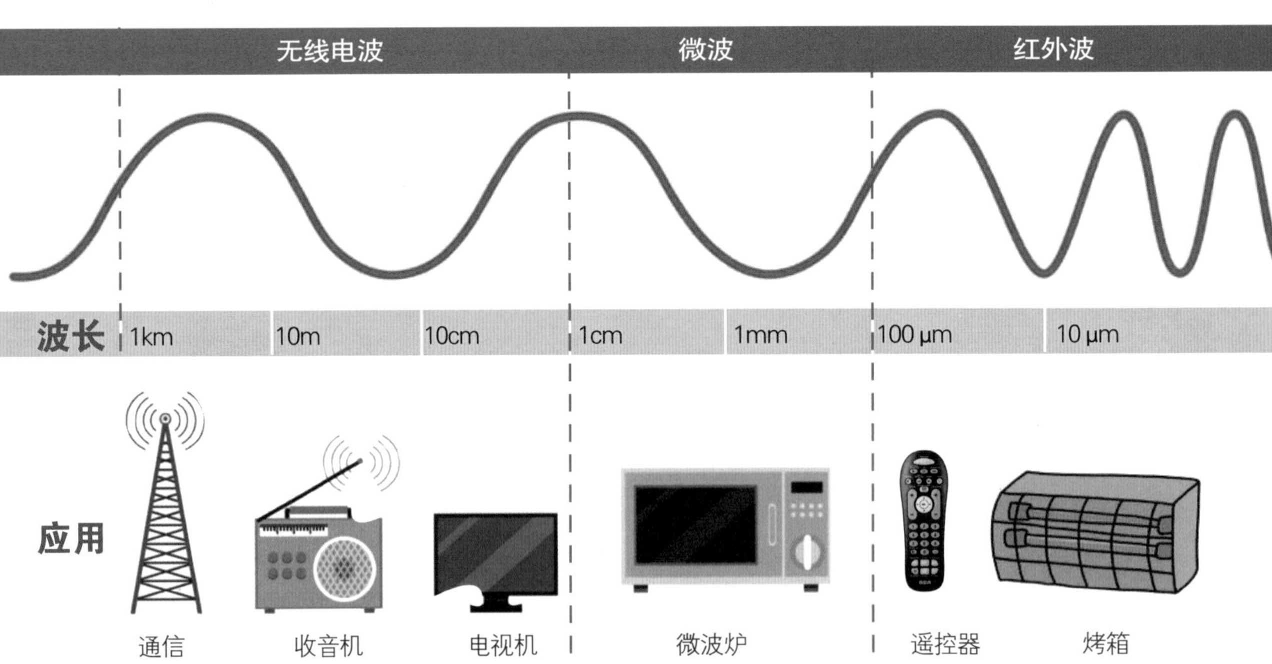

信息和通信系统利用无线电波、光波和红外波来发送和接收信号；
微波炉利用微波产生热，电烤箱、电暖器等利用红外波生热

电磁波谱及应用示意图

模拟信号与数字信号

模拟信号

模拟信号会随时间变化而连续变化，而且通常被限制在一个范围内，但在这个连续的范围内，它会有无限多个值。

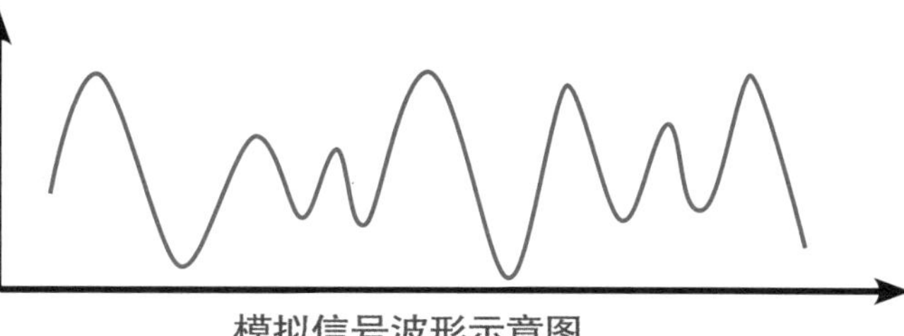

模拟信号波形示意图

数字信号

数字信号是将数据表示为一连串离散的值。在给定时间内，数字信号只能从有限的一组可能值中选取一个值。在实际的数字信号传输中，通常是将一定范围的信息变化归类为状态0或状态1。

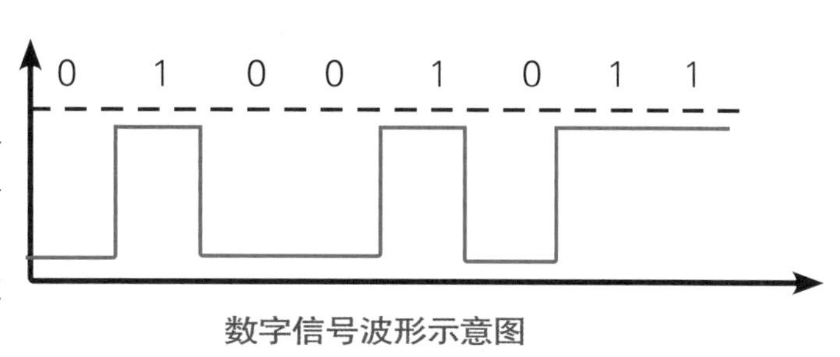

数字信号波形示意图

可见光 紫外光 X光 伽马射线

1μm 100nm 10nm 1nm 0.1nm 0.01nm 0.001nm 0.0001nm

照相机

紫外光灯

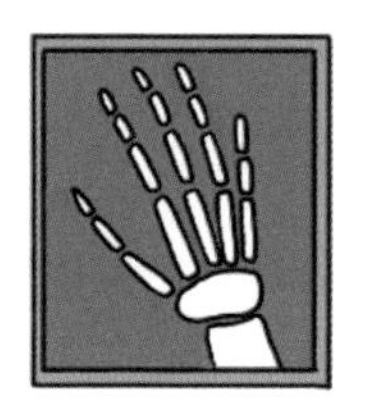

X光透视

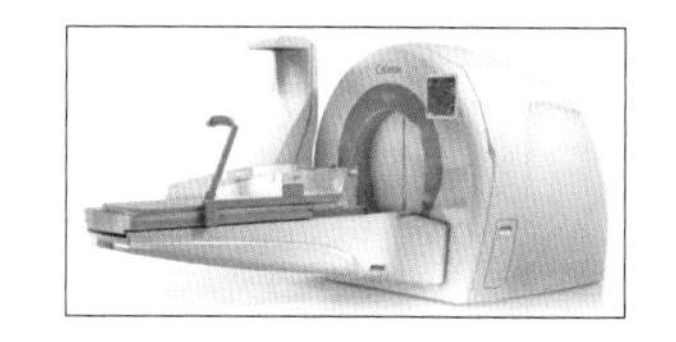

伽马射线治疗仪

光波也是电磁波，摄像头接收光波，而投影仪则产生光波；照明电器是因产生可见光波而明亮

X光机、CT扫描仪和伽马射线治疗仪等，都是利用了电磁波的相关技术

电力与电池

ELECTRIC POWER AND BAT TERIES

太阳能发电

扫描观看动画视频

太阳能电池

太阳能电池是怎样工作的?

太阳光照在太阳能电池板上，光子撞击半导体材料，产生新电子 – 空穴对，在 P–N 结内建电场的作用下，空穴由 N 区流向 P 区，电子由 P 区流向 N 区，接通电路后就形成电流。

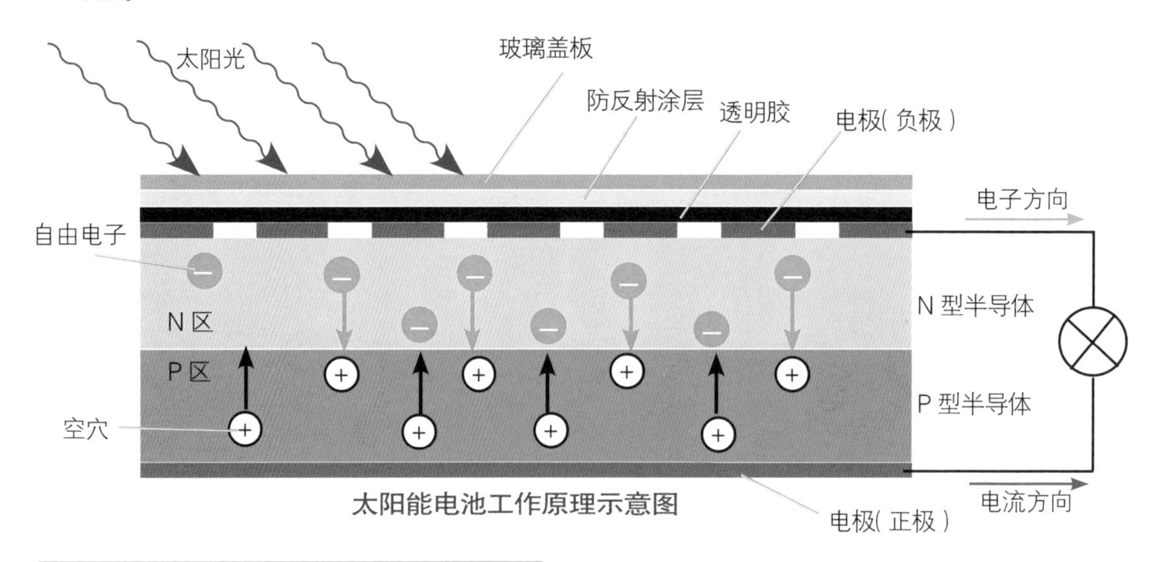

太阳能电池工作原理示意图

1 阳光照射到光电池板上，光子携带能量撞击电子，电子吸收光子的能量后摆脱共价键的束缚，被激发而成为自由电子。在产生自由电子的同时，在原共价键上就会多出一个空穴

2 激发态的电子和空穴会在半导体中形成电势差，这个电势差驱动电子从负极流向正极，形成电流

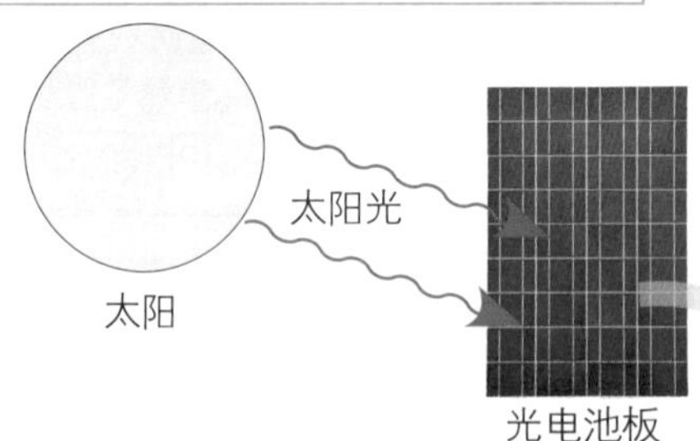

3 由于阳光照射是源源不断的，所以，光电池产生的电流也是源源不断的。把很多块光电池通过串并联的方式整合起来，就形成了太阳能电池矩阵

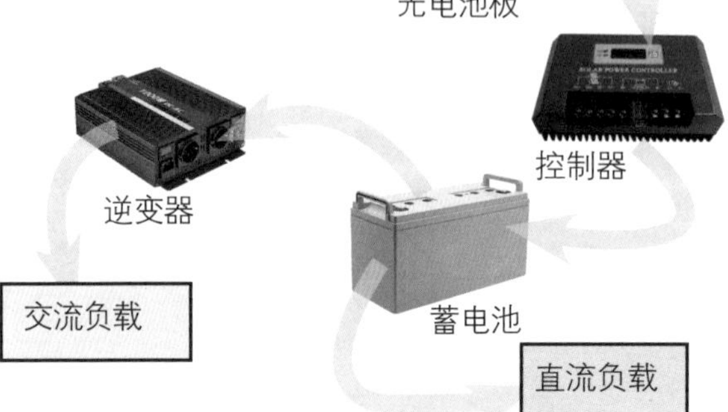

4 通过控制器，将光电池矩阵产生的直流电存储于蓄电池中，用于直流负载；也可利用逆变器，将直流电转换为交流电，用于交流负载

太阳能发电系统构造示意图

交流发电机

交流发电机是怎样工作的?

交流发电机的线圈在磁场中旋转时产生感应电流。线圈通过滑环和电刷连接到电力输出电路。线圈每完成 360 度旋转，感应电流就改变两次方向，因此发电机输出的是交流电。

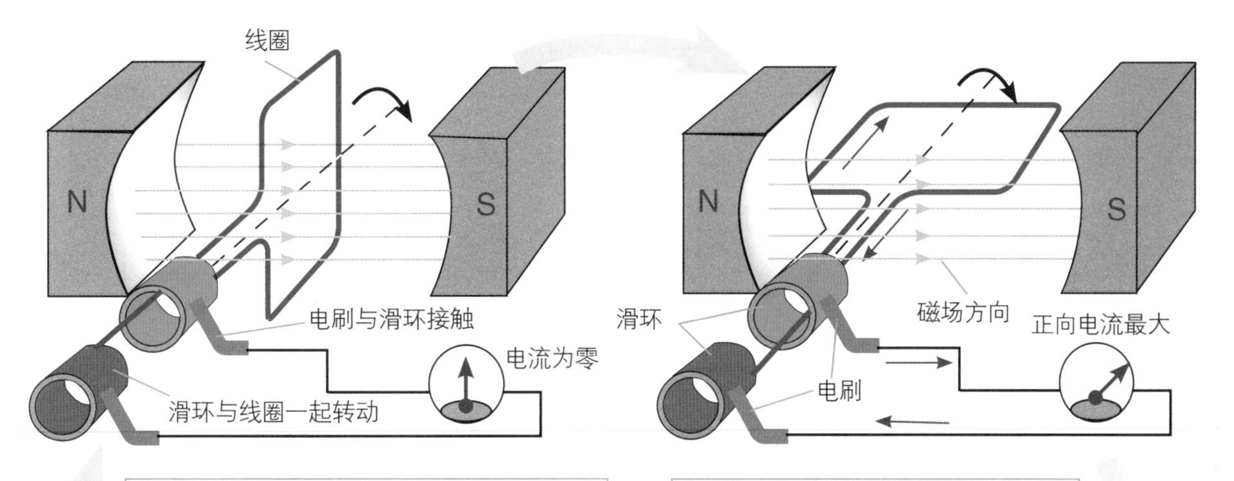

线圈转动，产生电流

1 将线圈置于永磁体的南北极之间，当线圈在外力的驱动下旋转时，线圈导体切割磁场的磁力线，就会产生沿一个方向流动的电流

电流大小的变化

2 当线圈与磁场方向平行时，此时产生的感应电流达到峰值；当线圈旋转到磁场的垂直方向时，感应电流为零

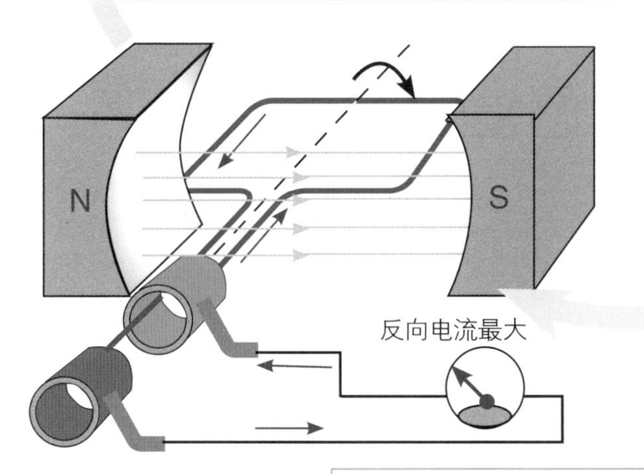

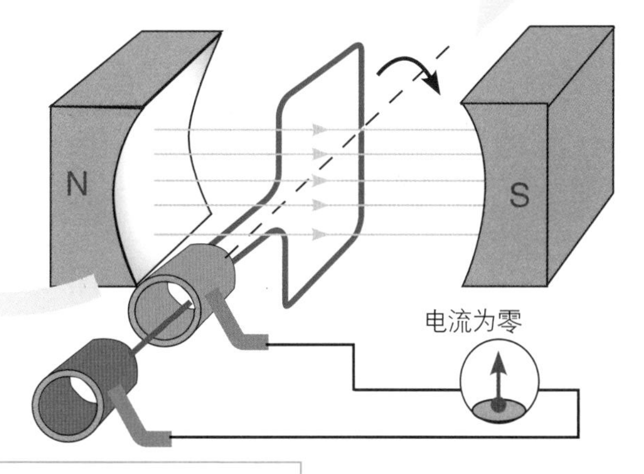

电流方向的变化

3 当线圈从磁场的垂直方向继续旋转时，会产生一个与此前电流方向相反的感应电流。线圈每旋转半圈，电流方向就反转一次。线圈上产生的感应电流通过滑环和电刷，输出到外部电路

交流发电机工作原理示意图

直流发电机

直流发电机是怎样工作的?

直流发电机换向器装置将线圈产生的交流电转换成直流电。换向器被分成彼此绝缘的两部分，在线圈中的感应电流反转方向的同时，利用换向器切换电流的极性，使电流一直沿同一个方向流向电路，从而输出直流电。

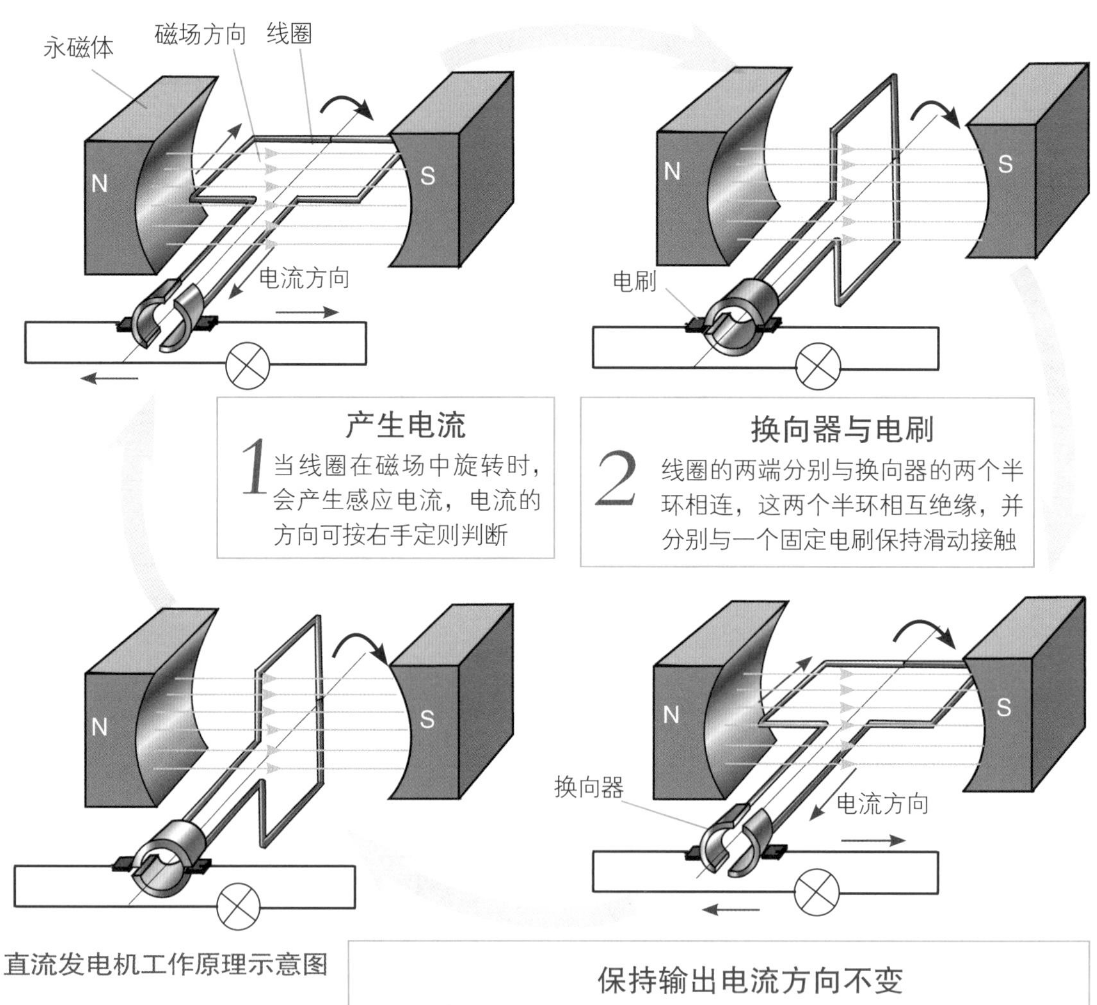

直流发电机工作原理示意图

1 产生电流

当线圈在磁场中旋转时，会产生感应电流，电流的方向可按右手定则判断

2 换向器与电刷

线圈的两端分别与换向器的两个半环相连，这两个半环相互绝缘，并分别与一个固定电刷保持滑动接触

3 保持输出电流方向不变

当旋转的线圈越过磁场的垂直方向上的中心线时，感应电流改变方向。同时，换向器的两个半环因跟随线圈旋转而互换电刷，这样电流仍以同样的方向流入外部电路，即输出直流电

右手定则

令右手拇指、食指和中指互相垂直，拇指指向导线移动方向，食指指向磁场方向，中指所指就是感应电流的方向。

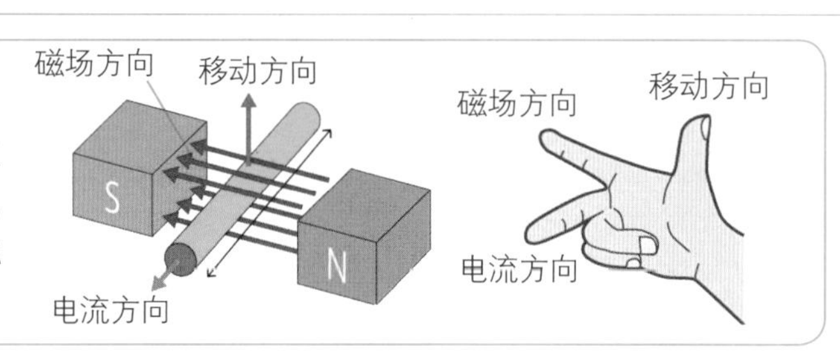

风力发电

扫描观看动画视频

风力发电

风力发电机是怎样工作的?

风力发电机组涡轮机叶片捕捉风力，将风力（风能）转化为机械力（机械能），经升速后为发电机提供动力，将风能转换为电能。

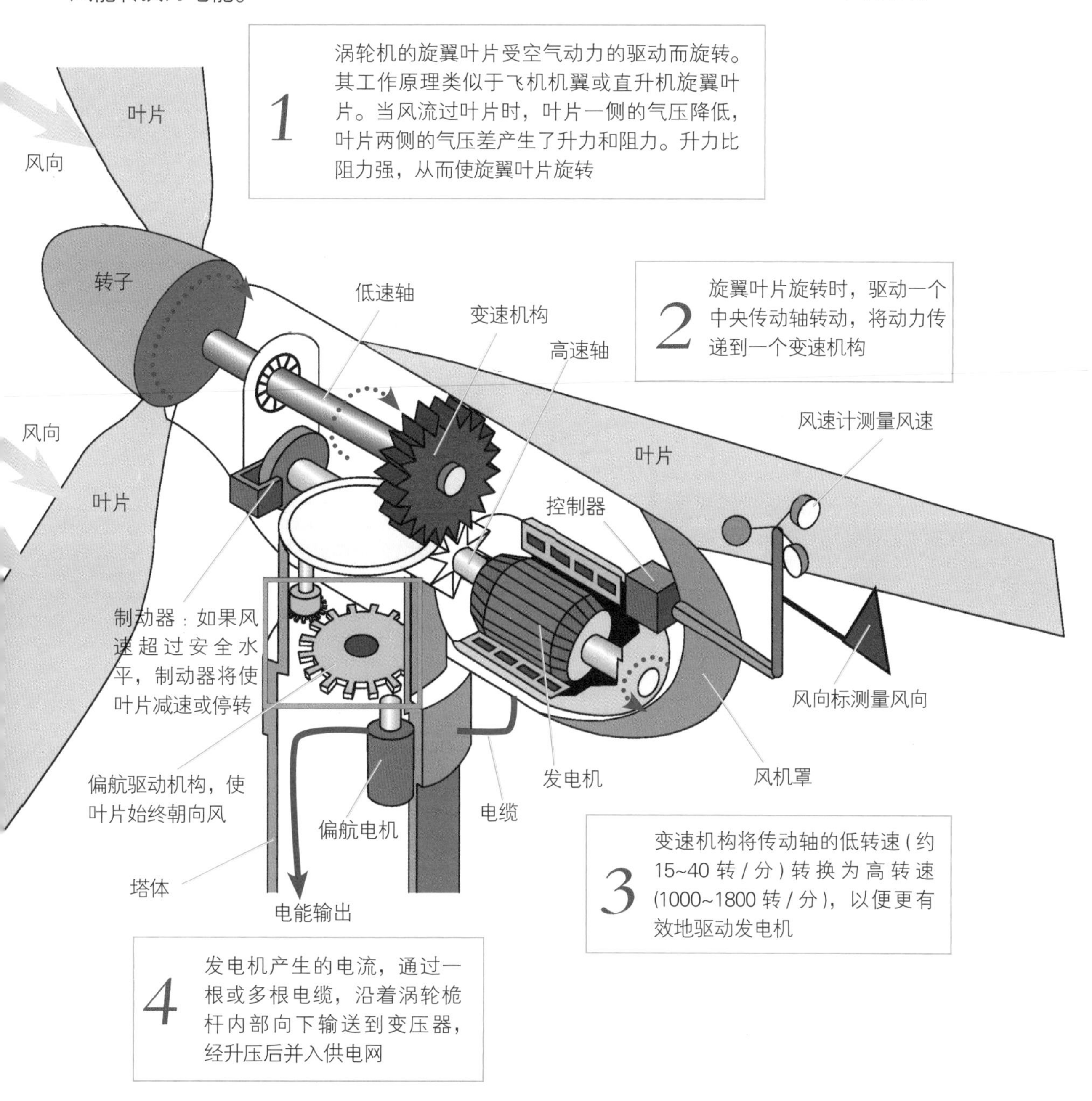

风力发电机工作原理示意图

水力发电站

水力发电站是怎样工作的?

利用水位落差驱动水轮机转动，水轮机驱动发电机产生电力，经升压后将电力提供给电网。其过程是将水的势能转为水轮机的机械能，再以机械能驱动发电机旋转，将机械能转换为电能。

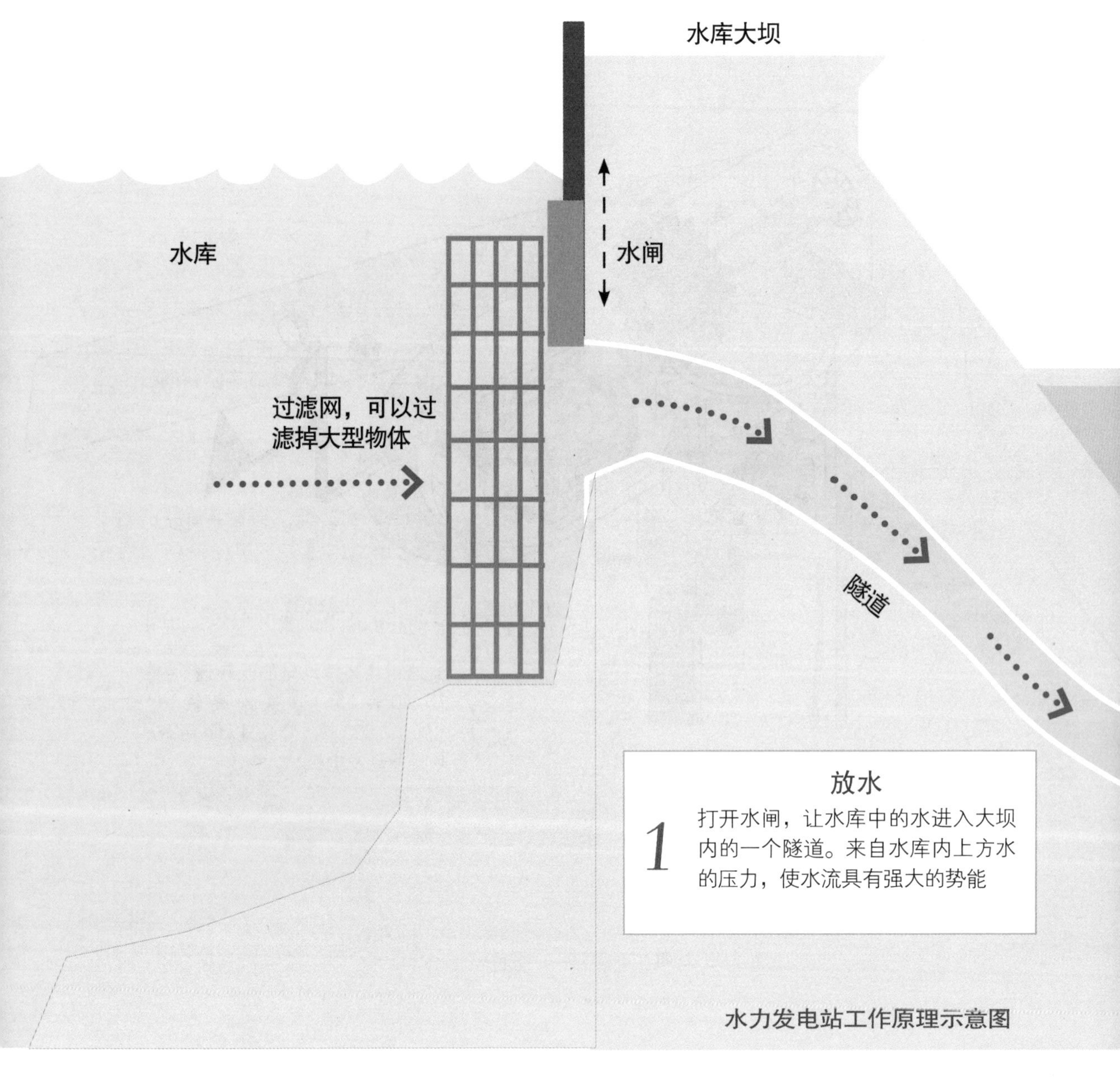

水力发电站工作原理示意图

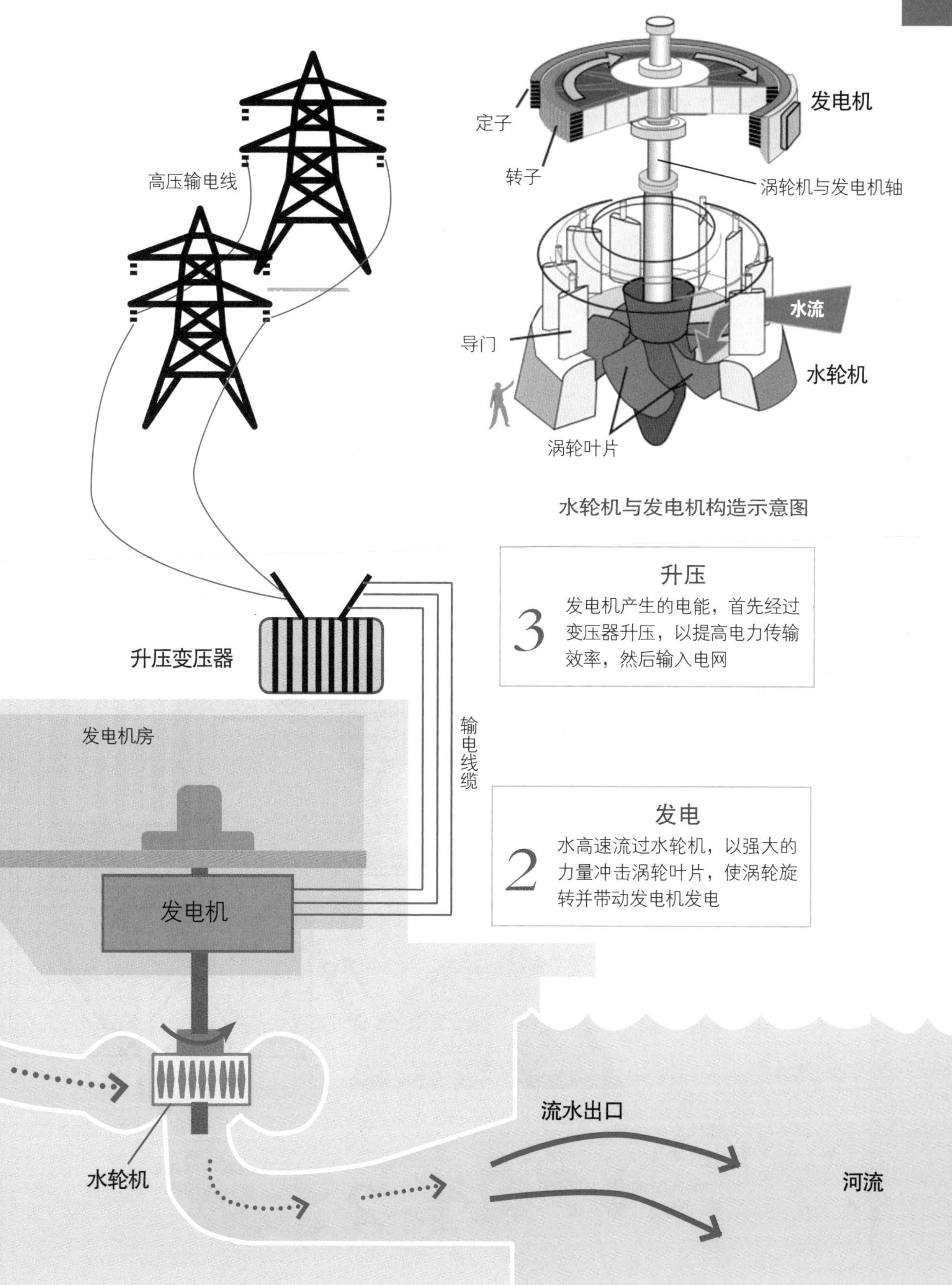

升压

3 发电机产生的电能，首先经过变压器升压，以提高电力传输效率，然后输入电网

发电

2 水高速流过水轮机，以强大的力量冲击涡轮叶片，使涡轮旋转并带动发电机发电

火力发电站

火力发电站是怎样工作的？

利用燃料的燃烧发热，加热管道中的水，形成高温高压的过热蒸汽，蒸汽冲击涡轮机转子高速旋转，带动发电机转子旋转产生电能，再利用升压变压器提高电压后与供电系统并网，向外输送电能。

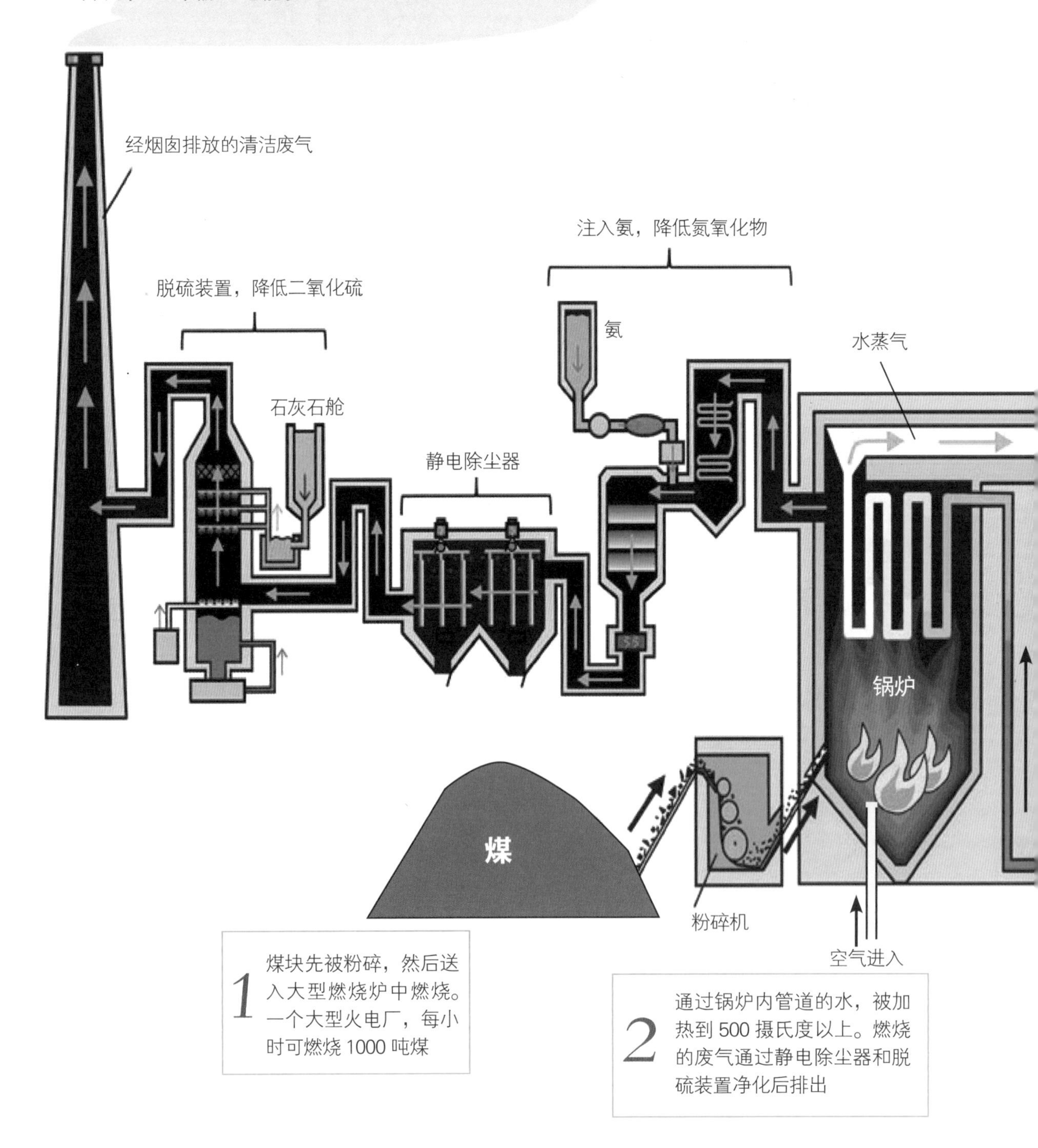

1 煤块先被粉碎，然后送入大型燃烧炉中燃烧。一个大型火电厂，每小时可燃烧 1000 吨煤

2 通过锅炉内管道的水，被加热到 500 摄氏度以上。燃烧的废气通过静电除尘器和脱硫装置净化后排出

火力发电的能量转换过程

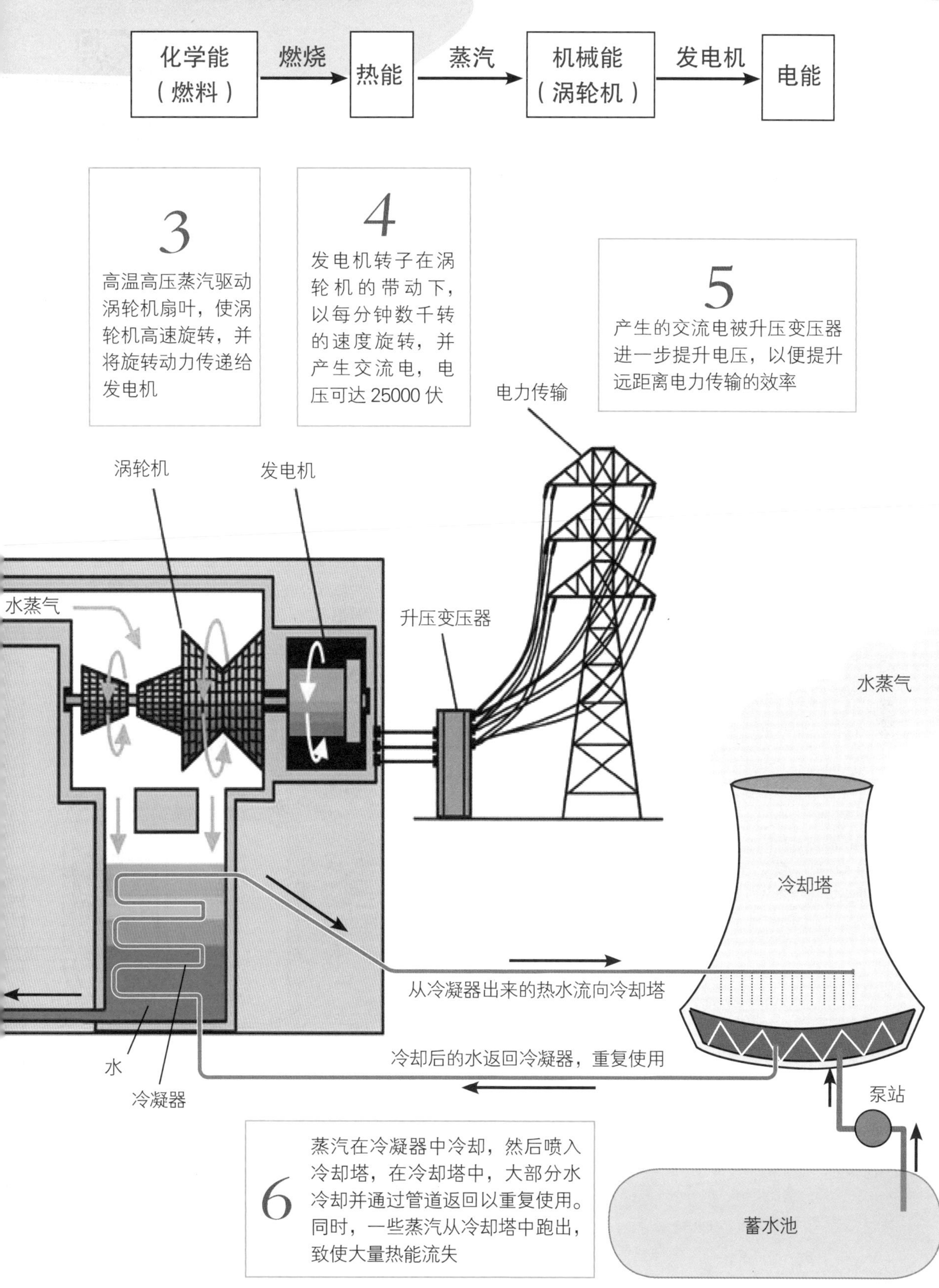

核电站

扫描观看动画视频

核电站

核电站是怎样工作的？

当原子核分裂(核裂变)或聚合(核聚变)时,就会释放出核能。核电站以铀等放射性元素为燃料，当燃料的原子核分裂时，大量的能量以热的形式释放出来。这些热量用来加热水，产生高温高压蒸汽，蒸汽驱动涡轮机为发电机提供动力，使发电机产生电能。

2 链式反应

操作人员引入额外的中子，使铀原子分裂成更小的原子。每当其中一个原子分裂(或“裂变”)时，就会释放出更多的中子来分裂更多的原子，从而产生链式反应。在核反应堆中，每秒有数万亿个铀原子裂变，在反应堆容器内产生大量的热量，这些热量被用来加热水

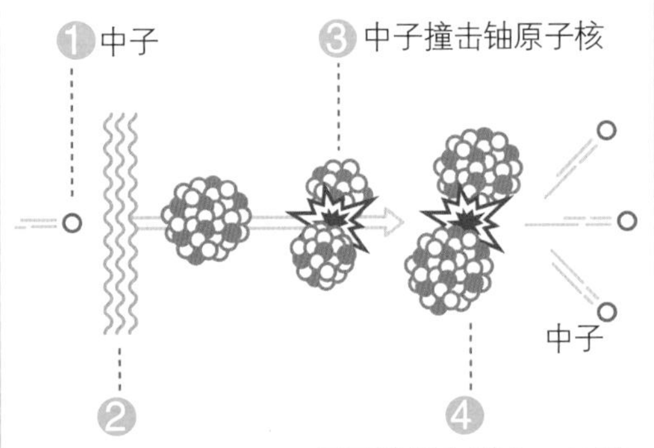

反应堆容器中的水使中子减速，从而使中子与原子核准确碰撞

原子核发生裂变，并释放能量，同时新的中子逸出，进而到达其他铀核。这个过程反复发生，因此被称为链式反应

3 控制棒

控制棒用来调节链式反应的速度。当控制棒被放入燃料棒中时，它们会吸收许多自由中子来减缓反应

1 铀燃料棒

数以百计装着铀燃料小球的金属棒被捆成一束，放在核燃料堆芯内

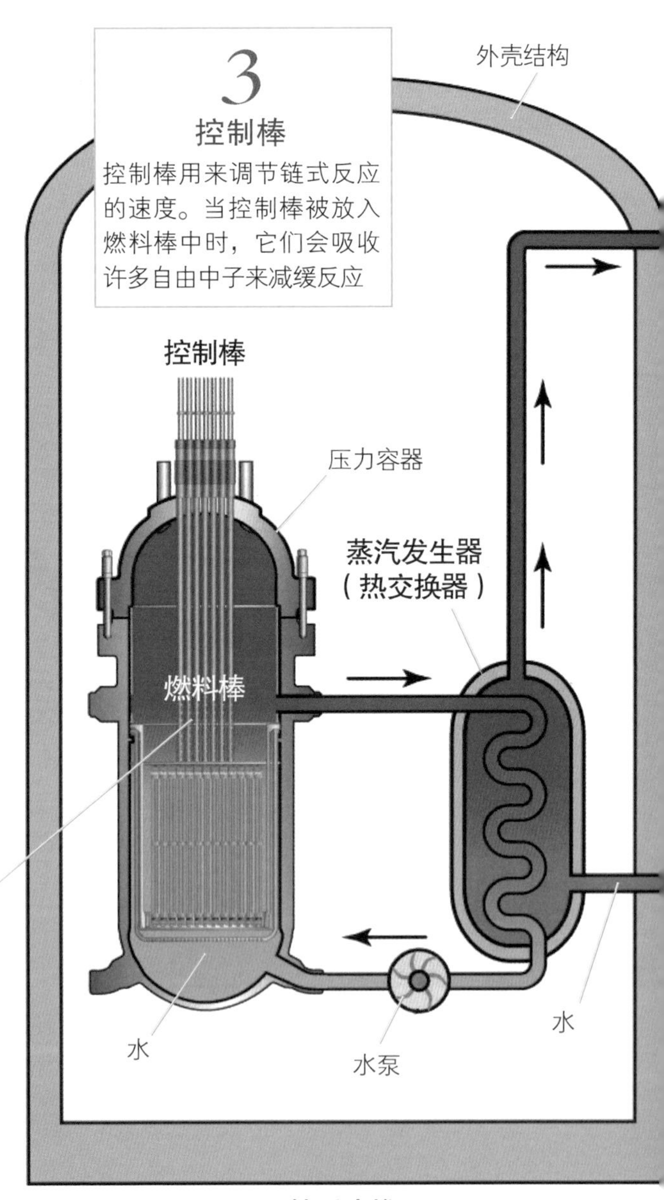

核电站工作原理示意图

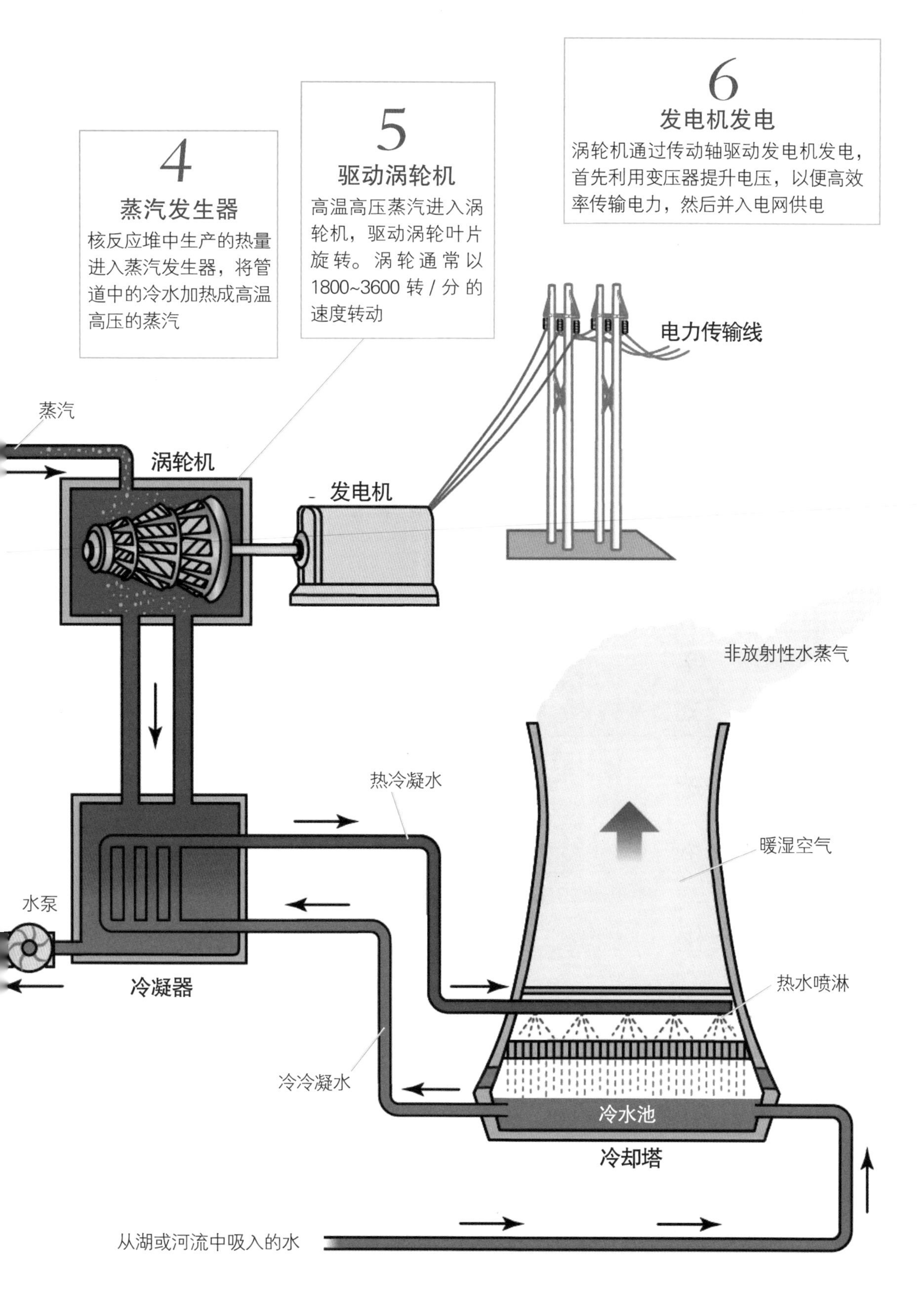
4
蒸汽发生器
核反应堆中生产的热量进入蒸汽发生器，将管道中的冷水加热成高温高压的蒸汽
5
驱动涡轮机
高温高压蒸汽进入涡轮机，驱动涡轮叶片旋转。涡轮通常以1800~3600转/分的速度转动
6
发电机发电
涡轮机通过传动轴驱动发电机发电，首先利用变压器提升电压，以便高效率传输电力，然后并入电网供电
电力传输线
蒸汽
涡轮机
发电机
非放射性水蒸气
热冷凝水
暖湿空气
水泵
冷凝器
热水喷淋
冷冷凝水
冷水池
冷却塔
从湖或河流中吸入的水

干电池

干电池是怎样工作的？

干电池又称一次性电池，不能反复充电。它利用负极上的金属与电解质发生氧化反应，产生金属离子并释放电子。当接通外部电路时，电子通过外部电路从负极流向正极，从而产生电流。

4 电子通过外部电路从正极重新进入电池，正极外包裹的二氧化锰得到电子被还原。当电池放电太久，致使二氧化锰几近饱和或者说都被还原为新物质时，电池也就没电了

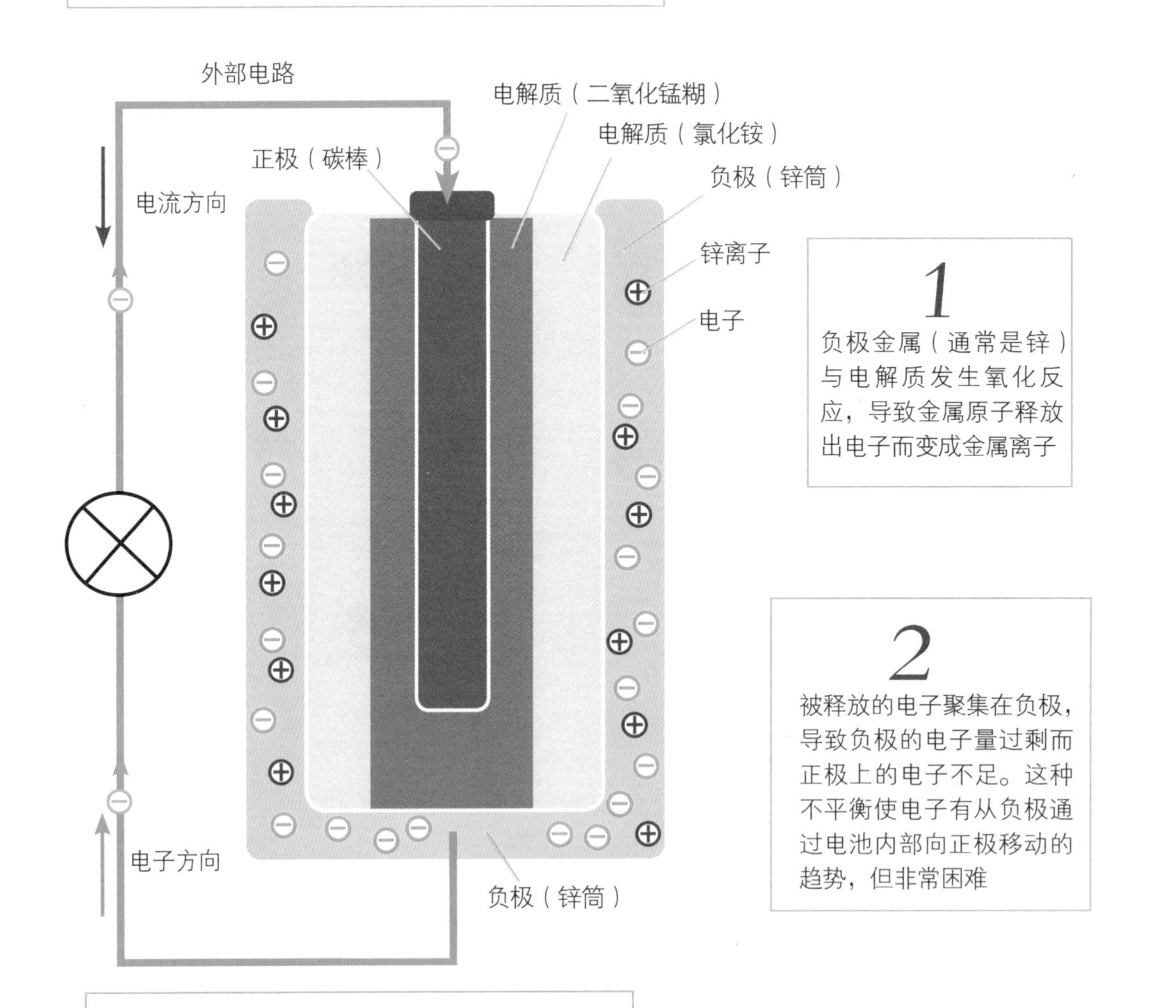

3 当外部电路将正极与负极连通时，为电子从负极流动到正极提供了便利通道，电子流动产生电流，为外部电路中的用电器供电

干电池放电过程示意图

铅酸蓄电池

铅酸蓄电池是怎样工作的?

将铅板(负极)、二氧化铅(正极)浸在电解液(稀硫酸)中，当蓄电池接通外部负载电路时，两个极板发生化学反应，都生成硫酸铅并产生电流，此过程是由化学能转换为电能;当接通外部电源给电池充电时，会发生逆反应，负极还原生成金属铅，正极氧化生成二氧化铅，此过程是由电能转换为化学能。

1 蓄电池放电

当给电池接通外部负载电路时，负极上聚集的电子通过外部电路流向正极，从而形成电流给负载供电。同时，两个电极板都会因化学反应而生成硫酸铅($PbSO_4$)

2 蓄电池充电

当接通外部电源给电池充电时，正极由硫酸铅($PbSO_4$)转化成二氧化铅(PbO_2);负极则由硫酸铅($PbSO_4$)转变为金属铅(Pb)，释放电子，电子聚集在负极。由于电子带负电荷，正极与负极之间形成电势差

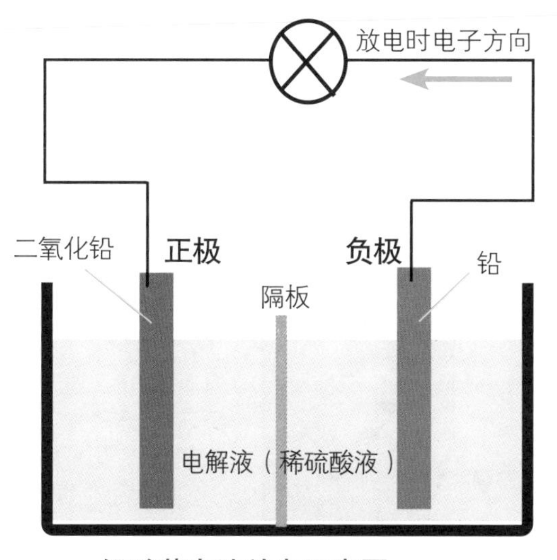

铅酸蓄电池放电示意图

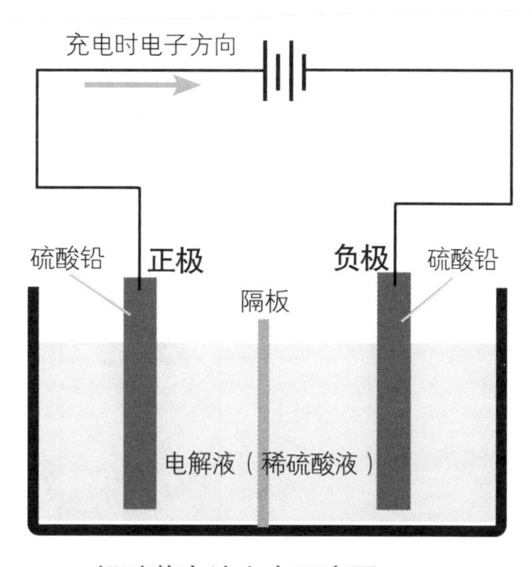

铅酸蓄电池充电示意图

4 单体电池串联

每块铅酸单体电池的电压约为2伏，将6块单体电池串联起来，就组成12伏的蓄电池，可供汽车等使用

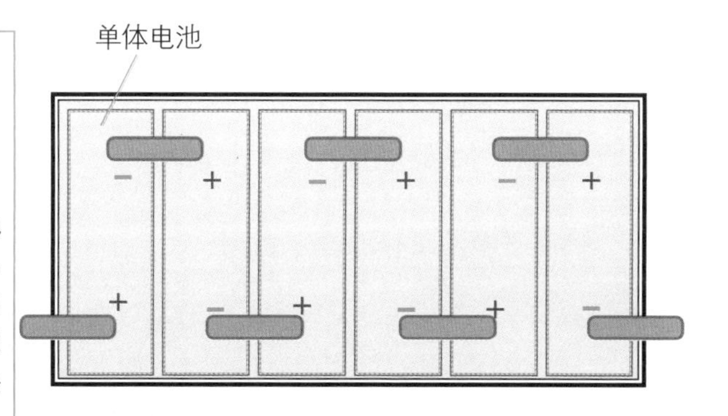

汽车用12伏铅酸蓄电池构造示意图

3 反复充电放电

充电和放电时，在两个极板上分别发生的化学反应都是可逆反应，因此铅酸蓄电池可以反复充电和放电

锂离子电池

扫描观看动画视频

锂离子电池

锂离子电池是怎样工作的?

在放电过程中，锂离子通过电解液流向正极，同时，自由电子则经外部电路流向正极，从而产生电流，提供电力；充电时，锂离子和电子通过原路返回到负极。

1 在对电池充电时，正极上的锂原子被氧化成锂离子，同时释放电子

2 锂离子和电子兵分两路，分别向负极流动。锂离子通过电解质、隔膜跑向负极，电子通过外部电源跑向负极，两者到负极后结合，还原成锂原子并被嵌入负极石墨分子中

电流方向
电子方向
充电
电流方向
电子方向
放电
正极
锂离子
负极
充电
Li^+
Li^+
放电
电解质
隔膜

3 电池放电时，嵌在负极石墨分子中的锂原子被氧化成锂离子，同时每个锂原子会释放一个电子

4 锂离子和电子兵分两路，分别从负极跑向正极。锂离子通过电解质、隔膜跑向正极。电子通过外部用电设备跑向正极。两者到正极后结合，还原成锂原子并被嵌入正极材料

5 就这样，在充电和放电过程中，锂离子不断通过电解质在正极和负极之间来回“奔跑”，所以锂离子电池也称摇椅式蓄电池

锂离子电池工作原理示意图

燃料电池

燃料电池是怎样工作的?

燃料电池是一种不燃烧燃料而直接以电化学反应方式，将燃料的化学能转变为电能的发电装置。在氢燃料电池中，负极的催化剂将氢分子分离成氢离子和电子，它们通过不同的路径到达正极，电子通过外部电路流向正极，因此产生电流。

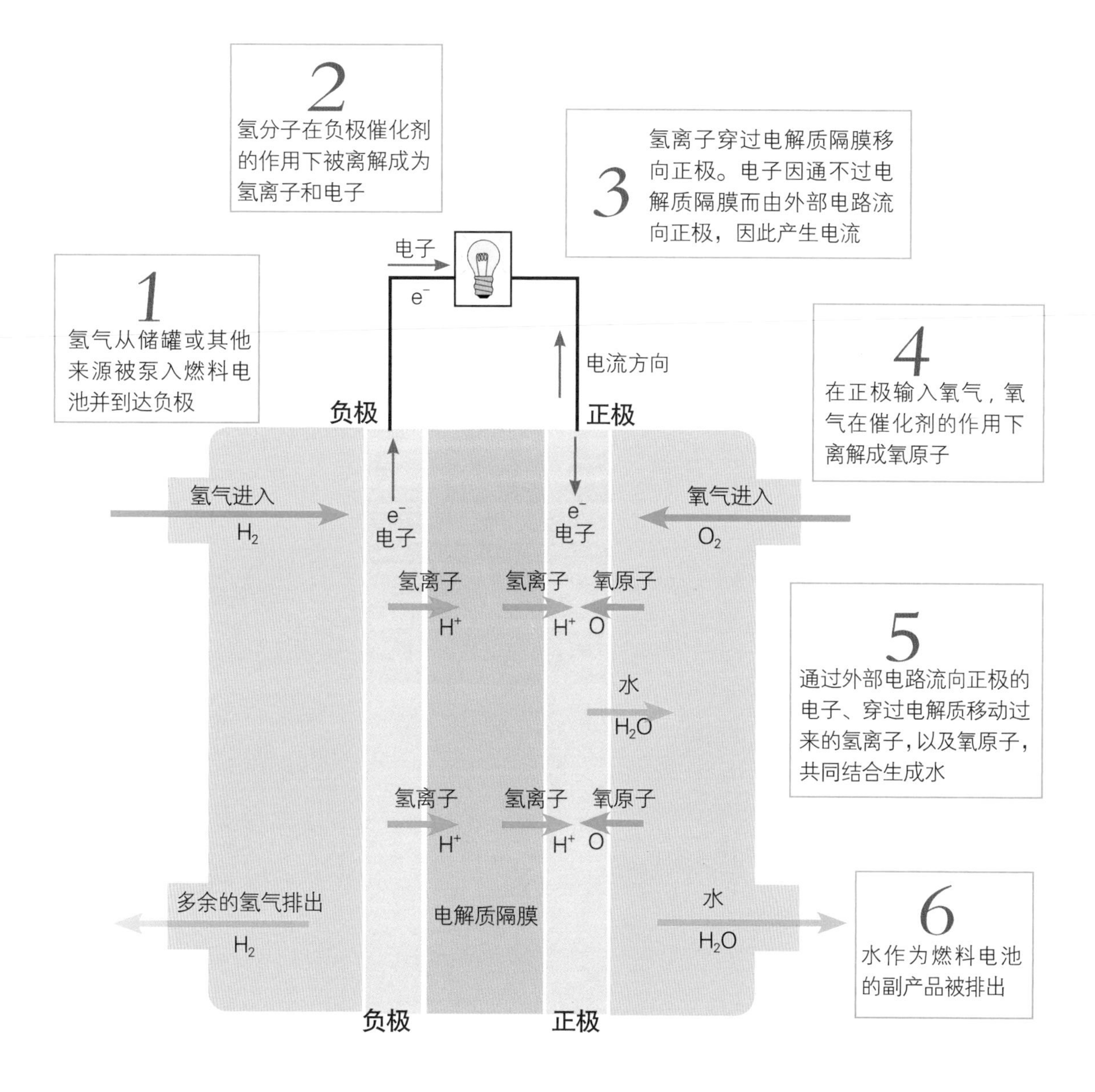

单体燃料电池工作原理示意图

电机与电动

MOTOR AND ELECTRIC DRIVE

永磁同步电动机

永磁同步电动机是怎样工作的？

在转子上固定永磁体，产生固定的转子磁场，那么定子旋转磁场就会推拉转子磁场一起旋转，使转子与定子旋转磁场“同步”旋转，从转子轴上输出动力。

1 通电产生定子旋转磁场

交流感应电动机的定子绕组接通三相电源后，由于三相电源的相与相之间在相位上相差120°，而且定子中的三个绕组在空间方位上也相差120°，这样，定子绕组就会产生一个旋转磁场

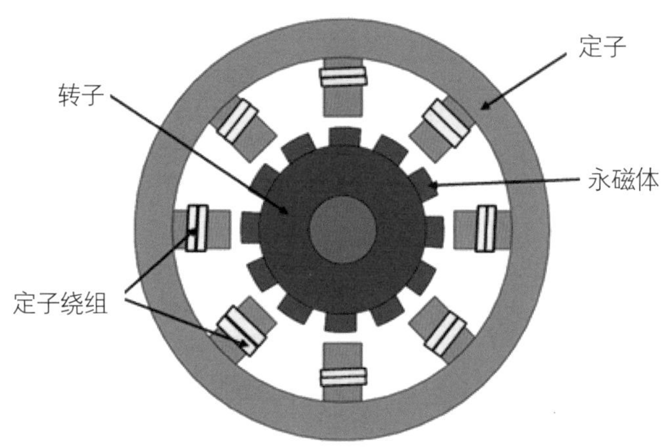

永磁同步电动机构造示意图

2 永磁体产生转子磁场

在转子上固定永磁体，可产生转子固定磁场。这个磁场与定子旋转磁场无关

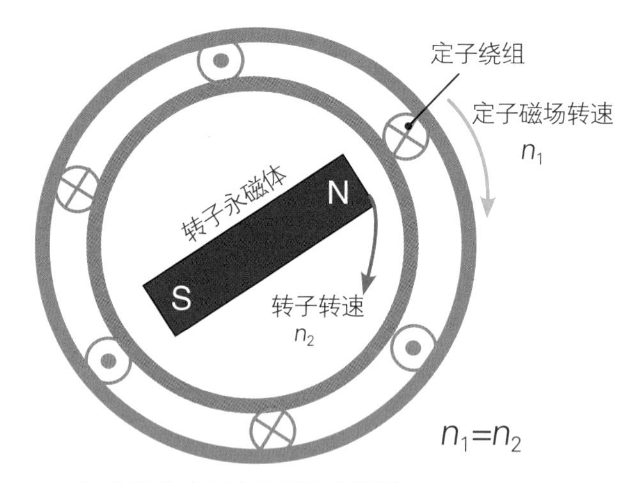

永磁同步电动机原理示意图

3 两个磁场相互作用

转子固定磁场与定子旋转磁场相互作用，磁场的两极同性相斥，异性相吸，使转子磁场与定子旋转磁场同步旋转

4 转子输出动力

转子磁场带动转子与定子旋转磁场同步旋转，并从转子轴上输出动力

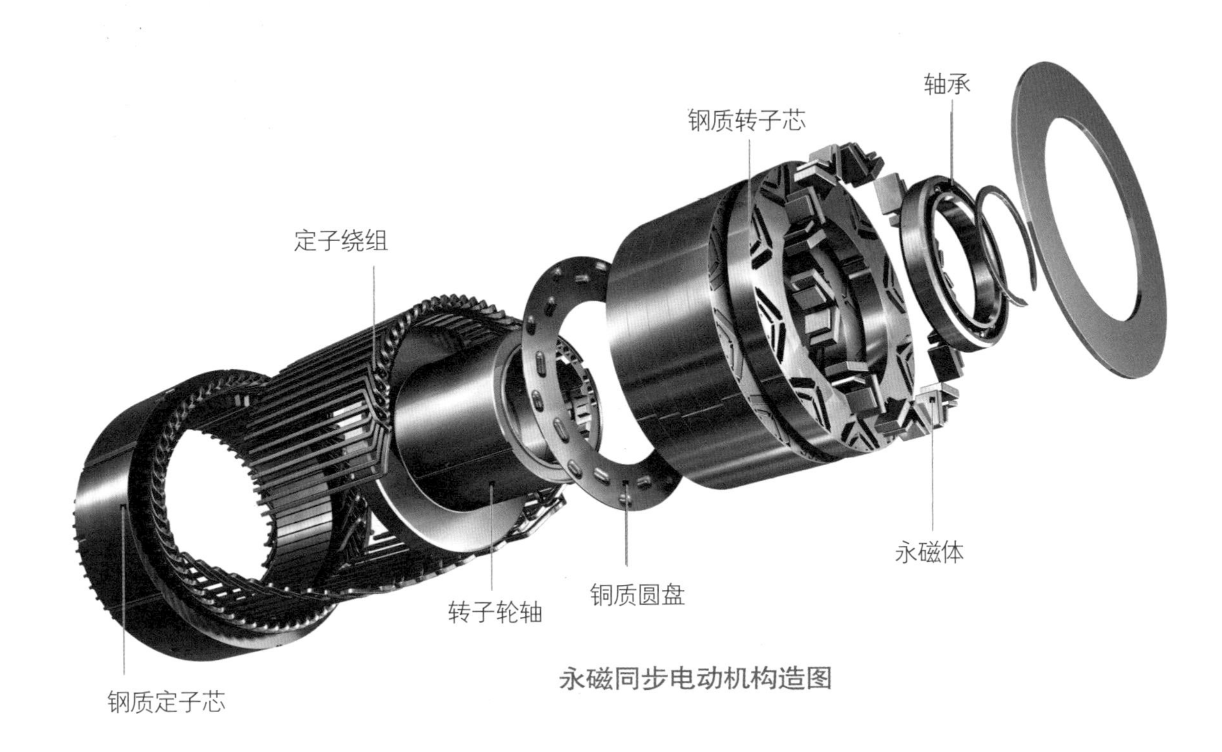

永磁同步电动机构造图

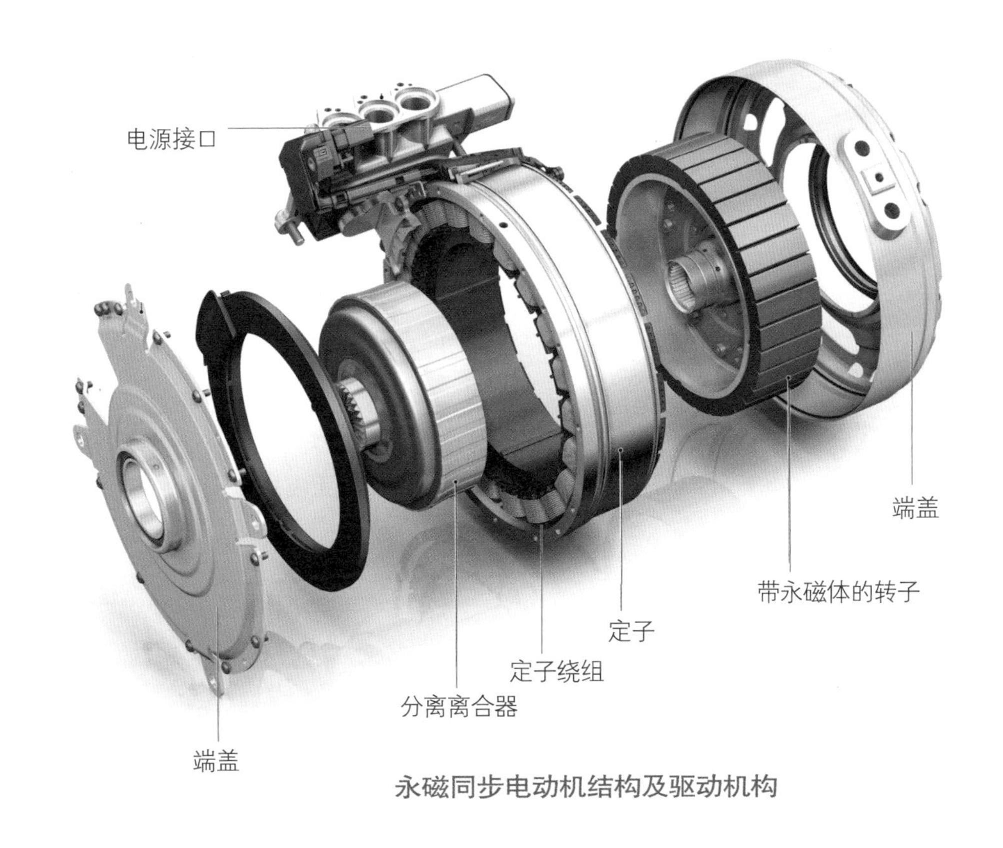

永磁同步电动机结构及驱动机构

异步感应电动机

扫描观看动画视频

异步感应电动机

异步感应电动机是怎样工作的？

利用定子绕组旋转磁场的电磁感应，使转子产生电流，进而产生转子感应磁场。这个感应磁场跟随定子旋转磁场旋转，使转子旋转并输出动力。由于转子的转速总是比定子旋转磁场稍慢，因此感应电动机又称异步感应电动机。

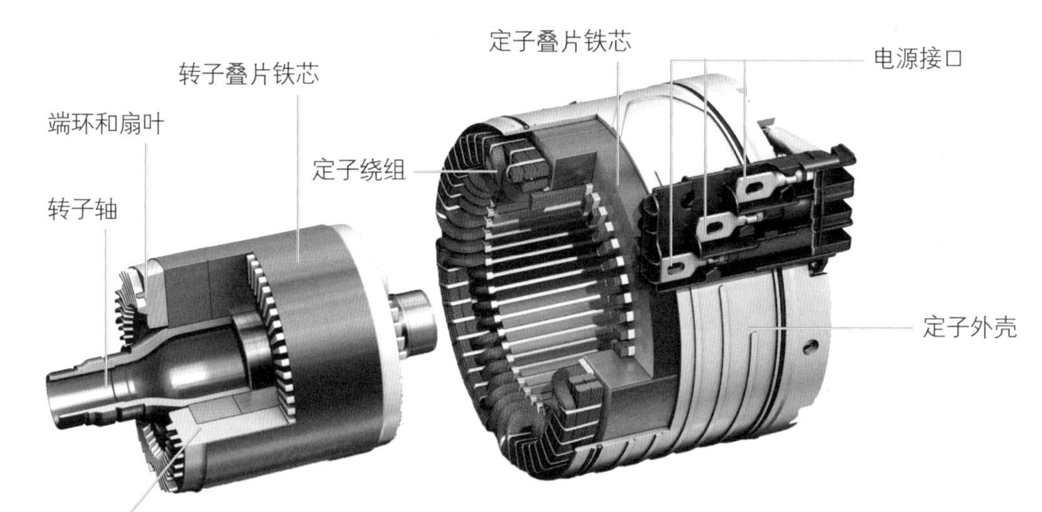

交流感应电动机构造

1 通电产生定子旋转磁场

交流感应电动机的定子绕组接通三相电源后，由于三相电源的相与相之间在相位上相差120°，而且定子中的三个绕组在空间方位上也相差120°，这样，定子绕组通电后就会产生一个旋转磁场

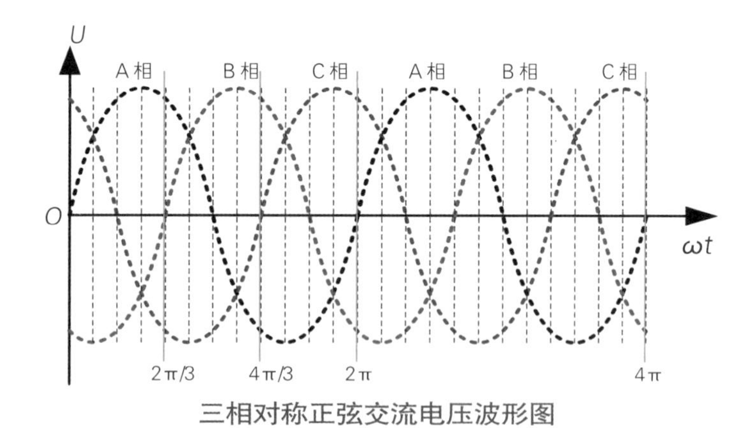

三相对称正弦交流电压波形图

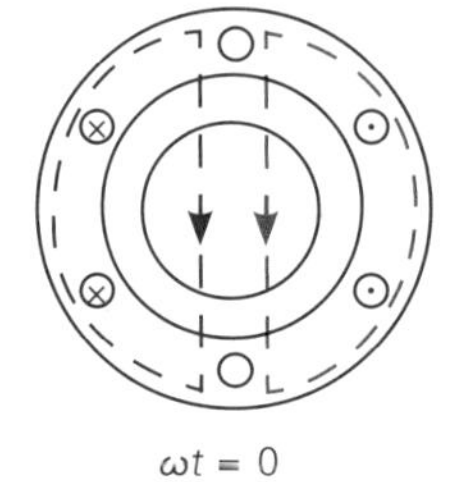

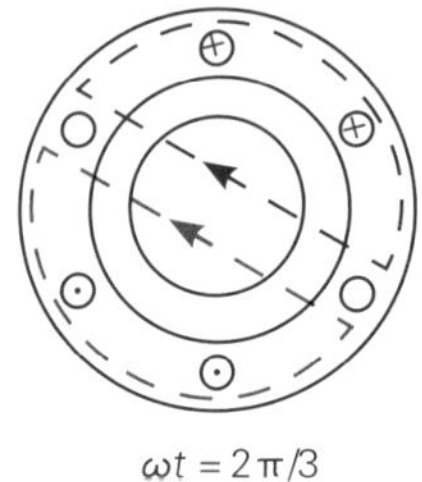

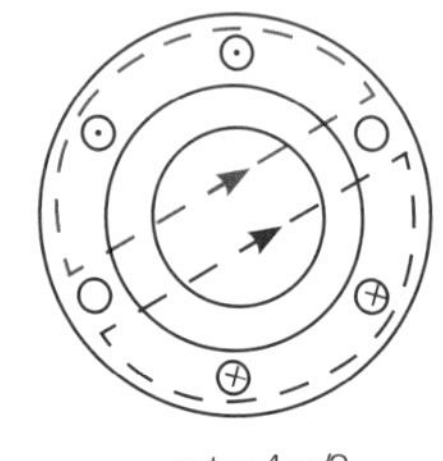

三相交流异步电动机定子旋转磁场的产生原理示意图

2

转子绕组产生感应电流

转子上的绕组是一个闭环导体，它处在定子的旋转磁场中，因此在不停地切割定子的磁力线。根据电磁感应定律：闭合导体的一部分在磁场中做切割磁力线的运动时，导体中就会产生电流

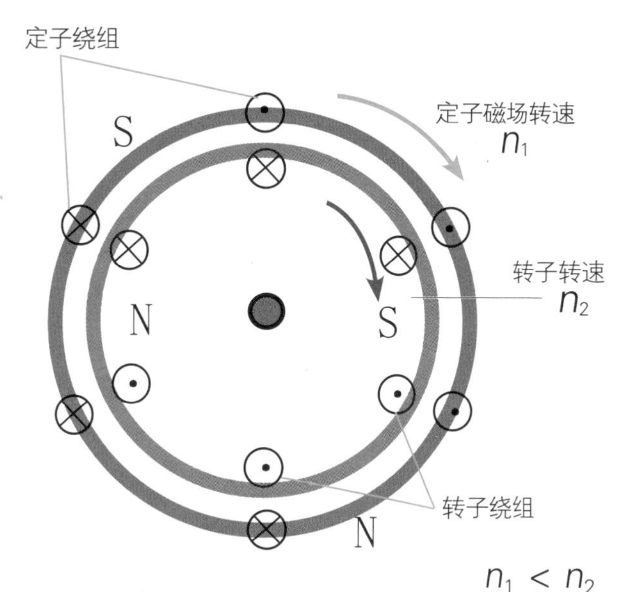

异步电动机工作原理示意图

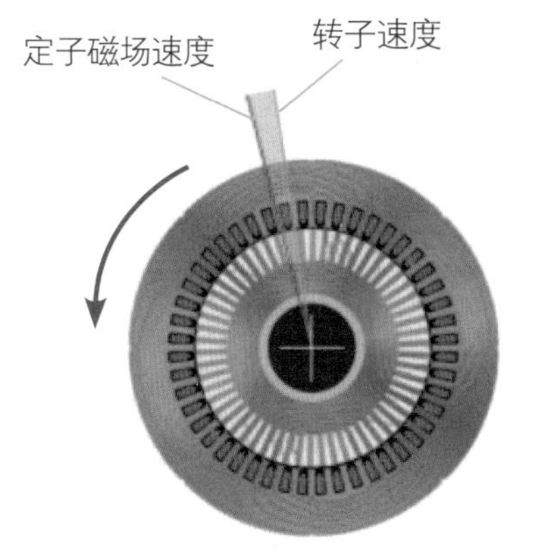

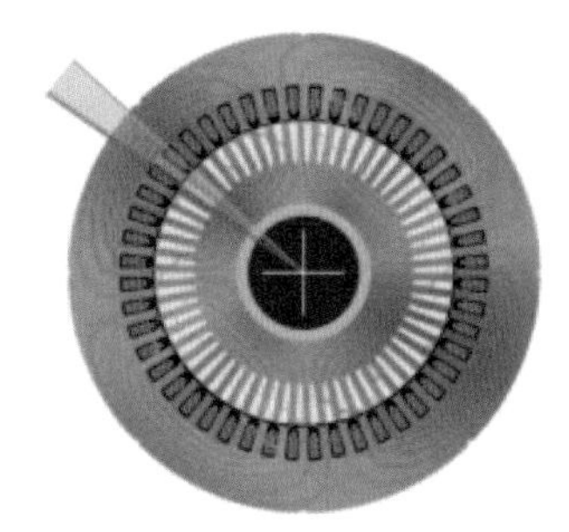

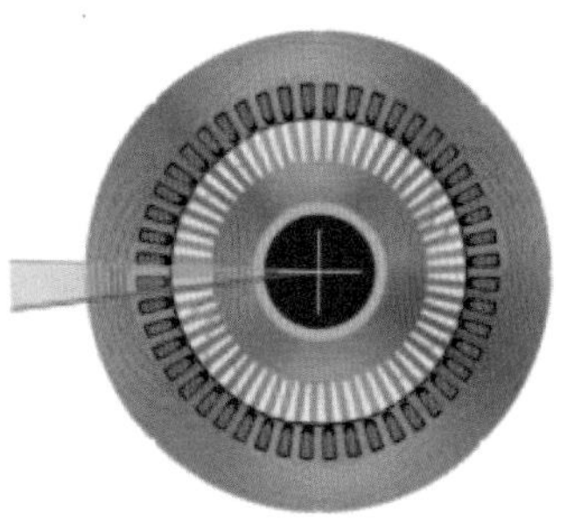

“转子追着定子旋转磁场跑”示意图

3

转子追赶定子旋转磁场

根据楞次定律：感应电流的效果总是反抗引起感应电流产生的原因。因此，感应电流产生后的效果是，它将尽力使转子导体不再切割定子旋转磁场的磁力线，让转子导体尽力“追赶”定子旋转磁场，使两者不再产生相对运动

4

转子转速比定子磁场稍慢

由于转子总是在“追赶”定子旋转磁场，但又必须能够切割磁力线而产生感应电流，因此转子的转速总要比定子旋转磁场慢一些（1%~5%）

5

转子输出动力

转子一直“追赶”定子旋转磁场，使转子轴上输出动力，将电能转换为机械能

直流电动机

直流电动机是怎样工作的？

给置于永磁场中的导体通电，导体因电流的磁效应而产生一个电磁场。电磁场的两极与永磁场的两极之间产生吸引力和排斥力，从而推动导体旋转，产生动力。

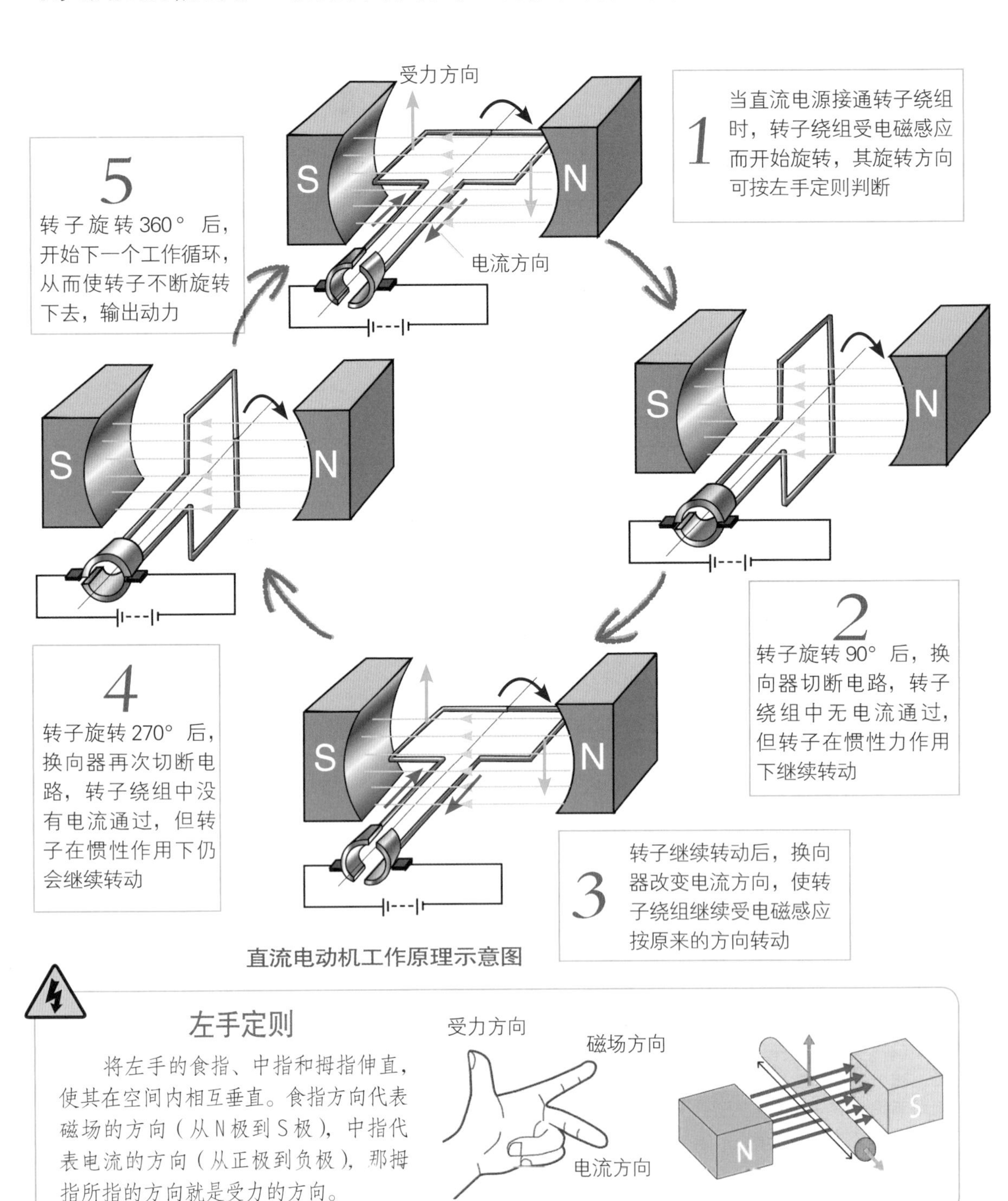

直流电动机工作原理示意图

左手定则

将左手的食指、中指和拇指伸直，使其在空间内相互垂直。食指方向代表磁场的方向（从N极到S极），中指代表电流的方向（从正极到负极），那拇指所指的方向就是受力的方向。

手电钻

扫描观看动画视频

手电钻

手电钻是怎样工作的?

利用旋转电动机，通过减速和传动机构，带动钻头转动，使钻头刮削物体表面，洞穿物体。

1 按下启动按钮，接通电路，直流电动机开始旋转

2 冷却风扇可以防止电动机因长时间运转而过热。进风口在尾端，出风口在顶部

3 电动机驱动齿轮减速机构，既降低了转速，又提升扭矩输出，让钻头更有力量

4 更换不同的钻头，以适合不同的材料和应用场景

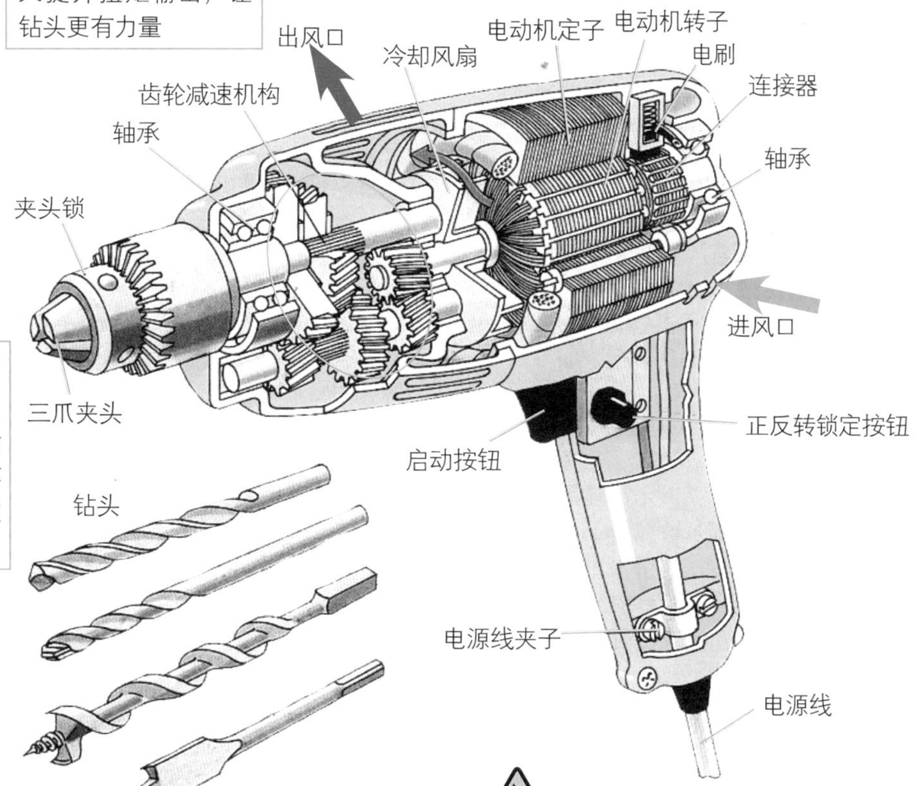

充电钻使用更方便

充电钻是一款自身携带锂离子电池且可以反复充电的手电钻。工作时它不需要外接电源，很适合在野外或者没有电源的地方使用。扳动正反转开关扳杆，就可以调整直流电源极性，从而改变电动机的旋转方向。

为什么手电钻使用直流电动机?

直流电动机的扭矩输出与转速成正比，而且具有较高的可控性。这种特性对于手电钻而言非常重要，因为手电钻需要在不同的材料上钻孔，而这些材料的硬度和密度不同，需要不同的扭矩输出来满足要求。

电动牙刷

电动牙刷是怎样工作的?

旋转类电动牙刷采用旋转电动机，通过机械传动机构驱动圆形刷头左右旋转；振动类电动牙刷则利用振动电动机使刷头高频振动。

旋转类电动牙刷

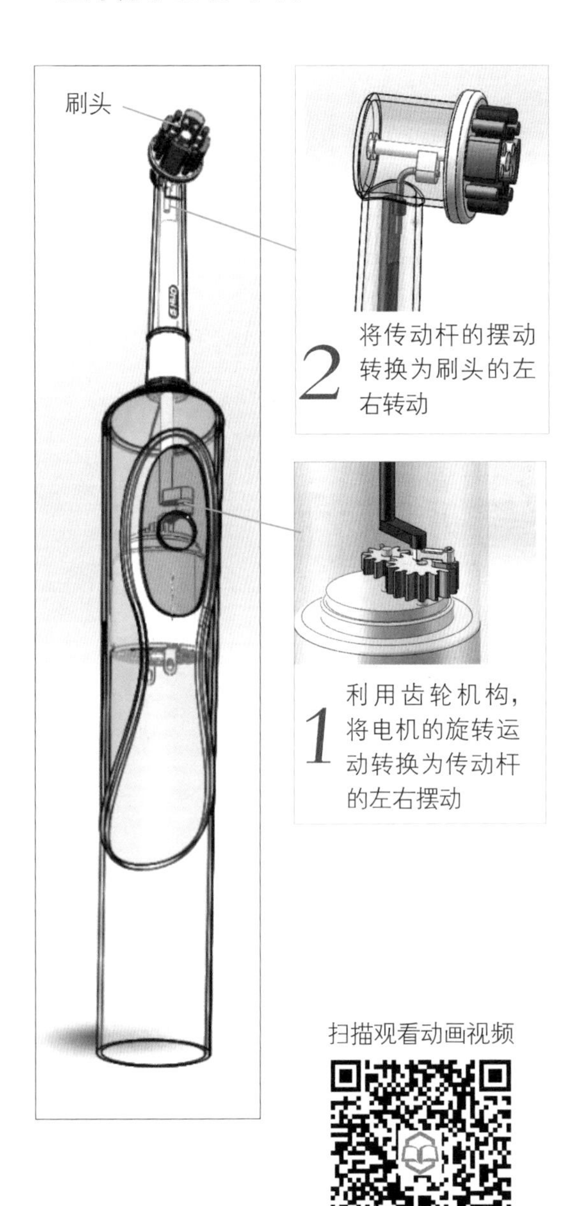

扫描观看动画视频

旋转式电动牙刷

振动类电动牙刷

一种振动类电动牙刷采用偏心轮振动电机，其工作原理如下；另一种振动类电动牙刷采用线性振动电动机，又称磁悬浮电动机（见下页）。

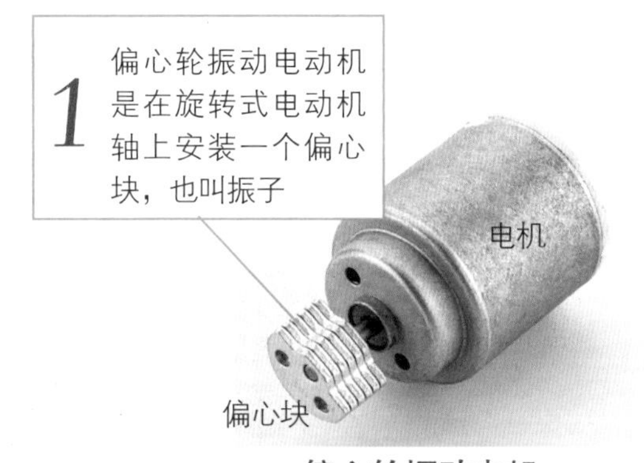

偏心轮振动电机

2 偏心轮在进行圆周运动时会产生离心力，离心力的方向会随着凸轮的转动而不断变化，最后导致整个电动机快速振动

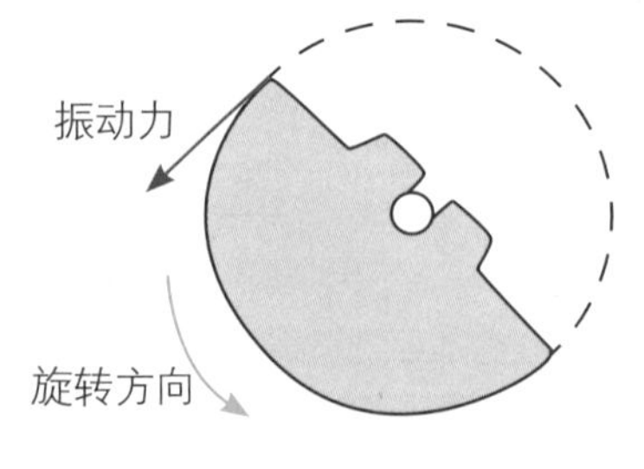

偏心轮振动原理示意图

3 快速振动的电动机通过传动杆与牙刷头相连，直接带动刷头振动

磁悬浮电动牙刷

磁悬浮电动牙刷是怎样工作的?

利用磁铁和电磁铁之间的相互作用，使得刷头产生快速振动。

利用电流的磁效应，给两个电磁铁通电后形成两个电磁场，并始终让两个电磁铁的极性相反。将磁铁悬浮在两个磁场中间，在磁极之间异性相吸、同性相斥的原理作用下，使磁铁产生偏转。当给通电线圈施加交流电时，就会使磁铁产生高频振动，并带动振动片和刷头一起高频振动。

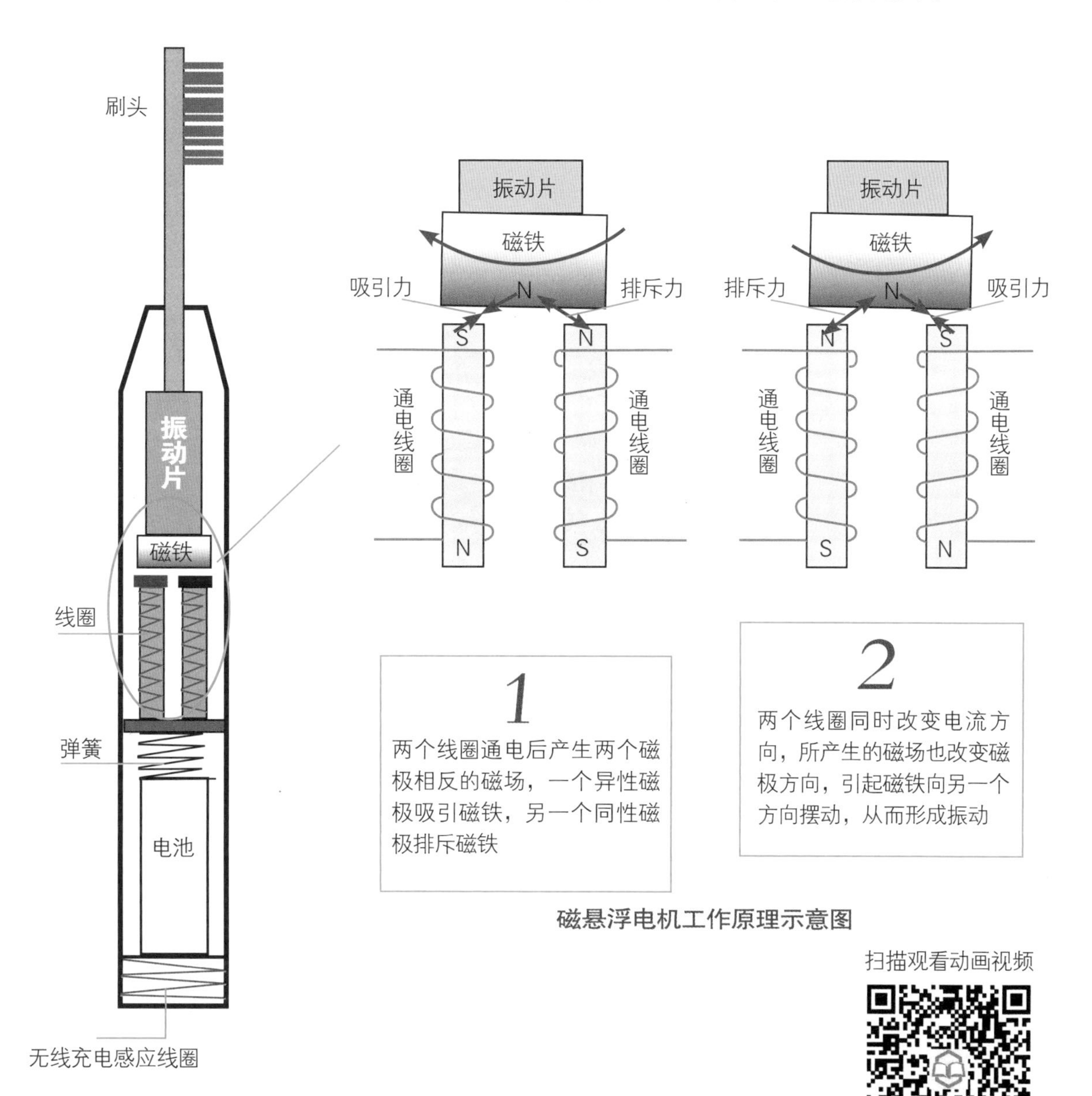

磁悬浮电机工作原理示意图

磁悬浮电动牙刷构造示意图

扫描观看动画视频

磁悬浮电动牙刷

波轮洗衣机

波轮洗衣机是怎样工作的?

电动机带动桶内的波轮时而左转，时而右转，衣物上下翻滚，使衣物之间、衣物与桶壁之间产生柔性摩擦，在洗衣剂的帮助下，清洁衣物。

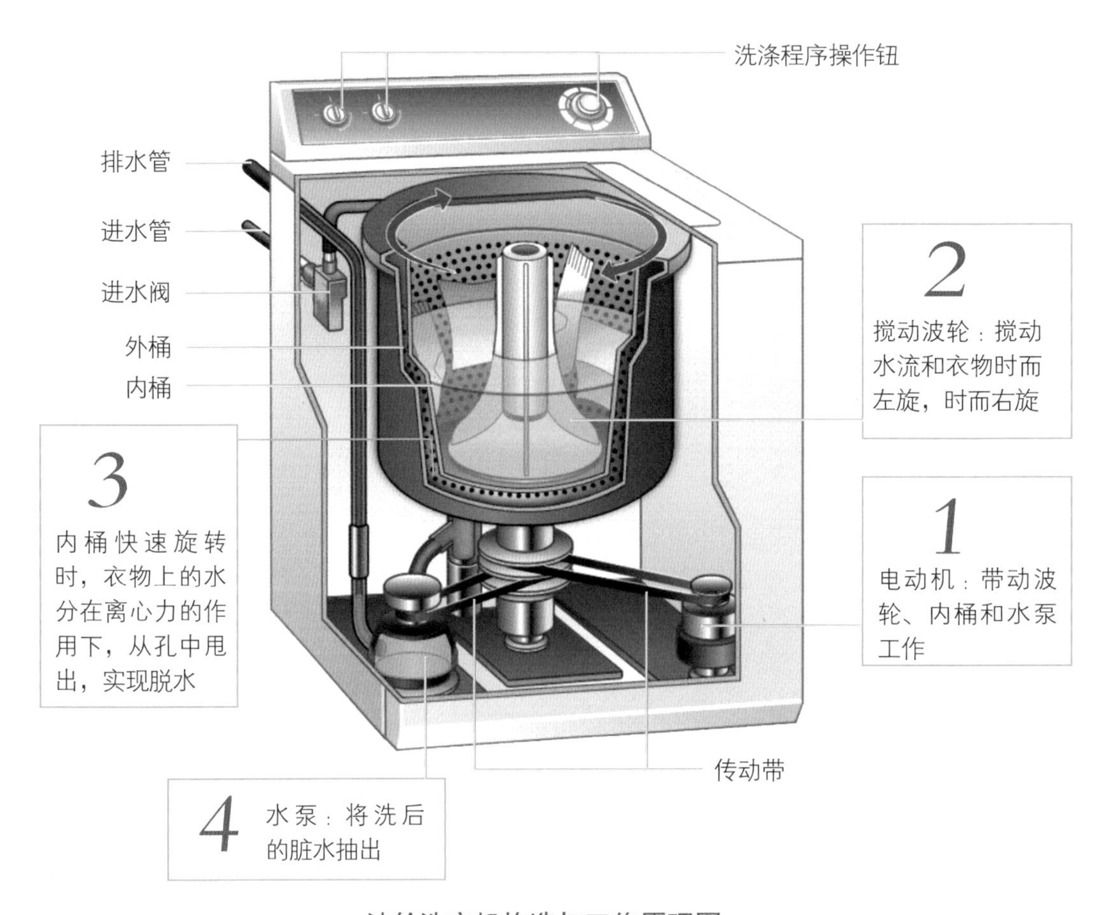

波轮洗衣机构造与工作原理图

离心力的作用

下雨时转动雨伞，雨伞边缘的水滴会被甩出；坐在过山车上高速转弯时，会有要被甩出去的感觉；飞速旋转的洗衣桶，能将湿衣服甩个半干。这都是因为沿圆周运动的物体会受到离心力的作用，使物体向远离圆周中心的方向运动。

洗碗机

洗碗机是怎样工作的?

洗碗机内的加热元件加热水，在电动水泵压力的作用下，用热水清洗放在碗架上的脏餐具，小而强大的喷雾与溶解的洗涤剂结合，去除碎物和污渍。水的高温有助于去除油脂和脂肪沉积物。最后，用清水漂洗，并用热空气烘干餐具。

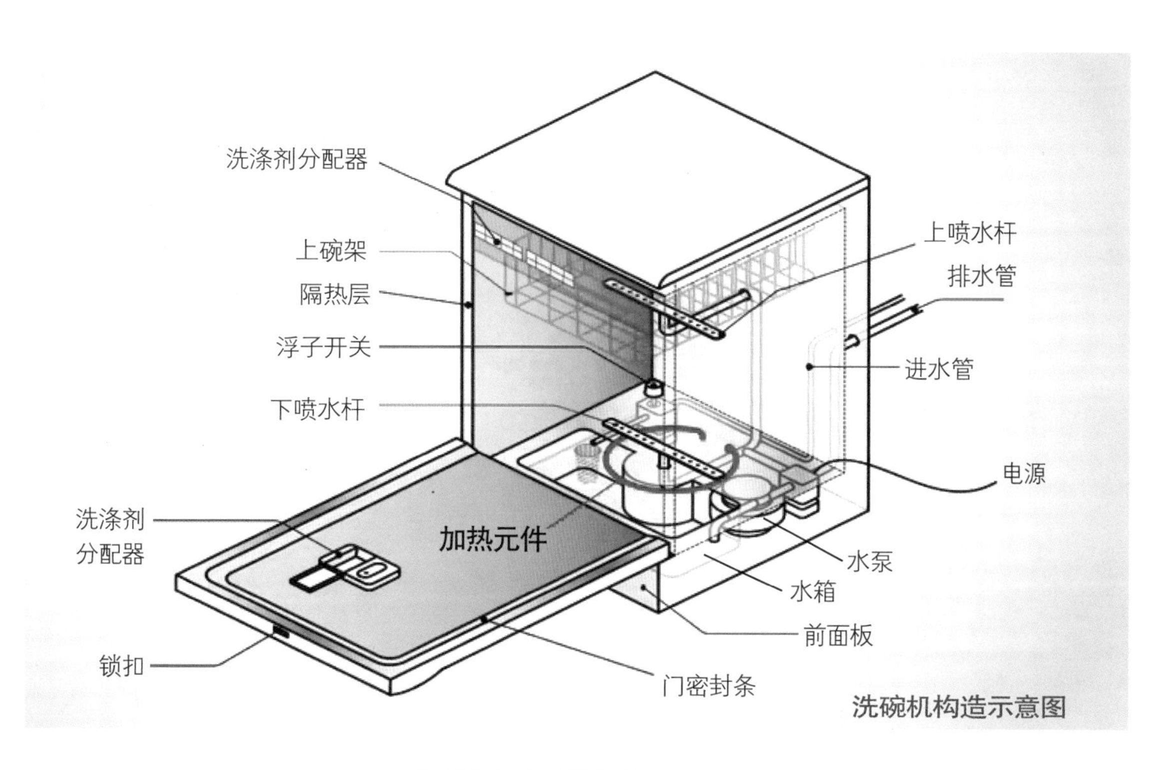

洗碗机构造示意图

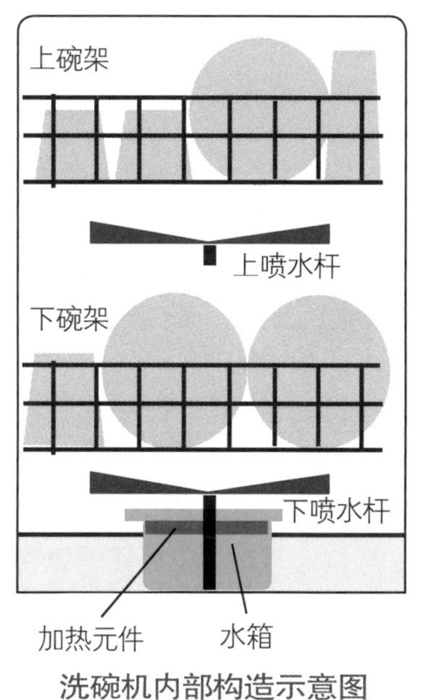

洗碗机内部构造示意图

1 水泵从供水系统中取水，底部的加热元件加热水

2 在水被泵送到喷水杆的过程中，洗碗剂也顺水流被释放出来。水压力使喷水杆旋转，将水喷向各个方向

3 在热水和洗碗剂以及水流冲击力的共同作用下，将餐具冲洗干净

4 最后用清水冲洗餐具，并利用洗碗机内部的热量将餐具烘干

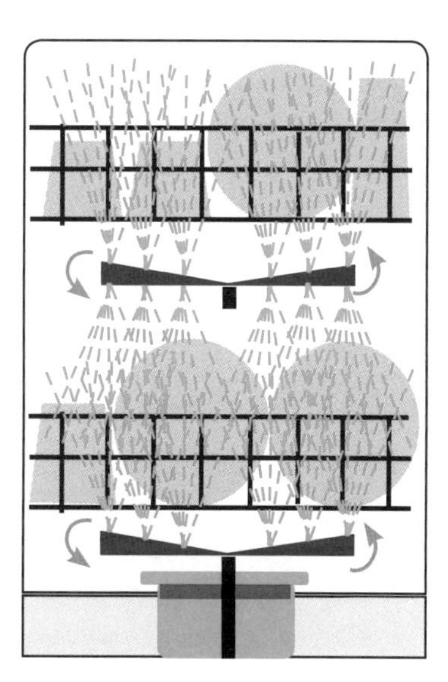
洗碗机工作原理示意图

石英钟表

扫描观看动画视频

石英钟

石英钟表是怎样工作的?

利用能输出稳定振荡频率的石英振荡器，在微处理器的控制下，将振荡频率转换为电流，并驱动步进电动机运转，进而带动齿轮机构和指针工作。

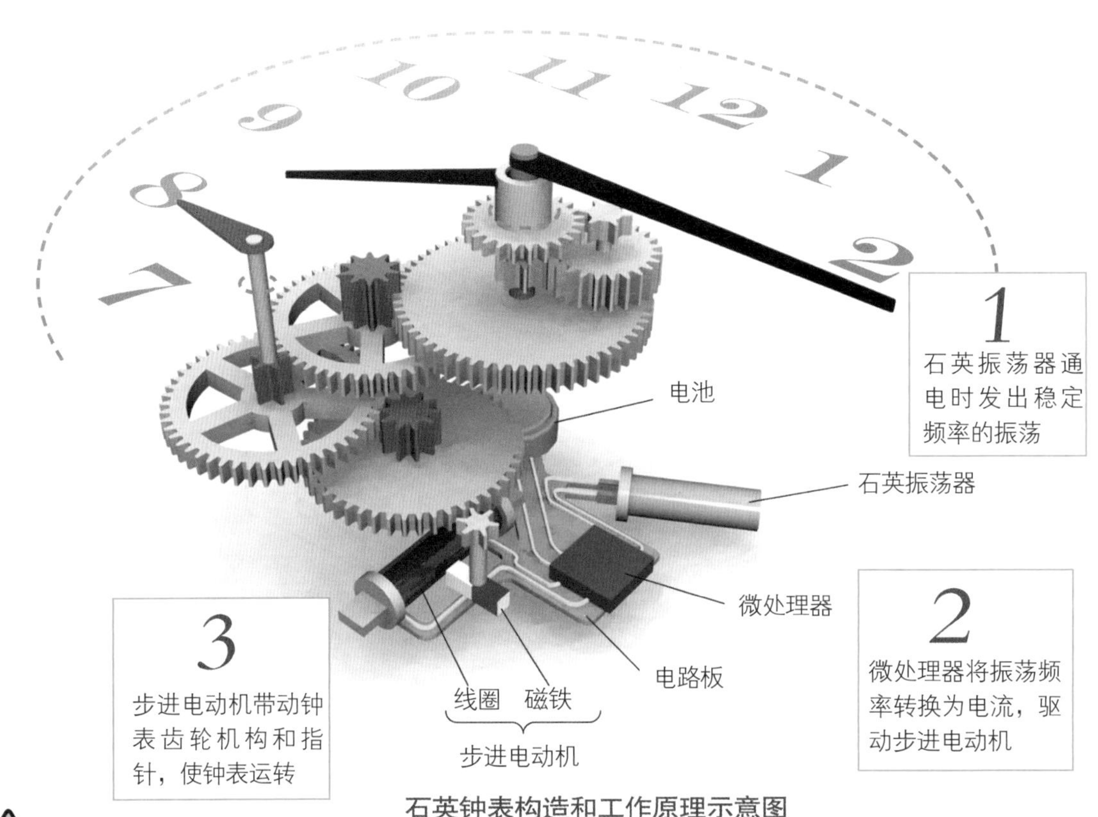

石英钟表构造和工作原理示意图

石英振荡器

对某些晶体或陶瓷施加压力，可以使它们产生电荷，此现象称为压电效应；反之，给晶体或陶瓷通电，则可以产生机械振动，这种现象称为逆压电效应。石英晶体具有压电效应和逆压电效应。

当给石英晶体施加一个交变的电压信号时，石英晶体会产生机械振动，成为一个能够输出稳定频率振荡的振荡器。利用石英振荡器可制作精密计时器，其最高精度能达到270年只差1秒。

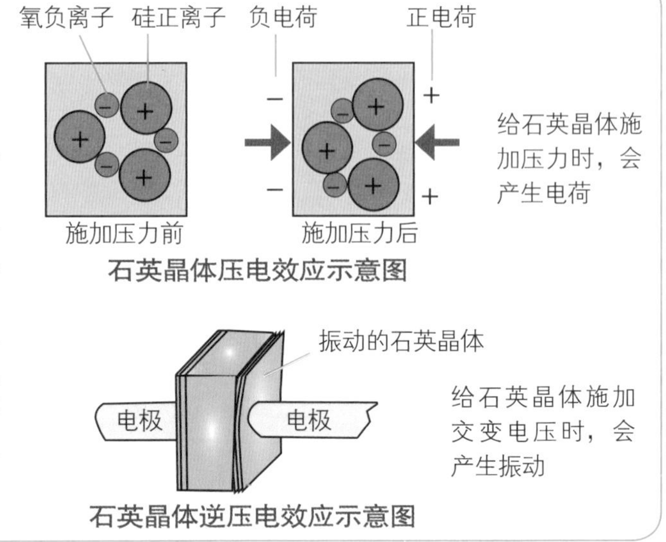

石英晶体压电效应示意图

石英晶体逆压电效应示意图

摇头电风扇

摇头电风扇

摇头电风扇是怎样工作的?

电动机带动扇叶旋转，扇叶呈一定角度，从而推动空气向前方流动。四连杆摇头机构使扇头左右摆动。

当人感觉到热的时候，会向外排出汗液。电风扇通过加速人体周围空气的流动，可以促进汗液蒸发，而物质蒸发时会吸收热量，从而实现降温。

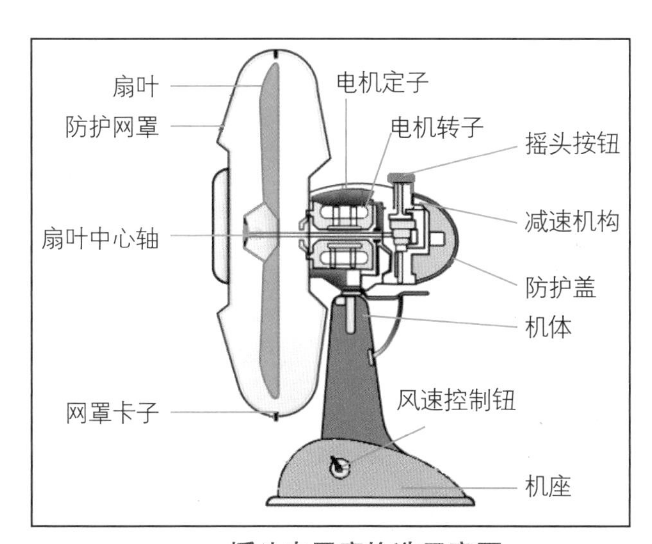

摇头电风扇构造示意图

电风扇为什么会摇头?

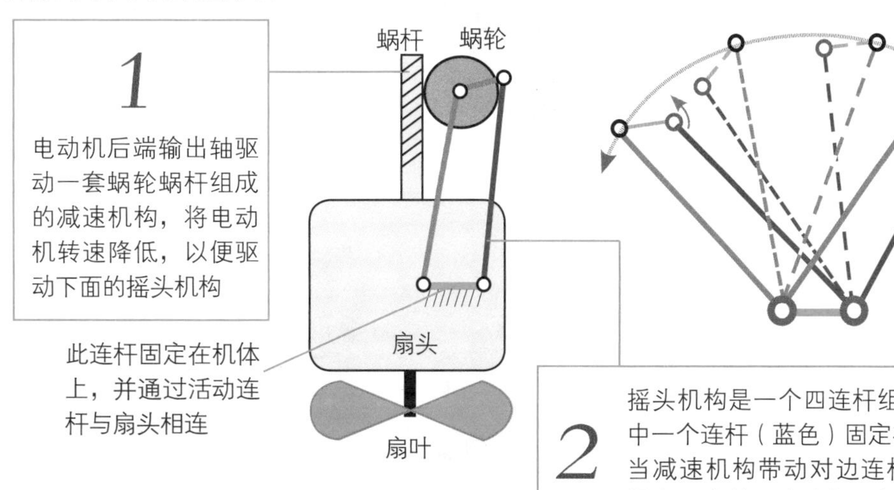

电风扇摇头机构工作原理示意图

2 摇头机构是一个四连杆组合，将其中一个连杆（蓝色）固定在机体上。当减速机构带动对边连杆转动时，没有固定的三个连杆一起沿弧线运动，进而带动扇头摆动

无叶电风扇

无叶电风扇是怎样工作的？

无叶片风扇的叶片隐藏在底部。它基于空气倍增器技术，可以产生感觉明显的气流。

1 无刷直流电动机驱动叶轮风扇旋转，高速吸入空气，并被引入到扇环的空腔内

2 空气在扇环的腔内以圆周运动流动并被加速，然后从扇环内壁上只有1毫米宽的缝隙中流出

3 由于康达效应，小缝隙中流出的空气，沿着扇环内壁快速流动

4 扇环的横截面呈翼形，其内壁是一个凸面，根据伯努利定理，空气的流动使扇环内的空气压力低于扇环后方。在压力差的作用下，更多的空气被吸入到扇环内。这种现象称为“诱导”

诱导
高压
低压
夹带

5 由于空气快速从空心环流出，还会导致周围空气被“夹带”进入气流，使空气流量再被增大

扇环
空气流
进气格栅
叶轮风扇
吸入空气

无叶电风扇构造截面图

康达效应

康达效应(Coanda Effect)也称附壁作用或柯恩达效应。流体（水流或气流）由偏离原本流动方向，改为随着凸出的物体表面流动的倾向。如水流下的汤勺。利用康达效应，可以有意识地“诱导”空气流动。

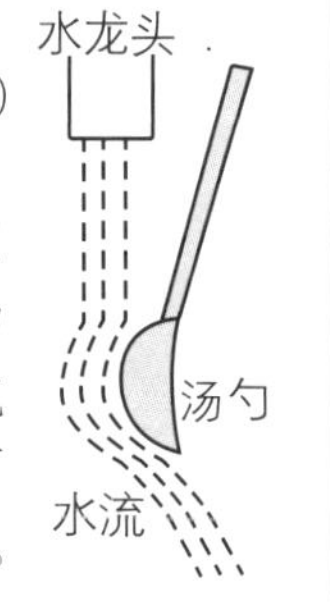

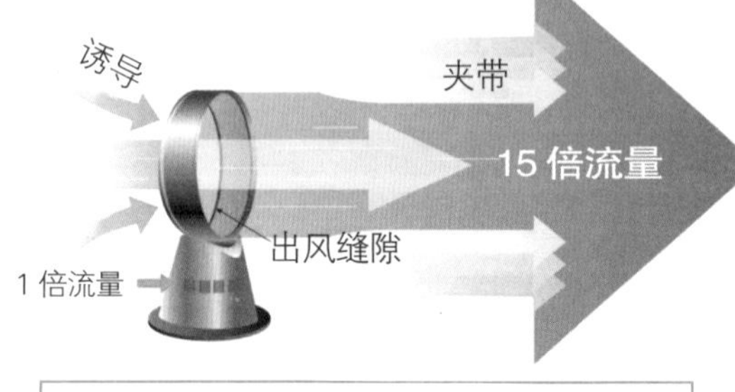

6 无叶风扇可以将从底座叶轮风扇中吸入的空气流量最多增大15倍，因此它也被称为空气倍增器

真空吸尘器

真空吸尘器是怎样工作的?

电动机驱动风扇转动，在机体内形成低于外面大气压的负压，外面灰尘被大气压“推入”吸尘器内。

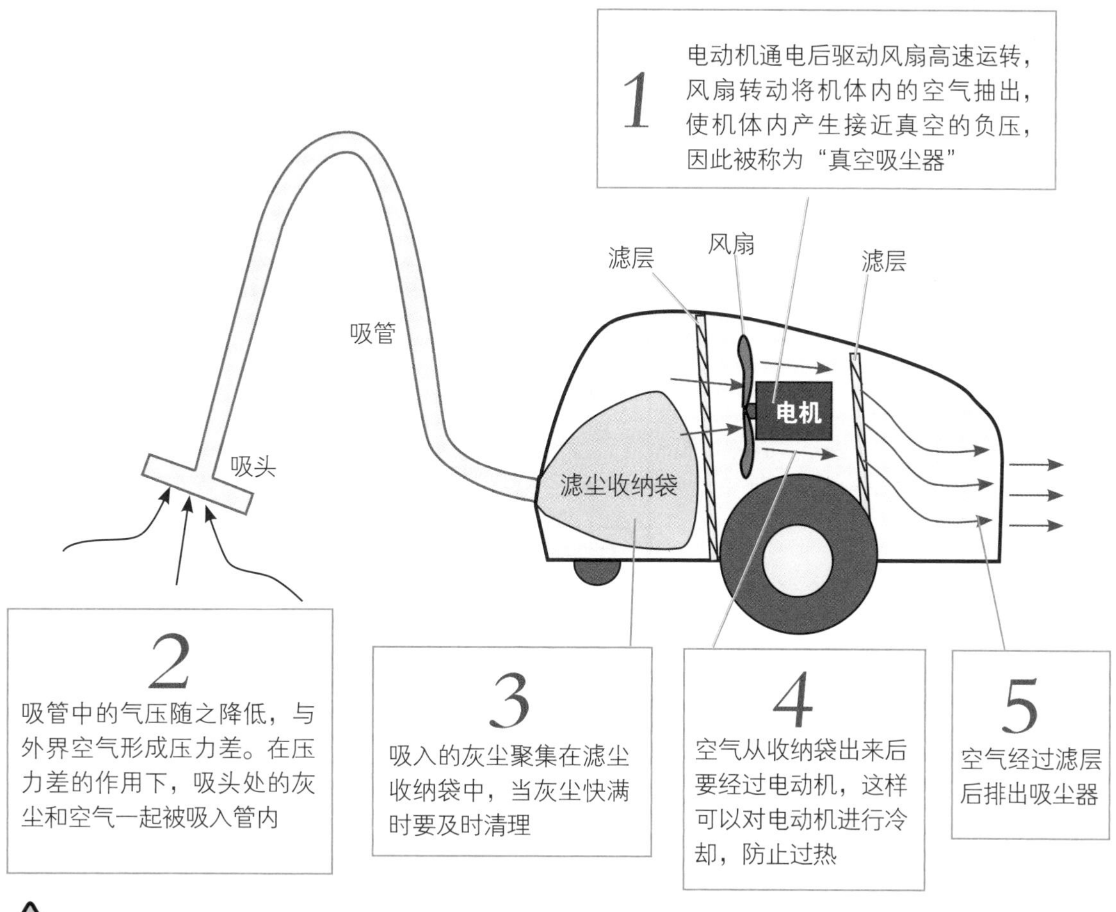

为什么真空有“吸力”?

气体是由大量无规则运动的分子组成。这些分子之间，以及分子与浸在空气中的物质之间不断地发生碰撞，碰撞时会产生一定的力，作用在物体上就是压力，并称为大气压。

当把某个容器中的空气全部抽净时，容器中就形成了真空。由于真空中没有气体分子，也就不存在压力，或者说真空中的气压为零。

当真空与大气相通时，气体就倾向于从高压处往低压处跑，同时也把高压处的物质向低压处“推”，看起来像是真空有“吸力”一样。比如，用吸管喝饮料、用吸尘器吸灰尘等，都是利用真空的“吸力”。

垂直电梯

垂直电梯是怎样工作的？

电动机将电能转换为机械能，驱动曳引系统带动电梯上下平稳运动。

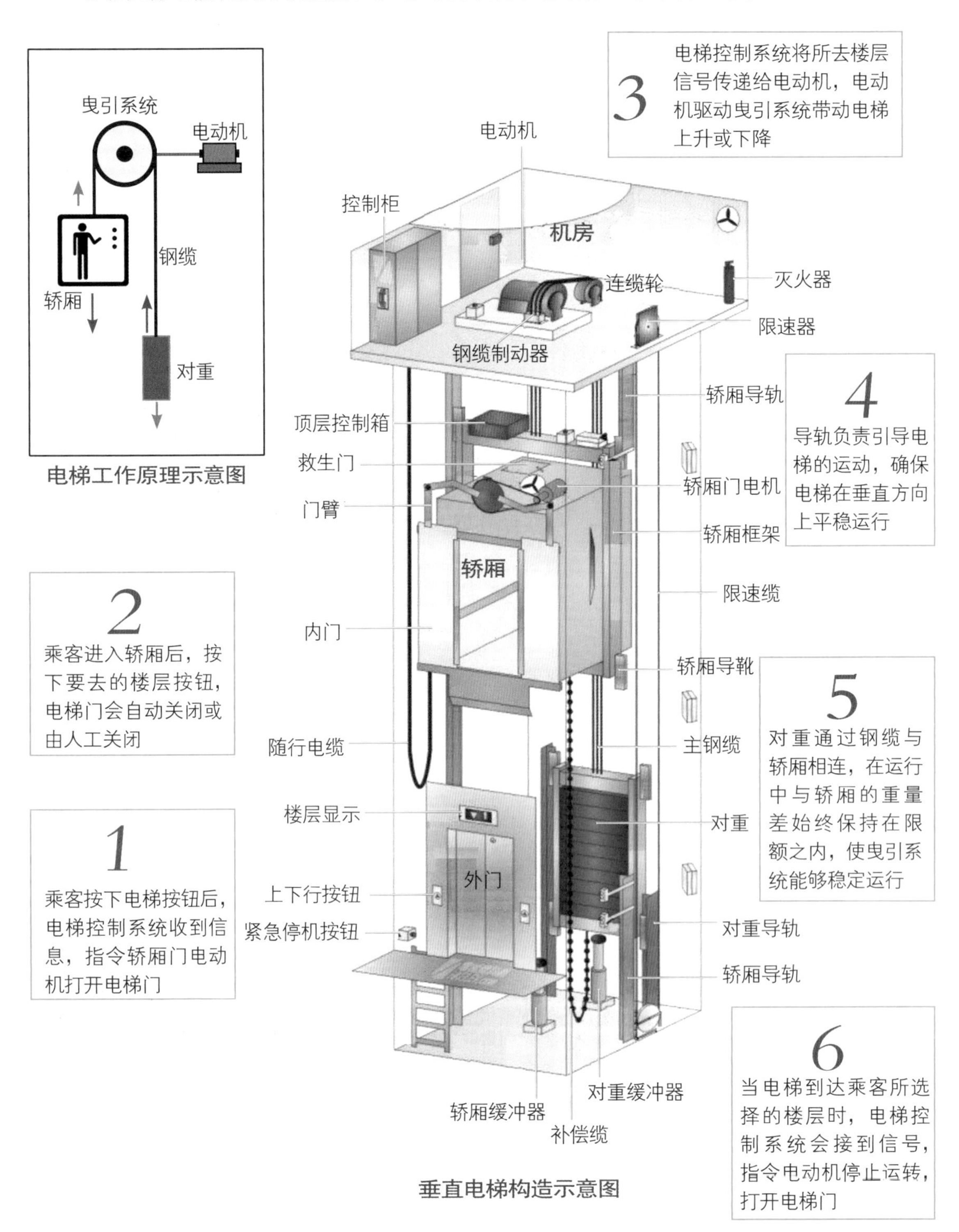

电梯工作原理示意图

垂直电梯构造示意图

自动扶梯

自动扶梯是怎样工作的?

利用扶梯顶部的电动机，驱动一组环形链条转动，链条带动一组梯阶循环运转。

4 扶手驱动轮在驱动轮的驱动下，带动扶手带循环转动

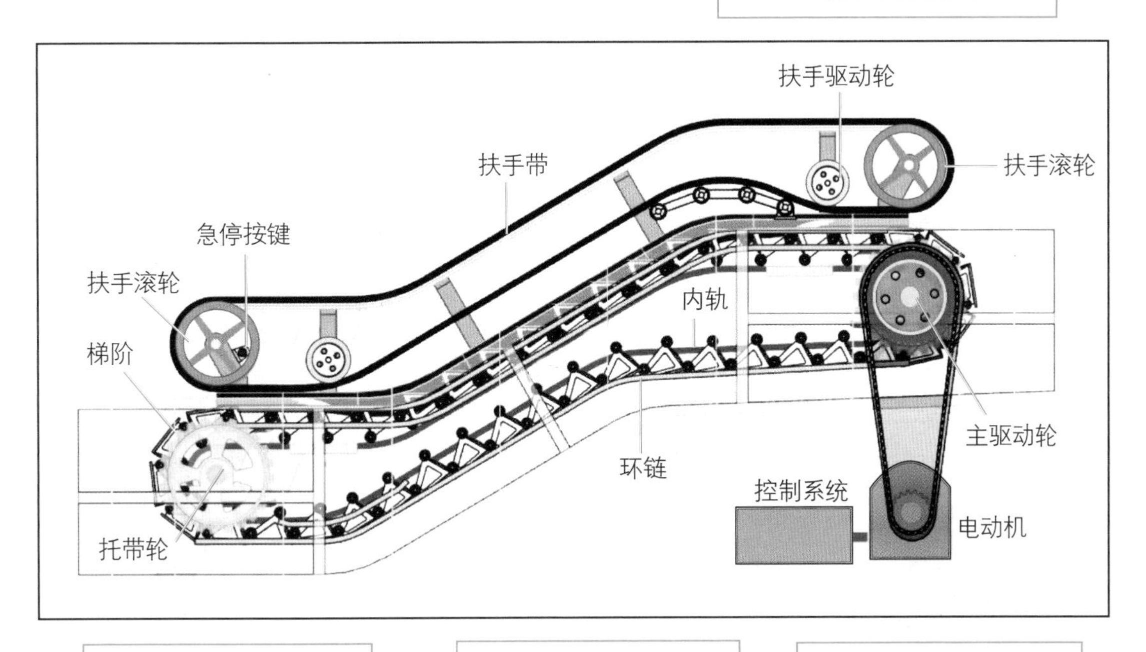

3 托带轮也称返回轮，它使环链可以循环转动

2 环链带动梯阶运动，梯阶的另一端固定在内轨上

1 电动机带动主驱动轮转动，主驱动轮拖动环链循环转动

自动扶梯构造和工作原理示意图

电动汽车

电动汽车是怎样工作的？

外接电源为动力蓄电池充电，在电子控制器的控制下，动力蓄电池向电动机供电，电动机通过减速器和差速器，将动力传递到车轮。

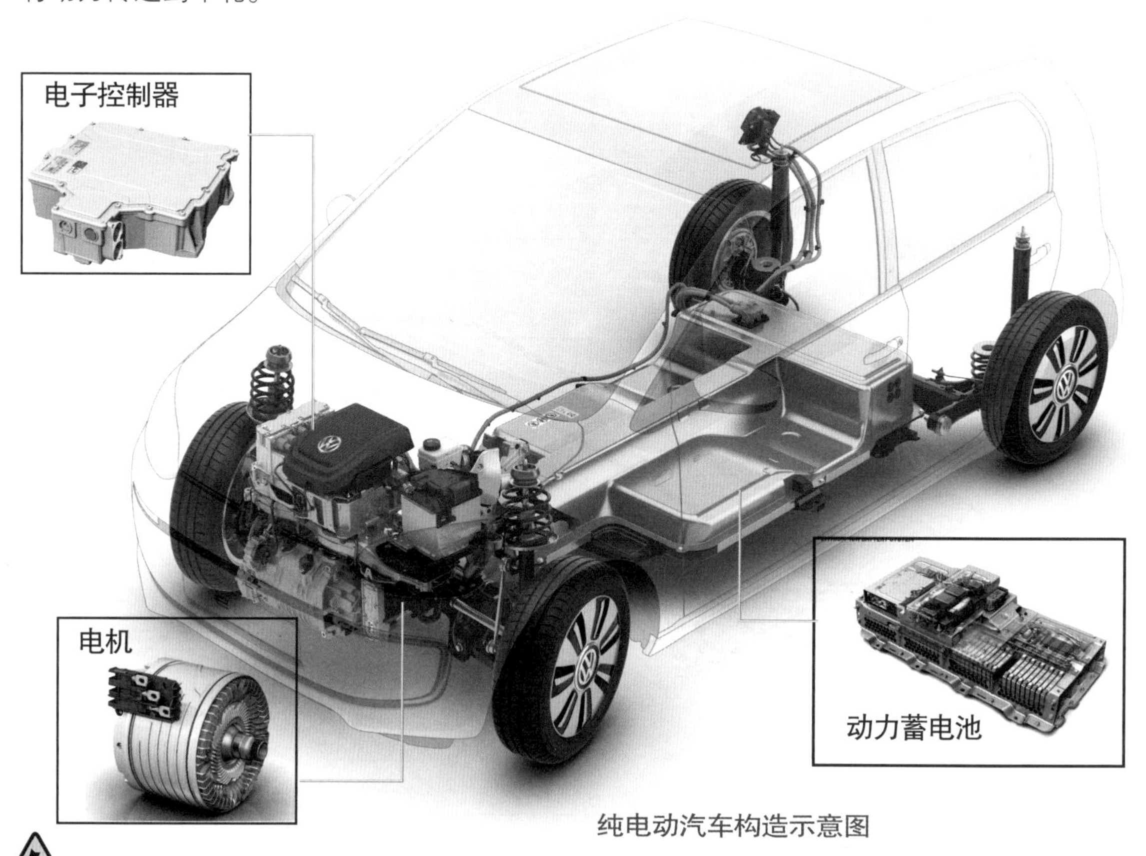

纯电动汽车构造示意图

为什么电动汽车没有变速器？

当初发明汽车变速器，是因为燃油发动机的初始扭矩较小，驱动汽车起步和爬坡时比较困难，而变速器则可以将扭矩放大，从而使汽车顺利起步和爬坡。

电动机一启动就能输出最大扭矩，不需要变速器放大即足以驱动汽车顺利起步和爬坡，因此电动汽车可以不配传统的变速器，只需配个减速机构，将电动机的转速减下来，以适应车轮的转速即可。

同时，由于电动机的转速与电压频率成正比，因此通过使用变频器调节电压频率，即可调节电动机的转速，从而达到调节汽车速度的目的。

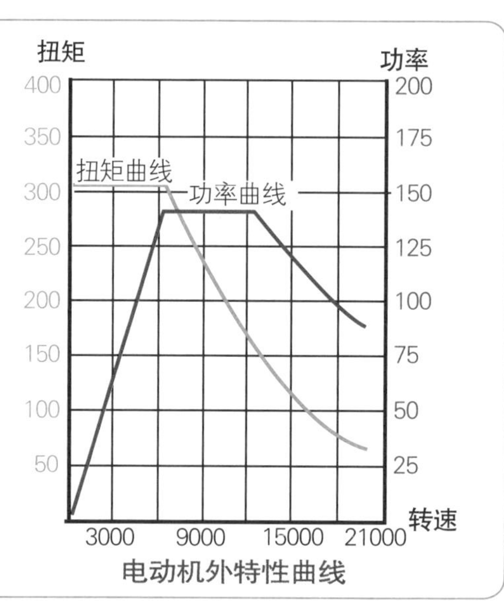

电动机外特性曲线

2 电动机转动

驾驶人踩加速踏板时，电动机控制器根据加速踏板位移传感器的信息，发出接通电动机电源的指令，蓄电池通过 DC/AC 逆变器向电动机定子绕组提供三相交流电，电动机开始转动

1 通电启动

当驾驶人转动启动钥匙时，纯电动汽车并没有什么反应和动静，只是附件电器接通电源，但电动机并没有开始运转

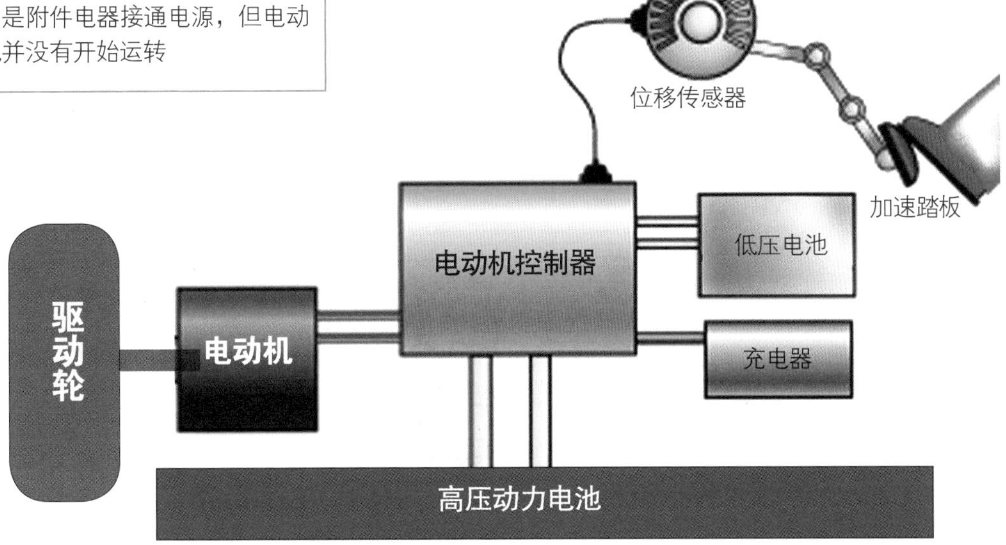

纯电动汽车工作原理示意图

5 制动

踩制动踏板时，立即进入制动能量回收模式，车辆在惯性作用下拖动电动机转动，电动机变身发电机，使汽车减速停车

4 减速

抬起加速踏板时，电动机控制器根据加速踏板位移传感器的信息，通过降低电源频率来降低电动机转速，使车辆减速，或转为能量回收模式，车辆拖动电动机转动，电动机变身发电机，逐渐使汽车减速

3 加速

继续向下踩加速踏板希望汽车加速时，电动机控制器根据加速踏板位移传感器的信息，向电动机输出更高的电源频率和电压，从而使电动机转速升高，进而使车速上升

扫描观看动画视频

电动汽车启动快

混合动力汽车

混合动力汽车是怎样工作的?

混合动力汽车至少采用两种动力源，通常为燃油发动机和电动机，协同为汽车行驶提供动力。

串联式混合动力汽车也称增程式电动汽车，其燃油发动机的作用只是驱动发电机发电，为电动机提供电能，并给电池充电。混联式混合动力汽车（如下图），可以单独使用其中一种动力驱动车轮，也可以在需要时同时使用两种动力。

起步

1 起步时只有电动机参与工作，发动机不启动。因为发动机不能在低转速时输出较大扭矩，而电动机则可以在低转速时就输出最大扭矩，保证车辆顺利起步

加速行驶

2 当汽车急加速或高速行驶时，或动力电池电量不足时，发动机才参与工作并直接驱动车轮。同时发动机还带动发电机发电，并将电能供给电动机。此时，电动机与发动机共同驱动车轮

高速巡航行驶

3 在长途行驶中高速巡航时，只使用发动机驱动，而电动机不参与工作。发动机带动发电机发电

减速或制动

4 当松开加速踏板或踩制动踏板时，车辆的惯性带动车轮继续转动，车轮带动电动机旋转，此时电动机转换为发电机，所产生的电能储存于动力电池中

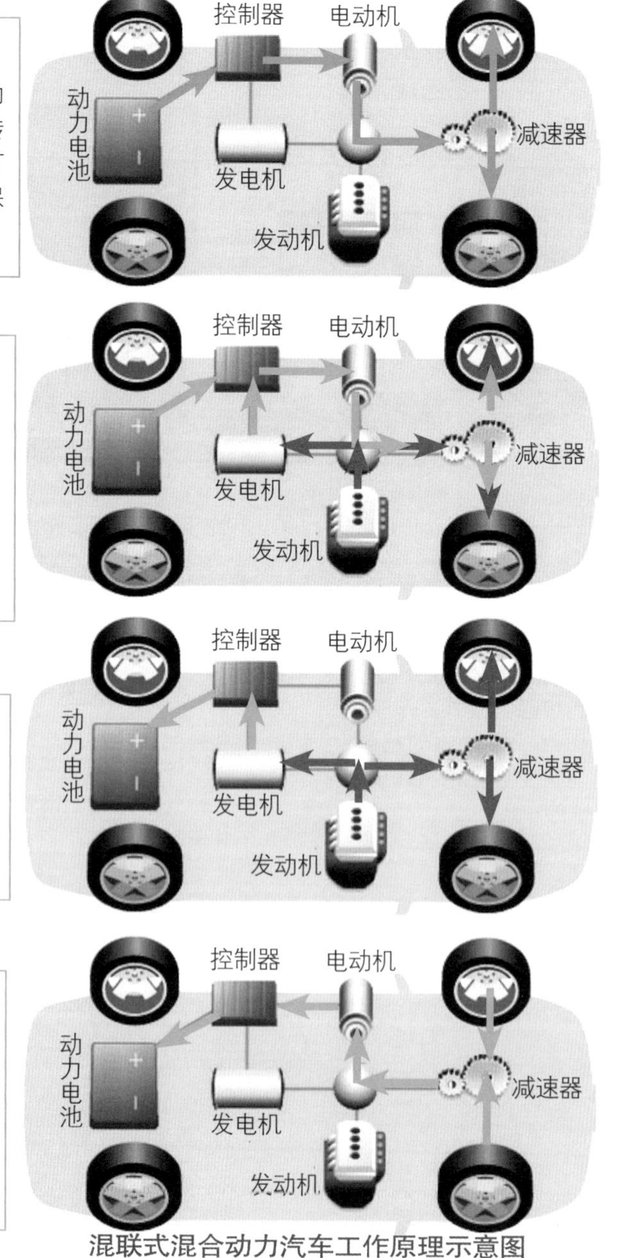

混联式混合动力汽车工作原理示意图

燃料电池汽车

扫描观看动画视频

燃料电池汽车

燃料电池汽车是怎样工作的?

使用车载氢气，在燃料电池中与空气中的氧气进行化学反应，产生电能和水。电能供给电动机驱动汽车或存储于蓄电池中，所产生的水则排出车外。

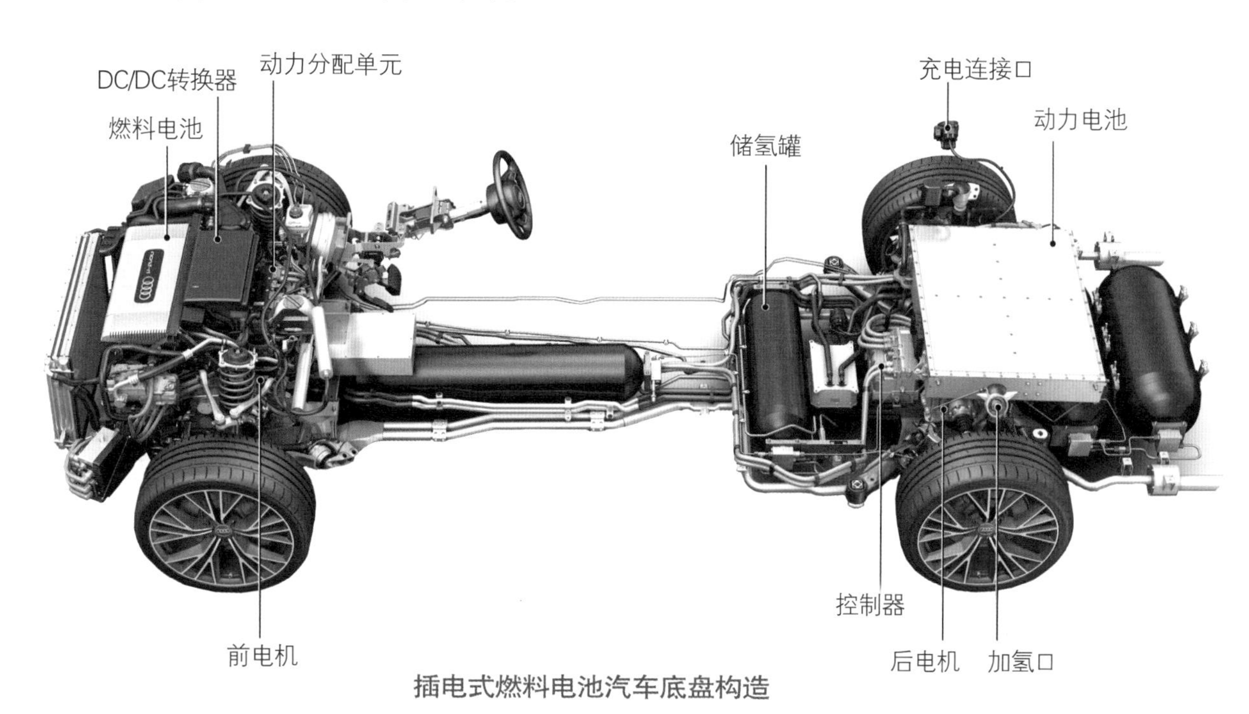

插电式燃料电池汽车底盘构造

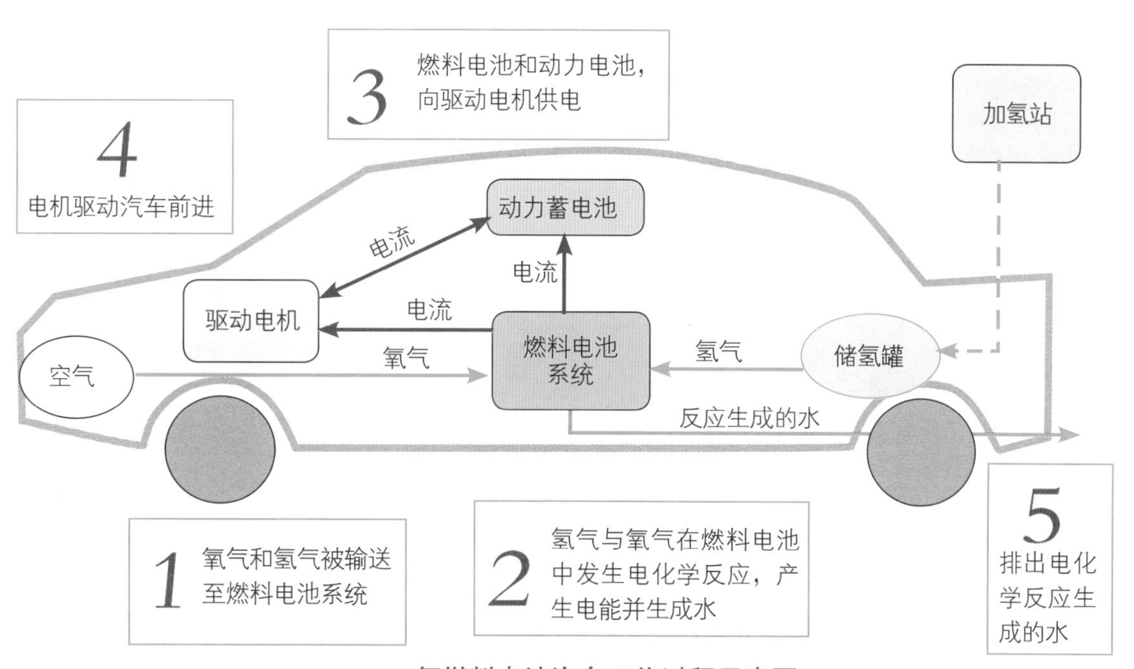

氢燃料电池汽车工作过程示意图

磁悬浮列车

磁悬浮列车是怎样工作的?

装有超导磁铁的列车运动时，利用电磁感应原理，在轨道两侧的线圈中产生感应电流，进而产生感应磁场，形成导轨电磁铁。导轨电磁铁与列车磁铁相互作用，产生巨大的磁力使列车悬浮。通过不断改变轨道两侧电磁铁的磁极极性，产生推拉列车的强大磁力，使列车前进。

1 利用车轮启动列车

列车上虽然装有超导磁铁，但静止的列车无法悬浮，须利用车轮先将列车启动，产生使列车悬浮的磁力后，车轮再像飞机起落架那样隐藏起来

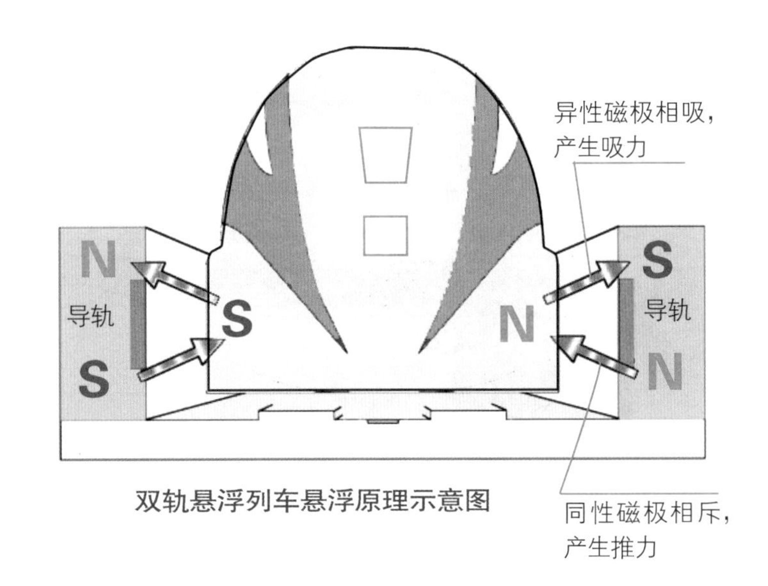

双轨悬浮列车悬浮原理示意图

2 形成导轨电磁铁

当带有超导磁铁的列车通过导轨两侧的线圈时，根据电磁感应原理，线圈会产生感应电流，感应电流反过来又产生感应磁场，形成导轨电磁铁

3 磁力让列车悬浮

导轨电磁铁与列车超导磁铁相互作用，产生使列车悬浮的磁吸力或磁推力。当磁力大到足以克服列车的重量时，列车就悬浮起来

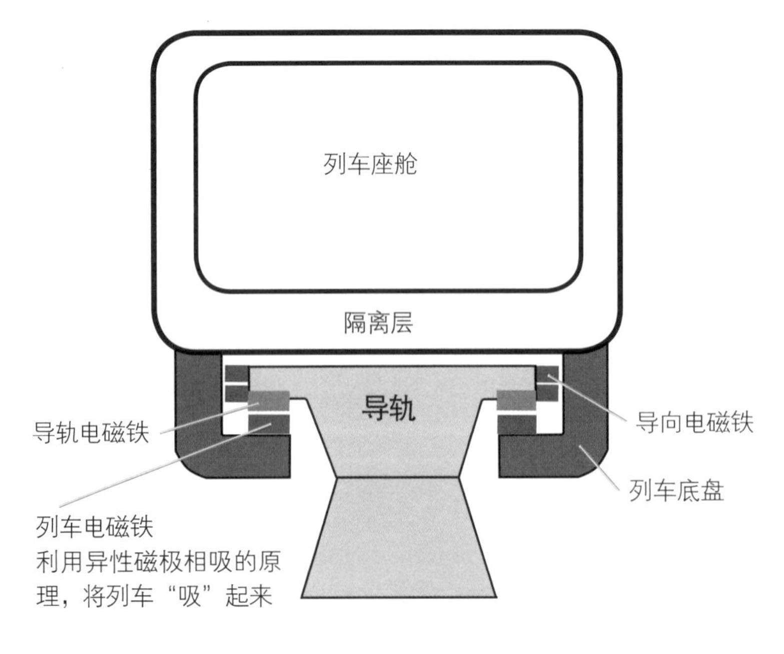

单轨悬浮列车悬浮原理示意图

超导磁铁

超导磁铁产生磁力的方式与普通电磁铁相同，但因为超导磁体没有电阻，通过它们的电流可以完全转化为强磁力。普通磁铁要产生同样的磁力，必须施加更大的电流，其重量是超导磁铁的 100 倍。

自 1962 年首次开发磁悬浮列车超导磁铁以来，铌钛合金一直被用于制造超导磁铁。但要达到超导性，它们必须保持在 -263 摄氏度以下，才可保持超导性，以产生足够的磁力。

4 磁力推拉列车

一旦列车悬浮起来，感应电流就会供应给导轨线圈，并在控制系统的控制下，产生一系列交替的南北磁极。这些磁极与列车上的超导磁体相互作用，同性磁极推动列车，异性磁极拉动列车，共同使列车前进

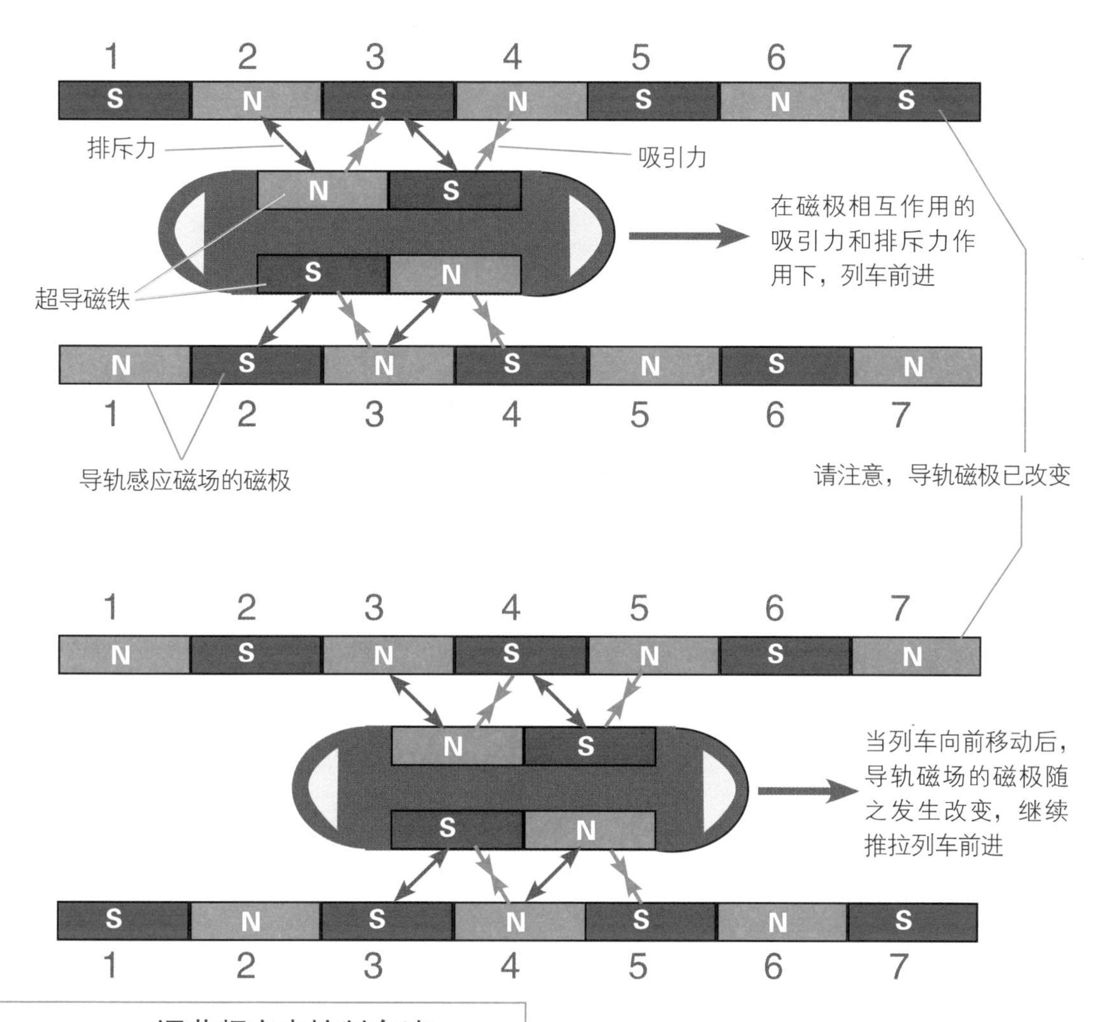

磁悬浮列车工作原理示意图

5 调节频率来控制车速

控制系统调节导轨线圈中交流电的频率，也就是调节导轨线圈感应磁场南北磁极变换的频率，从而达到调节列车速度的目的。变换频率越高，列车速度越快

制热与制冷

HEATING AND COOLING

电怎样生热

电能是怎样转换成热能的?

电能转换为热能的方式主要有下面五种。

1 电阻加热

电阻加热是指将电阻丝通电后产生热量直接传递给被加热物体。电流是电子在金属导体中的定向流动，但电子在金属中流动并不很顺利，会遇到金属内部的一种阻力，称为电阻。电子为了克服这种阻力，就要消耗一定的能量，消耗的能量转化成热能，热能使导体的温度升高。通过的电流越大，或者导体内的电阻越大，消耗的电能就越多，导体的温度就越高，产生的热量越多

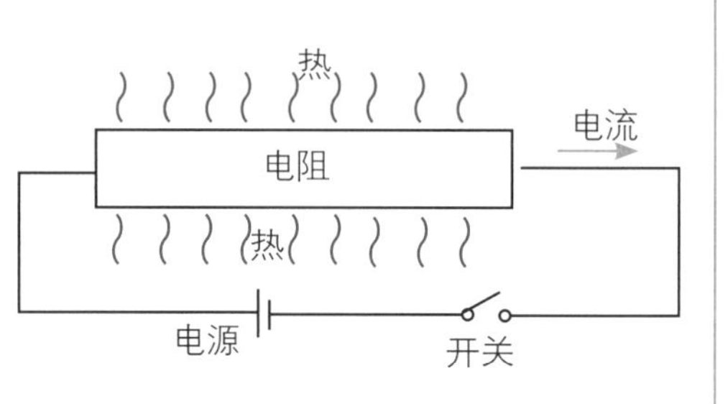

电流经过电阻产生热示意图

2 感应加热

电磁炉利用电磁感应原理，先由电流产生磁场，再由磁场产生电涡流，然后电涡流流过金属锅（电阻）而产生热量，加热食物

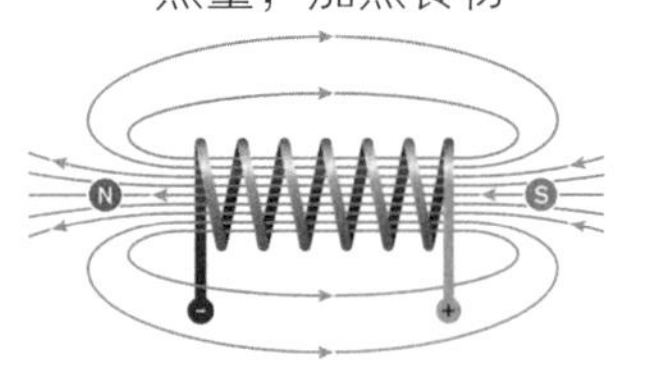

3 微波加热

微波炉利用微波（高频电磁波）电场，将食物中的水分子不停地转换方向，彼此发生碰撞，相互摩擦，进而产生热量，达到加热食物的目的

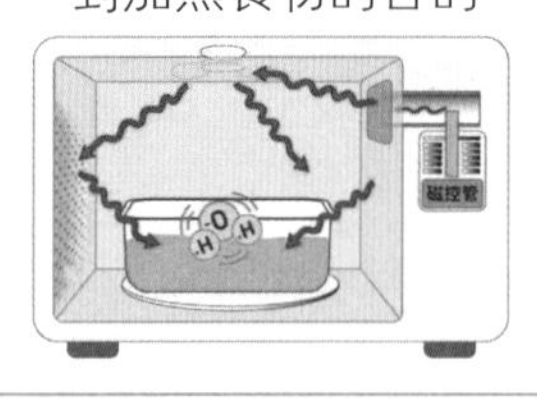

4 电弧加热

利用两根碳棒之间发生弧光放电，由于产生炭蒸汽的电阻非常大，大电流通过大电阻时，就会发出很大的热量，甚至使温度高于3000摄氏度，从而用于金属焊接和冶炼。比如，电焊机、电弧炼钢炉等

5 红外加热

加热管中的电热丝通电后生热，经远红外涂料后转换为远红外线辐射。当远红外线波长和被加热物体的吸收波长一致时，被加热物体大量吸收远红外线，物体内部分子和原子发生“共振”并产生强烈的振动、旋转，使得物体温度升高，达到加热的目的。比如远红外电暖器、远红外电烤箱、远红外电饭煲等

热怎样传递

热量是怎样传递的?

热传递主要有三种形式：热对流、热传导、热辐射。只要物体内部或物体间有温度差存在，热能就必然以这三种方式中的一种或多种，从高温处向低温处传递。

1 热对流

通过冷热流体的流动来传递热量。比如水暖器、空调冷气降温、电吹风、电风扇等

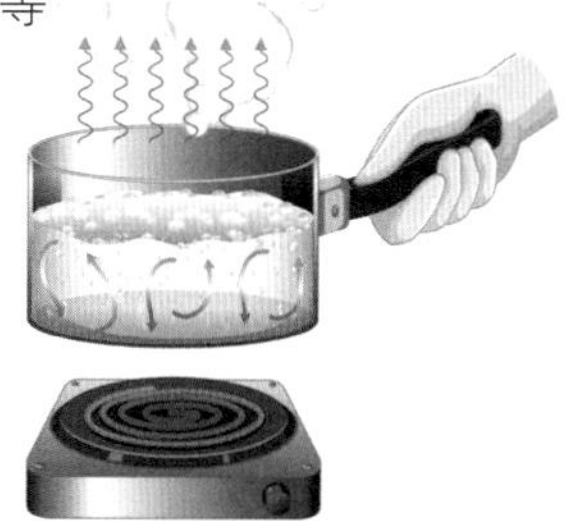

热对流烧水

电炉先将锅内底部的水烧热，然后利用热对流方式，底部水中的热量对流到其他部位，最终将锅内的水都烧开。加热稀饭或其他流食，也都是如此

2 热传导

通过物体之间的接触来传递热量。比如燃气灶烧水、电熨斗熨衣服

电热炉传导热量

将锅放在电热炉的陶瓷发热盘上，电热丝因通电而生热后，将热量传导给陶瓷发热盘，发热盘再将热量传导给锅底

3 热辐射

以电磁波的形式向外传递能量。比如晒太阳光、远红外加热等

热辐射加热

如果将锅抬起与电炉离开一定高度，此时电炉的热量只能通过辐射的方式传递到锅底

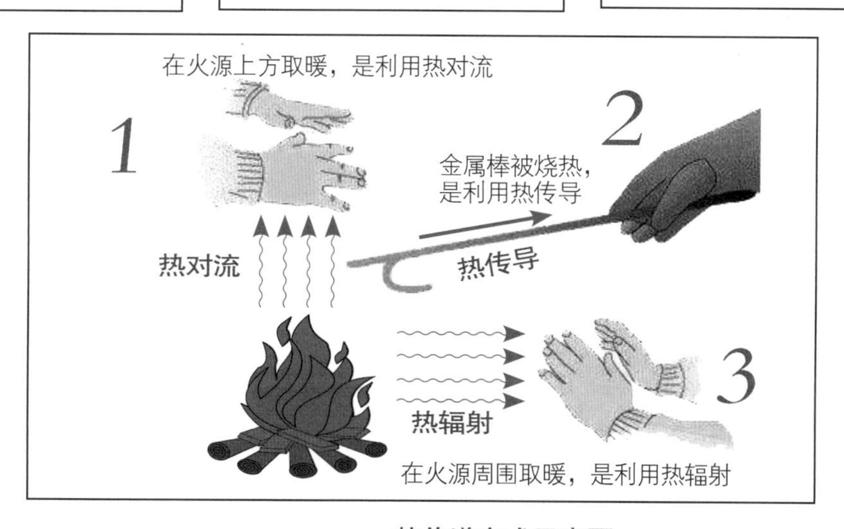

热传递方式示意图

电加热控制

电加热是怎样控制的?

一种是开环控制，它的输入信号不受输出信号的影响；另一种是闭环控制，利用温度传感器将被加热物体的温度反馈到输入端，当被加热物体的温度达到设定值时，自动停止加热，或在低于设定温度时重新启动加热。

开环控制

开环控制系统是指一个输出只受系统输入控制的没有反馈回路的系统。比如电磁炉，如果不手动调节和关闭电源，电磁炉会一直进行加热。普通的电烤箱虽然使用定时器对加热时间进行控制，但没有将温度反馈回输入端，因此也是开环控制。

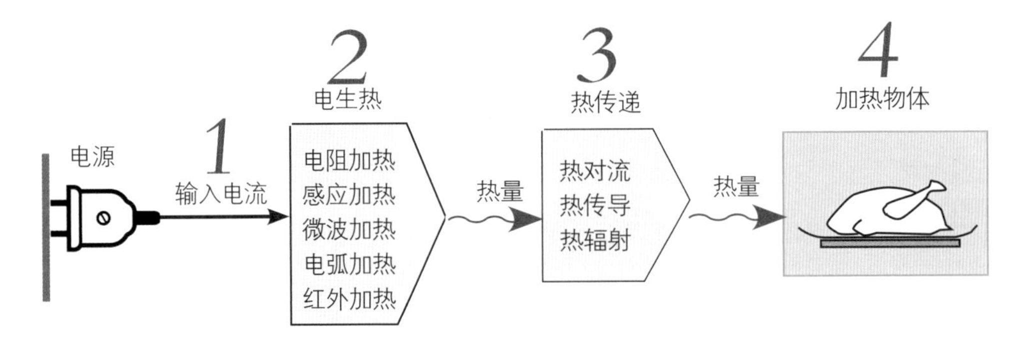

电加热开环控制系统示意图

闭环控制

闭环控制是指将输出量的一部分或全部，通过传感器反送回输入端，与原输入信息进行比较后，再将比较的结果施加于系统进行控制，避免系统偏离预定目标。比如，使用温度传感器将被加热物体的温度反馈回输入端，与设定温度进行比较，如相等或大于则停止加热，如低于则继续加热。

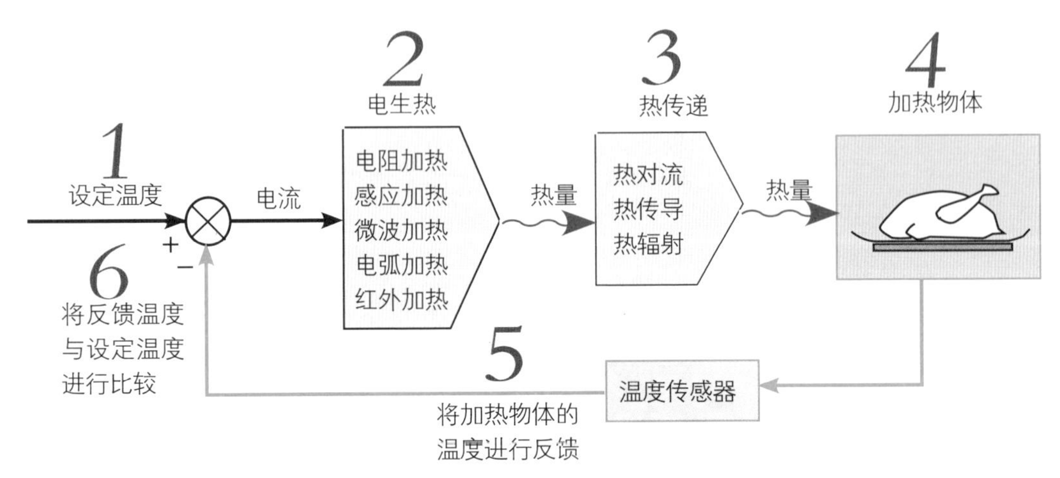

电加热闭环控制系统示意图

电磁炉

电磁炉为什么能加热食物?

利用电流的磁效应，使用交流电产生变化的电磁场，变化的电磁场再感应出电涡流，电涡流流过电阻（金属锅）而产生热量。

5 加热食物

金属锅体产生的热，传导加热锅中的食物

4 锅体发热

电涡流遇到相当于是一个大电阻的金属锅体时就会产生热

3 电涡流

磁场中的磁力通过铁锅底部时，会形成一个闭合回路，通过与金属分子相互碰撞之后产生无数的电涡流

2 产生电磁场

当电磁炉插上电源并摆上金属锅具的时候，在电磁感应原理下，交流电经过线圈时产生电磁场

1 产生高频交流电

整流电路将 50 赫兹的 220 伏交流电压变成脉动直流电压，经电容滤波后，将直流电压转换成频率为 20~40 千赫兹的高频交流电压

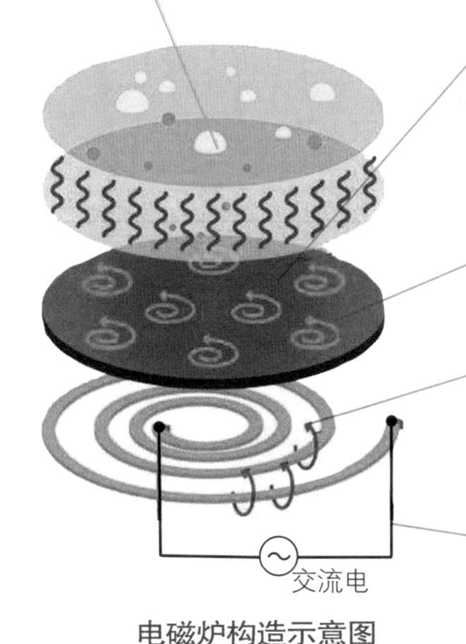

电磁炉构造示意图

“电生磁”与“磁生电”

电磁炉首先利用了“电生磁”原理，然后又利用了“磁生电”的原理。

电生磁：如果一条金属导线通过电流，那么在导线周围的空间将产生围绕导线的圆形磁场。

磁生电：变化的磁场可以在线圈中感应出电流，这也是发电机和麦克风的基本原理。

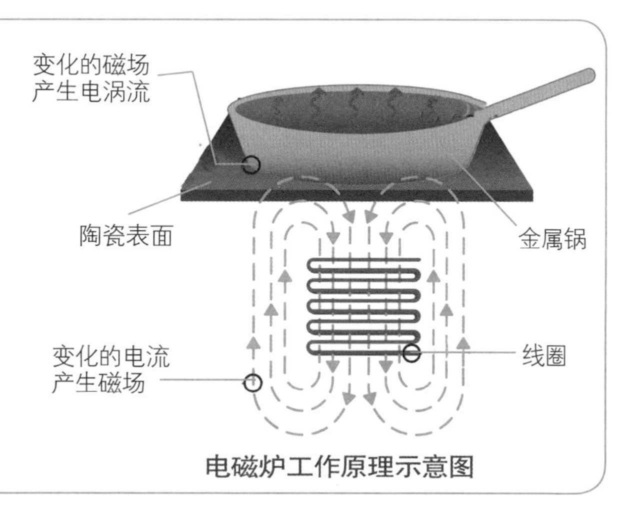

电磁炉工作原理示意图

微波炉

微波炉是怎样工作的?

交流电为磁控管供电，磁控管利用相互作用的电场和磁场产生微波。微波的电场每秒振荡和反转大约 24.5 亿次，使食物分子相互碰撞摩擦起热，从而使食物得到加热。

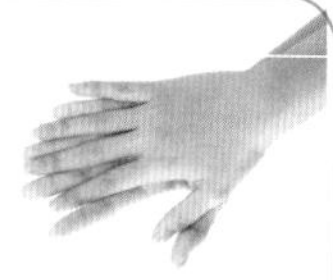

摩擦生热

冬天用双手相互摩擦，就能让手生热，从而暖和起来。微波炉是让食物中的水分子相互摩擦生热，从而将食物加热。

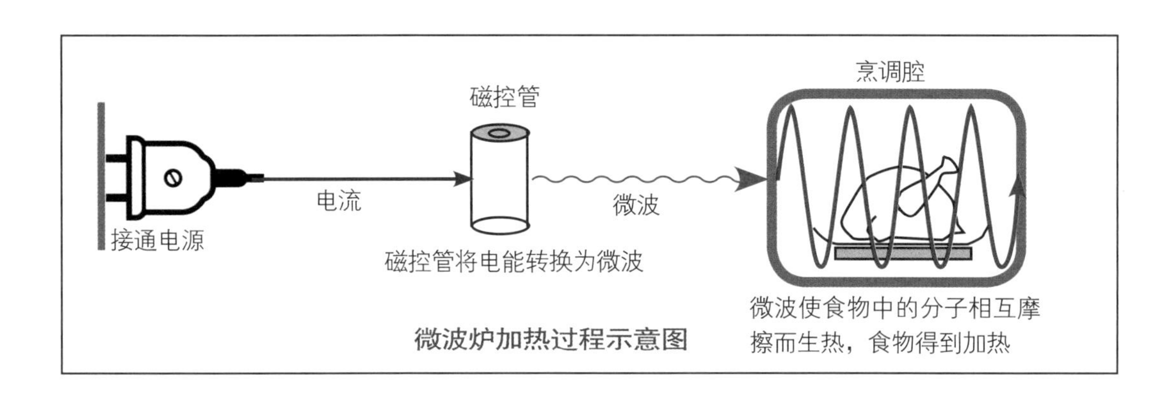

微波炉加热过程示意图

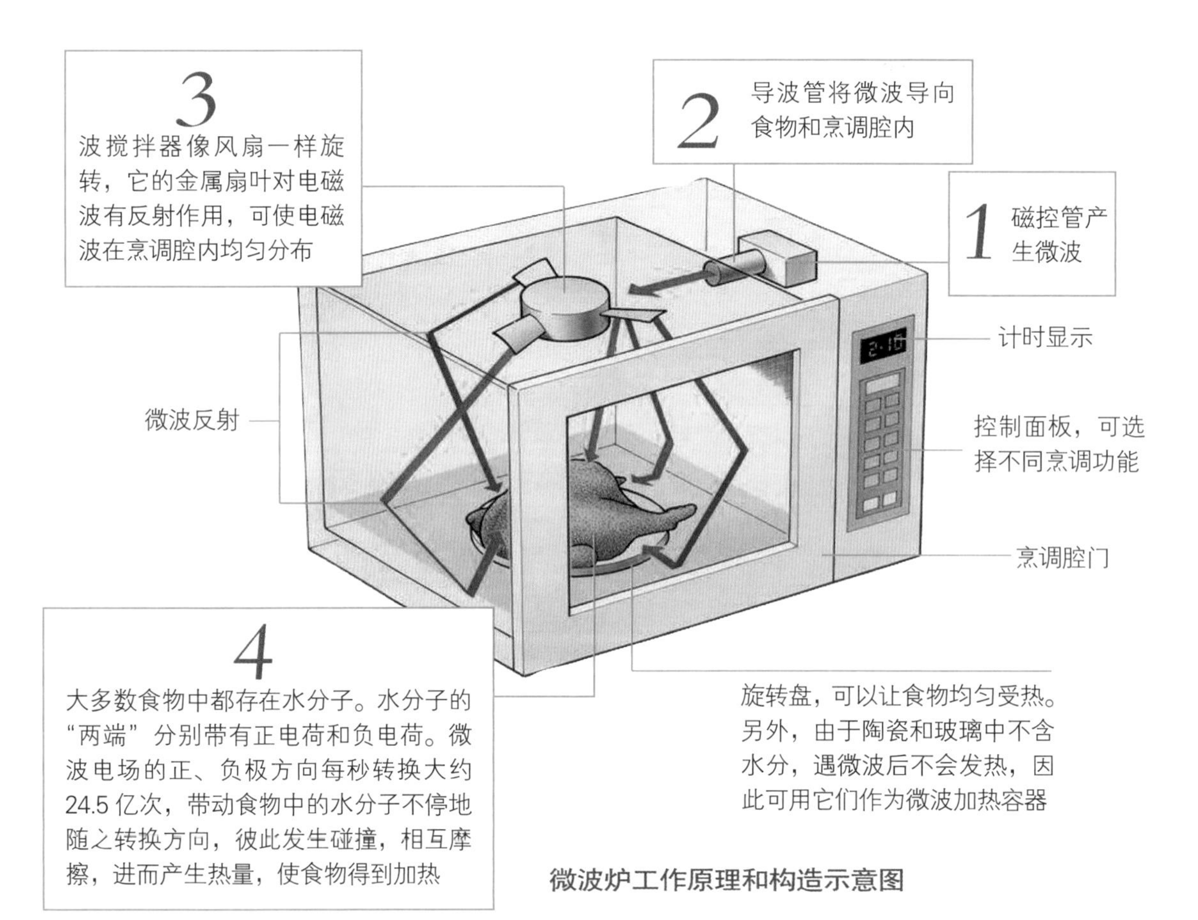

微波炉工作原理和构造示意图

电烤箱

电烤箱是怎样工作的?

利用远红外线辐射，引起食物中的原子与分子运动、振动和碰撞，并因此而生热，从而加热食物。

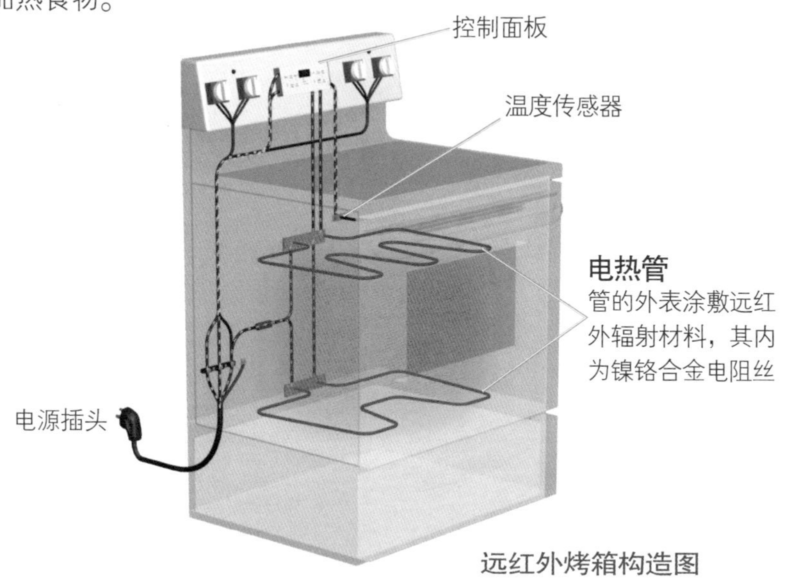

远红外烤箱构造图

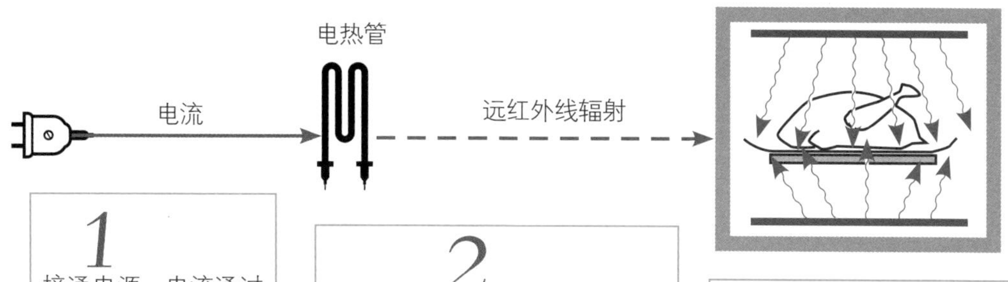

1 接通电源，电流通过电热管中的电阻丝产生热量和可见光、近红外线

2 利用外表涂敷的远红外辐射材料，电热管将电阻丝的可见光、近红外线，转换为远红外线

3 远红外线辐射食物，引起食物内部原子、分子及其构成的质子和电子的随机运动、振动和碰撞，从而产生热能，加热食物

远红外烤箱加热原理示意图

红外线

红外线是一种具有强热作用的电磁波。它的波长从760纳米到1毫米不等，波长范围介于微波与可见光之间，因此人的肉眼看不见。人们将不同波长范围的红外线分称为近红外线、中红外线及远红外线。 红外线可用于夜视系统、安全检测、加热设备、遥控器、医疗设备等。

电饭煲

电饭煲是怎样工作的?

现在以做米饭为主的电饭煲，大多采用上盖远红外辐射加热和底部感应加热的联合加热方式。上下共同加热，快速将米饭煮熟。

上面采用远红外线加热器，发出远红外线照射水和米，使水和米中的水分子加速振动、相互碰撞，产生大量的热

内胆下方的电磁感应加热器，像电磁炉那样直接加热内胆

为什么饭熟后能自动停止加热?

位于加热盘中央的限温器，内部装有一个永磁铁环、螺旋弹簧和感温磁钢。锅内的热量传导到感温磁钢，使感温磁钢与锅内的温度始终大致相同。

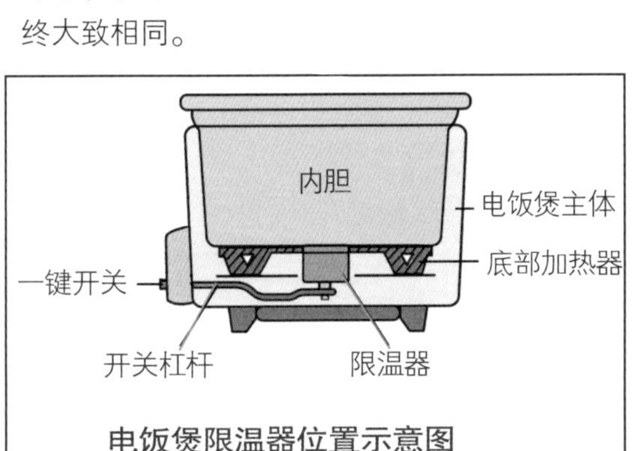

电饭煲限温器位置示意图

感温磁钢

感温磁钢是一种合金，也称软磁铁，它在一定温度以上就会失去铁磁性。失去铁磁性变成顺磁体的温度叫做居里温度。感温磁钢的居里温度在出厂时就已设定好。感温磁钢在冷却后会重新获得磁性

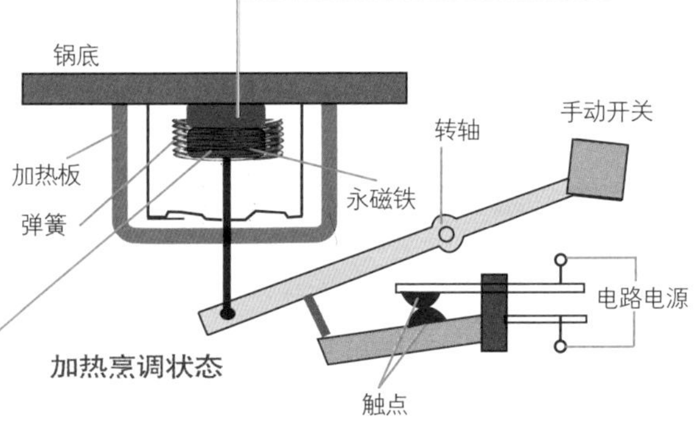

加热烹调状态

1 按下烹调开关，电路接通，加热器通电烹饪。锅内有水时，电饭煲温度不超过 100 摄氏度

2 米饭煮熟后水会变干，温度会超过 100 摄氏度继续上升，当锅底的温度达到 103 摄氏度时，感温磁钢失去磁性，永磁铁环上的吸力小于弹簧的弹力，永磁铁被弹簧顶下

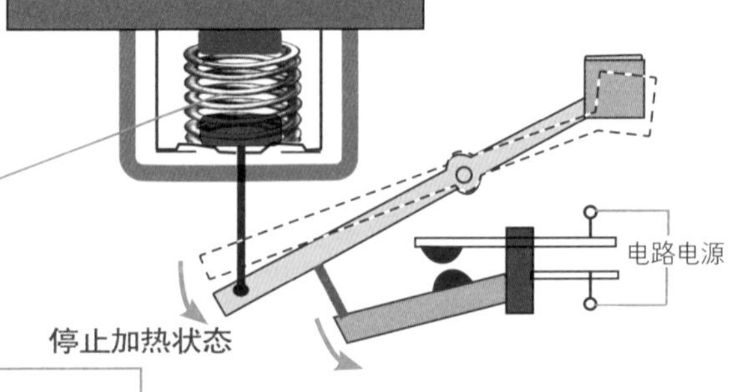

停止加热状态

3 被弹簧顶下的永磁铁，带动杠杆开关切断电源，停止加热

电饭煲限温器工作原理示意图

为什么电饭煲能自动保温？

电饭煲利用一个恒温器实现自动保温功能。恒温器由一个弹簧、一对触点开关和一个双金属片组成，又称双金属片式恒温器。其工作原理见下图。

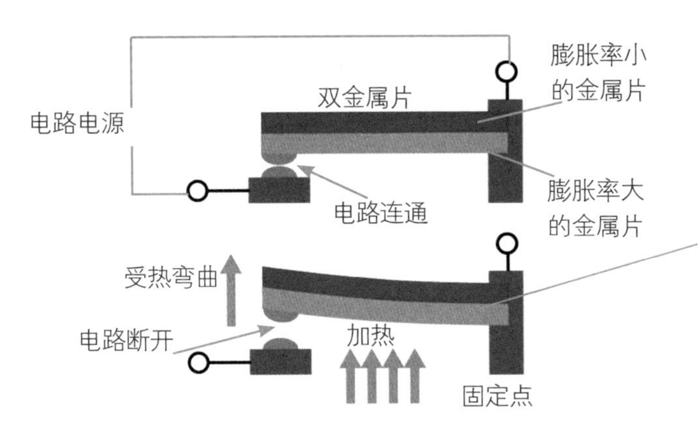

双金属片式恒温器原理示意图

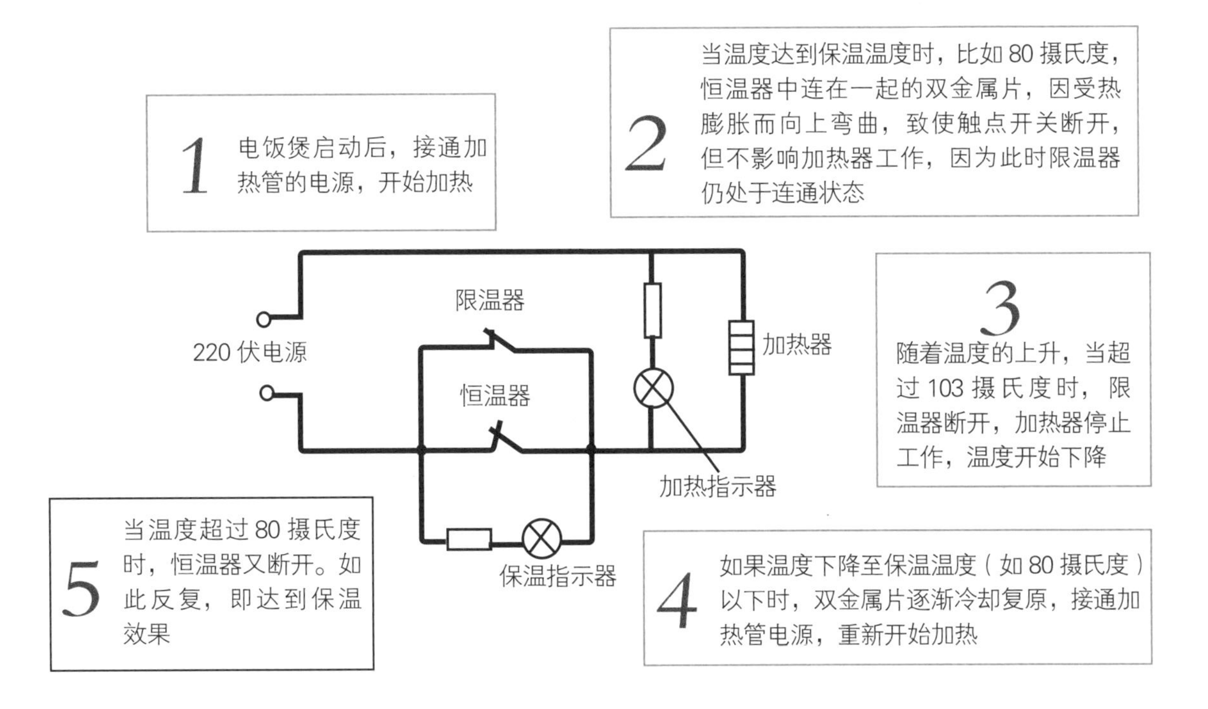

电饭煲限温和保温电路图

电暖器

电暖器是怎样工作的？

由电热元件产生远红外线，利用反射板将远红外线反射到取暖空间，利用远红外加热方式，提升取暖空间内的温度。

远红外电暖器有落地式、台式和壁挂式等，它们都是由电热元件、反射板、恒温控制器组成。电热元件安装在特制的石英或合金管内，构成电热管。石英管外面涂上可以发散远红外线的涂料，如碳纤维或石墨涂层等。其工作原理如下图所示。

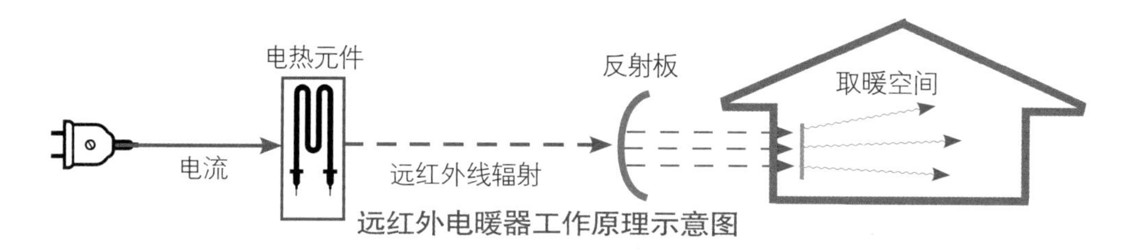

远红外电暖器工作原理示意图

1 接通电源

2 电热元件通电发热，电热管迅速被加热，表面温度快速升高到 250~350 摄氏度。热量通过表面涂层将热能转换成远红外辐射线，并辐射到周围

3 反射板将远红外线向取暖空间或房间发散辐射

4 部分远红外辐射线由金属反射板反射出去，被人的衣服、皮肤吸收，使人感到温暖，达到取暖的目的

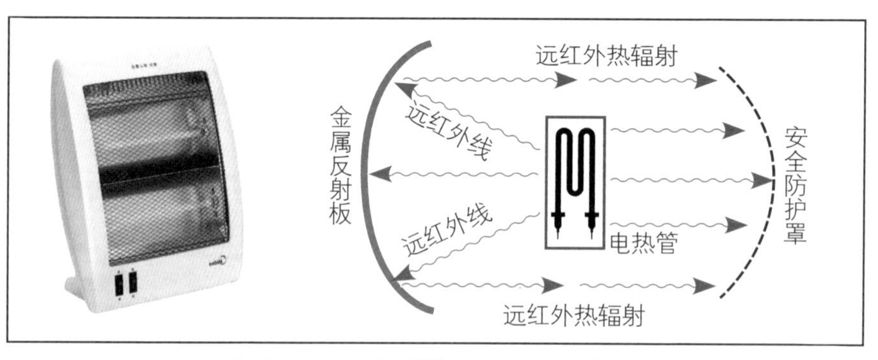

台式远红外电暖器工作原理示意图

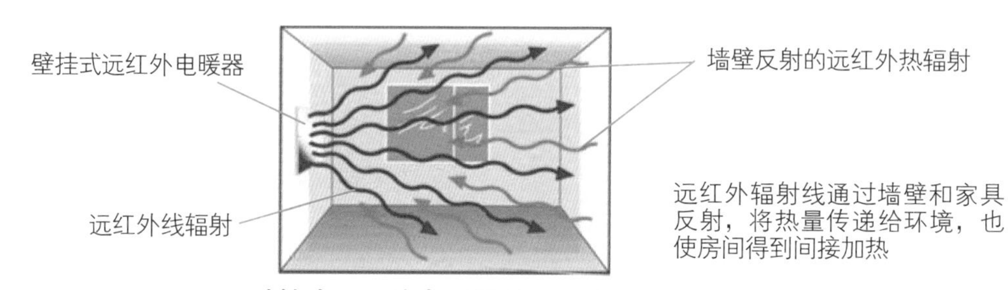

壁挂式远红外电暖器效果示意图

为什么电暖器能设定温度?

电暖器利用恒温器使其保持在设定温度的恒温状态。恒温器有机械式和电子式两大类。电暖器通常采用机械式恒温器，即双金属片恒温器，它由双金属片、触点开关组成。其工作原理参见“电烤箱”相关内容。电暖器调节设定温度的工作原理如下图示。

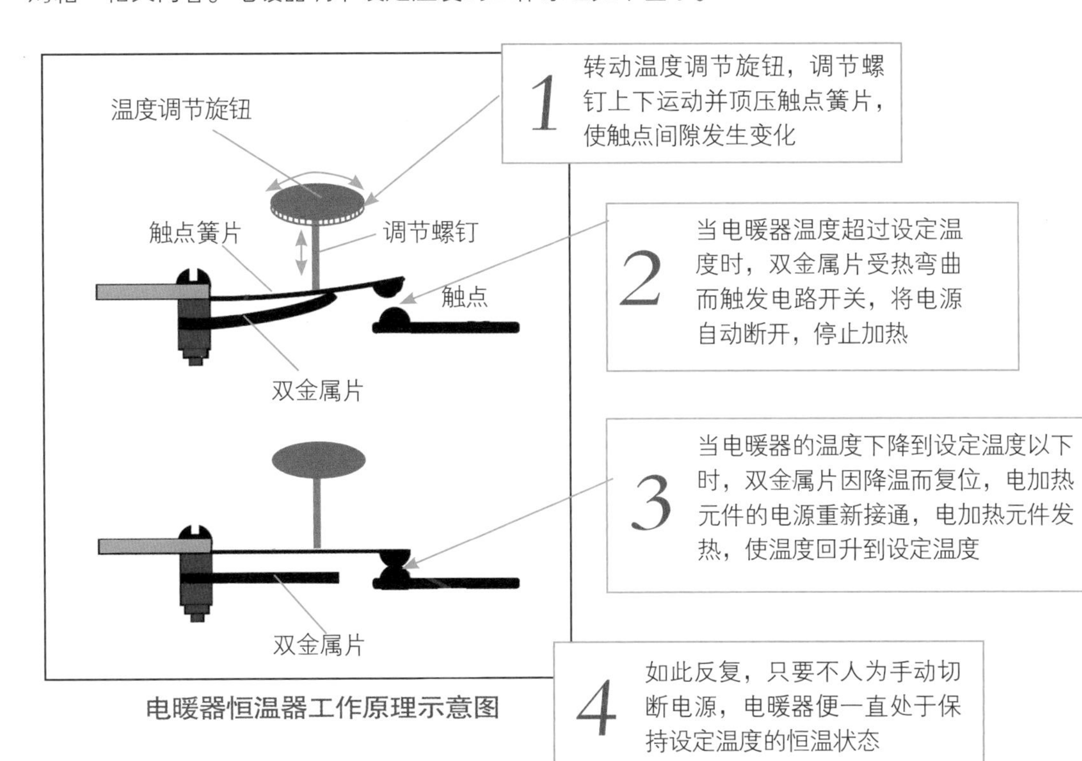

电暖器恒温器工作原理示意图

远红外加热更省电

在传统的加热方式中，环境中的空气在被加热物体的温度升高之前就被加热了。远红外加热器的设计思路是将热量直接投射到被加热物体上，可用反射板将能量直接引导到被加热的物体上，而不是加热周围的空气，因此相比传统加热方式，它更省电。

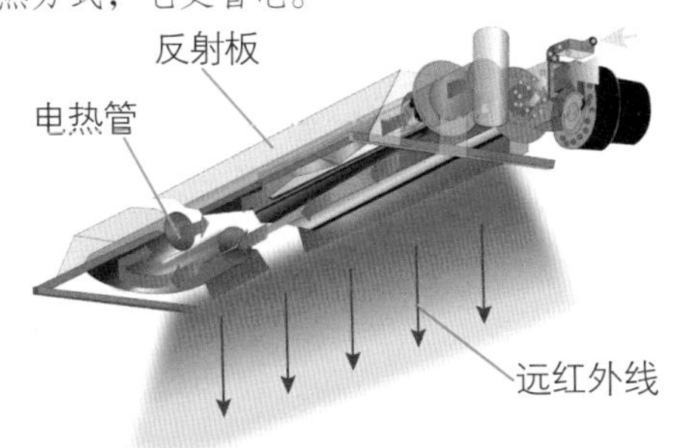

电热水器

电热水器是怎样工作的？

采用电阻加热方式，利用恒温器设定和保持温度；利用镁棒延长内胆寿命。

2 加热管表面温度升高，并把热量传导到电热管周围的水中

3 通过热对流方式，使其他部位的水也得到加热，最终达到加热整个胆中水的目的

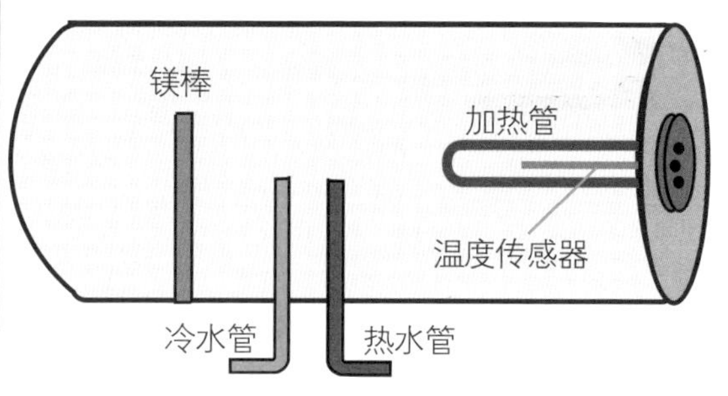

1 给加热管的电阻丝接上电源，电阻丝通电产生热量，经由氧化镁粉传导到加热管表面

电热水器构造示意图

电阻丝

目前的电热水器大多是采用电阻丝式的加热管。一般电阻丝是由80% 的镍和20% 的铬混合制作，它可以产生非常高的电阻

氧化镁粉

在金属管与电阻丝中间填充氧化镁粉，可以起到绝缘效果以及导热效果，因此电热管的金属表面是不带电的，使用热水时不会有触电危险

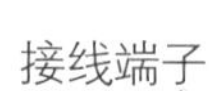

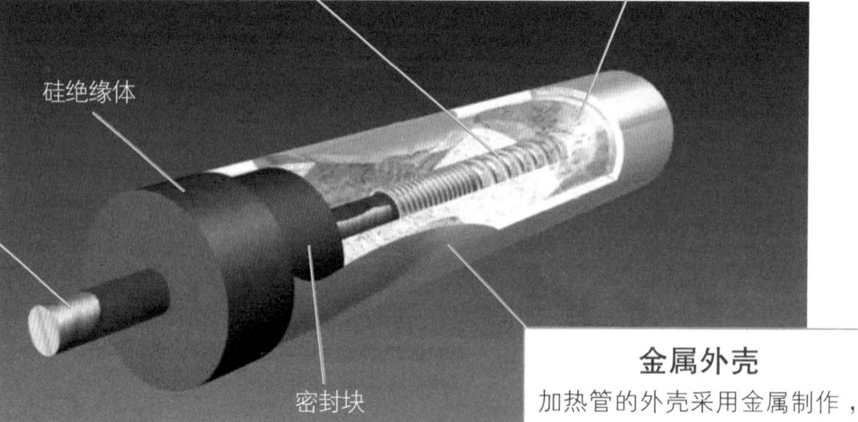

金属外壳

加热管的外壳采用金属制作，可以防止锈蚀，通常采用不锈钢材料。但这种材质的加热管更加容易产生水垢，因此电热水器需要定期清洗

电热水器加热管构造示意图

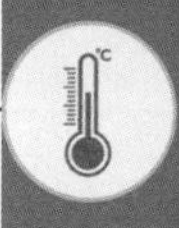

电热水器是怎样控制温度的?

现在电热水器主要采用机械式、数显式温度控制器。其中机械式温度控制器以双金属片式为主，其基本原理请参见“电暖器”中相关内容。这种温度控制器操作简单方便，价格低廉，但控制精度稍低。

数显式温度控制器利用微电脑控制，由显示板、主控制板、强电板和温度传感器等组成。其控制原理如下图。

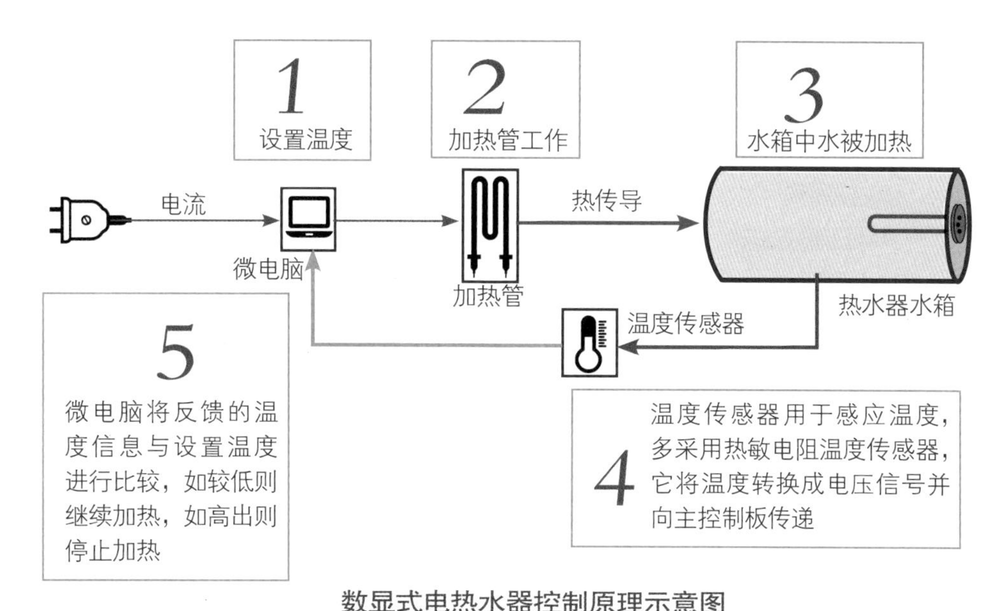

数显式电热水器控制原理示意图

为什么水箱内有个镁棒?

镁棒是镁阳极的通称，又称阳极镁棒，用于防止电热水器的金属内胆受到腐蚀。

热水器通常采用钛钢或锰钢制造水箱的金属内胆，然后在金属内胆的表面涂上搪瓷，达到极好的绝缘效果。但是，当搪瓷衬里局部出现裂纹时，镁棒就会被当作阳极，内胆的金属层当作阴极，内胆中的水当作电介质，从而形成一次电池。镁阳极开始发生氧化反应，而金属内层上发生还原反应，产生金属保护层，防止金属内胆腐蚀。

由于镁棒在水中不断溶解，最后变成海绵棒，因此需要定时更换。

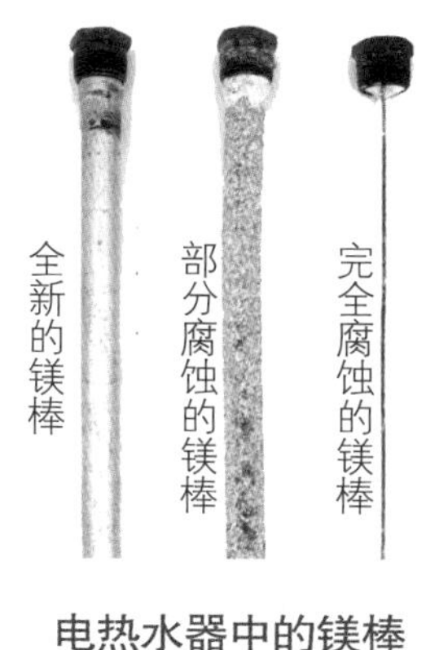

电热水器中的镁棒

电熨斗

电熨斗

电熨斗是怎样工作的?

采用电阻丝式的加热管，利用双金属片式恒温器设定和保持温度。

1

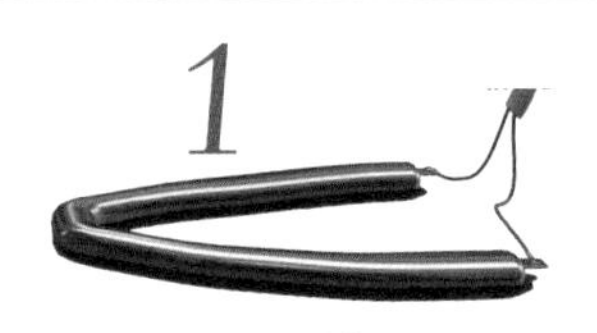

加热管

一般采用镍铬合金电阻丝制作，在电阻丝外填充上氧化镁粉后封装在金属管内。氧化镁粉起绝缘和导热作用。电流通过电阻丝使其发热，热量传导给金属管外壳

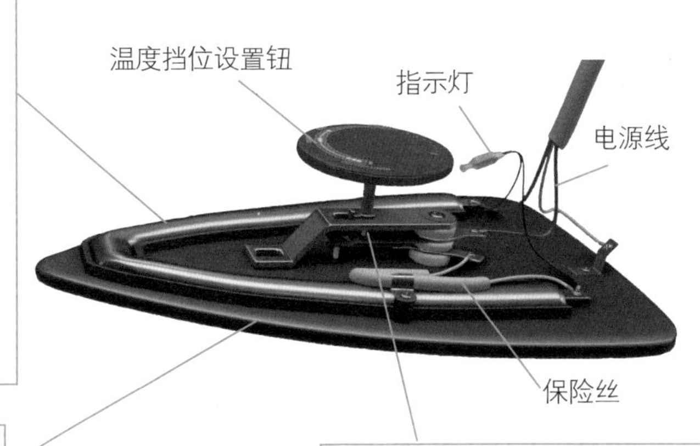

电熨斗构造图

熨烫板

电热管将热量传导到熨斗底部的熨烫板上。熨烫板通常由金属材料制成，具有良好的导热性能。当熨烫板受热后，通过与衣物接触即可熨平衣物的皱纹

3

双金属片恒温器

电熨斗利用双金属片恒温器，可以让熨烫板的温度保持在设定温度以下。其工作原理可参见“电暖器”中相关内容

蒸汽电熨斗

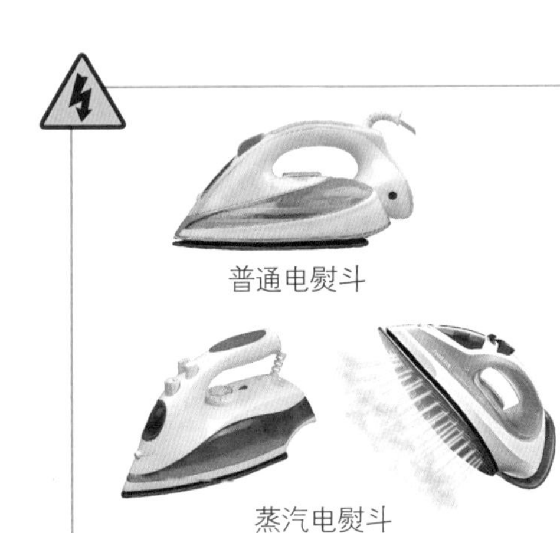

普通电熨斗

蒸汽电熨斗

蒸汽电熨斗是在普通电熨斗的基础上增加一个贮水器，熨烫衣物时按动喷汽按钮打开贮水器出水孔，水滴在熨烫板上立即被加热成蒸汽，再由熨烫板底部的多个蒸汽喷孔喷出，就可以对衣物起湿润和熨烫作用。

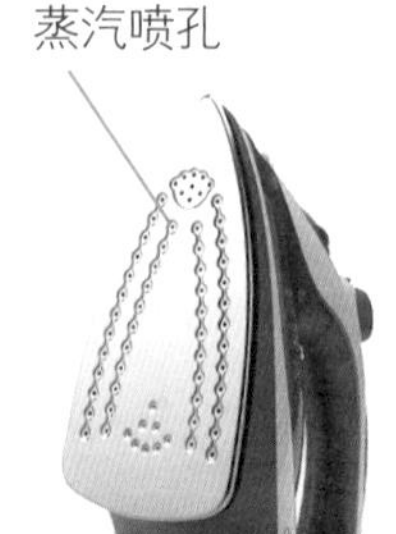

电吹风机

电吹风机是怎样工作的?

采用电阻丝式加热元件，利用微型电风扇将加热元件上的热对流到头发表面上。

电吹风机主要由电阻丝式的加热元件和一个微型电风扇组成。电风扇位于机壳后部一个叫做进气口的地方，进气口上覆盖着一层细网，以防止杂物进入。在另一端是空气出口，有一个耐热和保护性的前格栅。

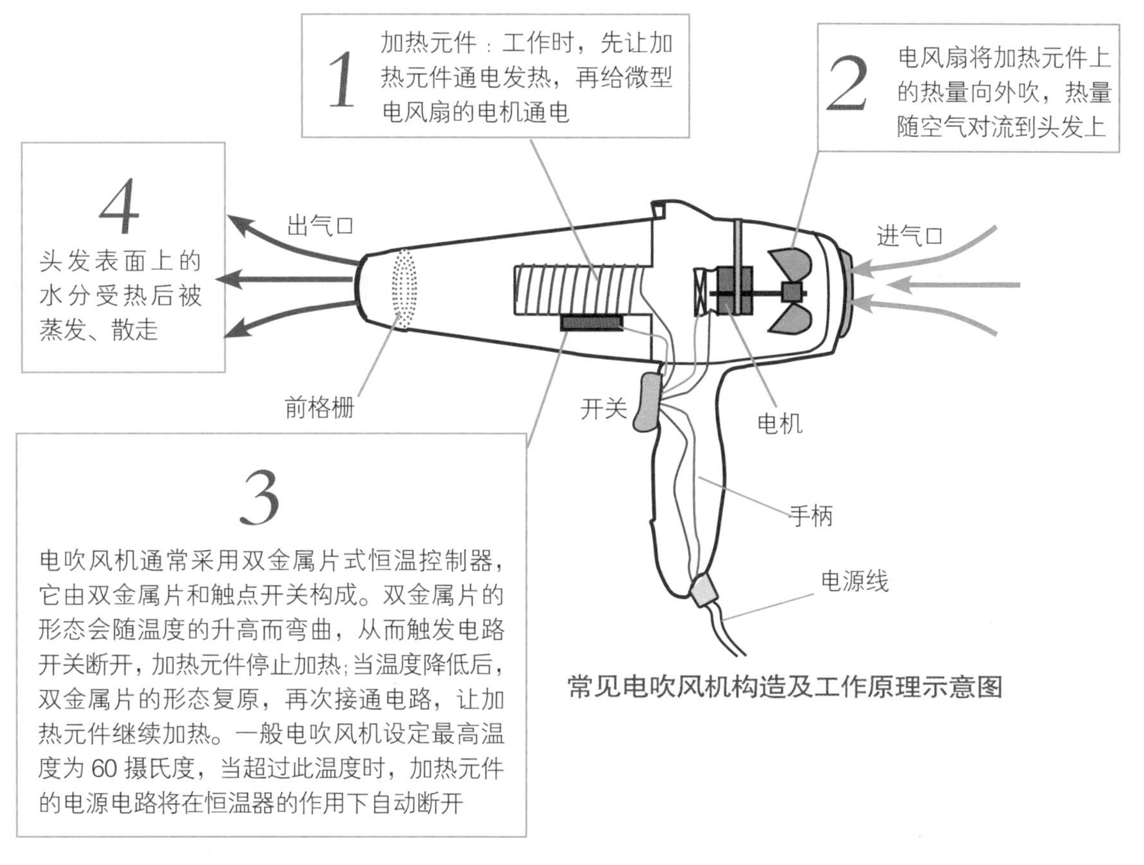

常见电吹风机构造及工作原理示意图

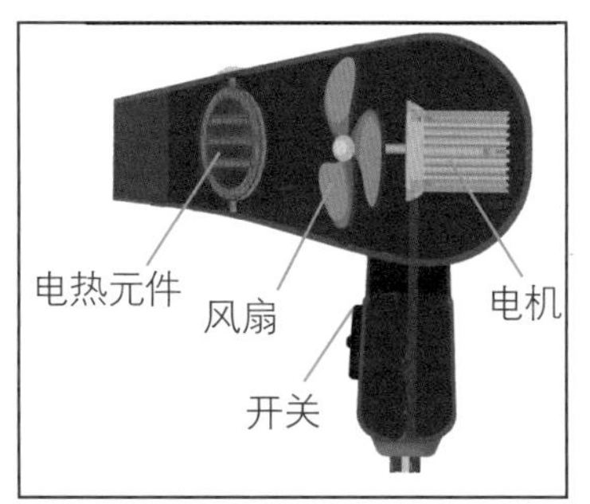

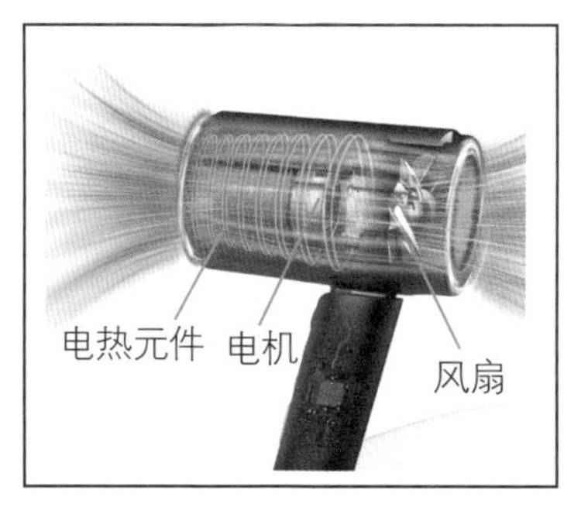

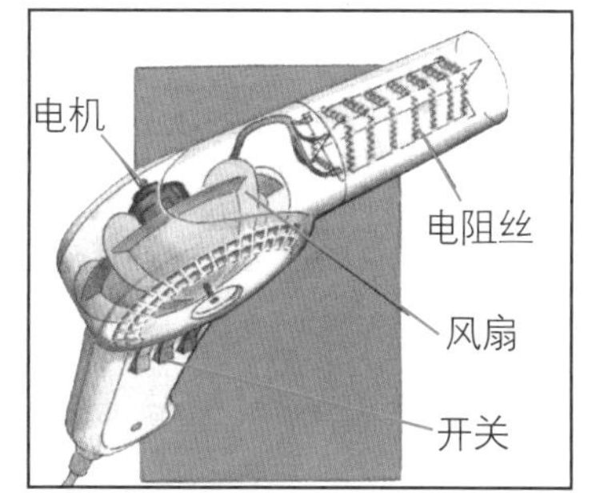

不同结构的电吹风机结构示意图

压缩式制冷

压缩式制冷是怎样工作的?

物质蒸发时会带走一些热量，使周围温度降低；物质释放足够的热量，就会从气态变为液态。最常见的压缩式制冷电器，就是利用物态变化的原理设计的。

常见制冷方式分类

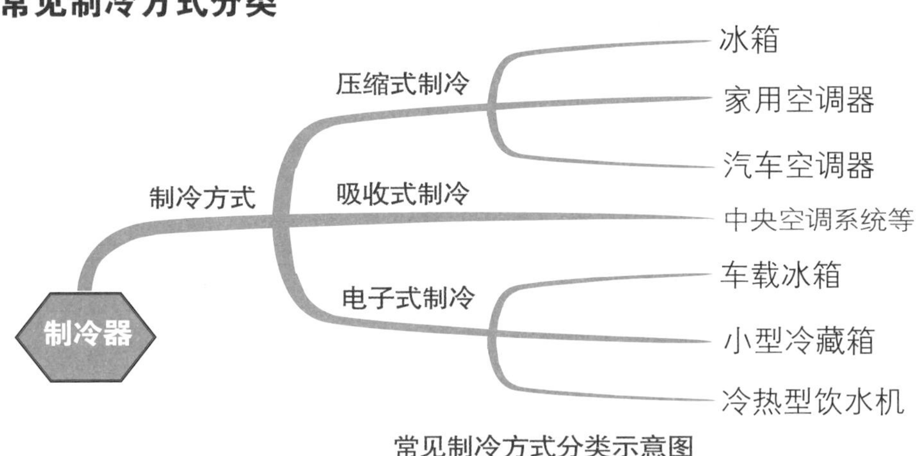

常见制冷方式分类示意图

压缩式制冷系统工作原理

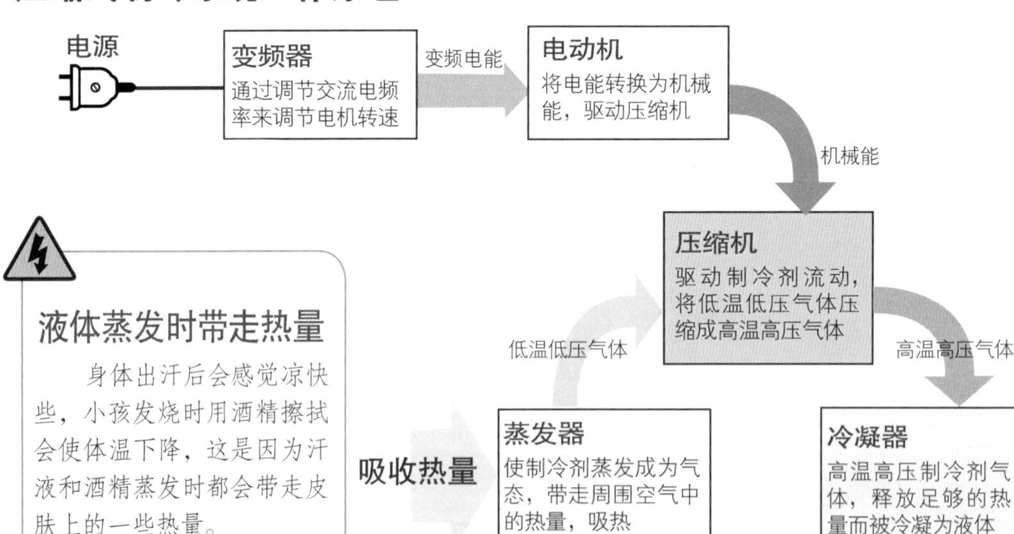

液体蒸发时带走热量

身体出汗后会感觉凉快些，小孩发烧时用酒精擦拭会使体温下降，这是因为汗液和酒精蒸发时都会带走皮肤上的一些热量。

气体释放热量会冷凝

如果气体释放足够的热量，就会冷凝成液体。比如，冬天室内热气遇到冰冷的窗户玻璃时，因释放热量而冷凝成小水珠。

压缩机制冷系统工作原理示意图

压缩机

压缩机是怎样工作的?

压缩机将机械能转换为气体压力能。压缩机主要有涡旋式、旋转式、往复式、螺杆式和离心式等，其中涡旋式压缩机应用最为广泛，它由两个渐开线形状的涡旋盘和电动机组成，利用两个涡旋盘咬合而构成的月牙形密闭空间的不断变化，将吸入的气体进行压缩。

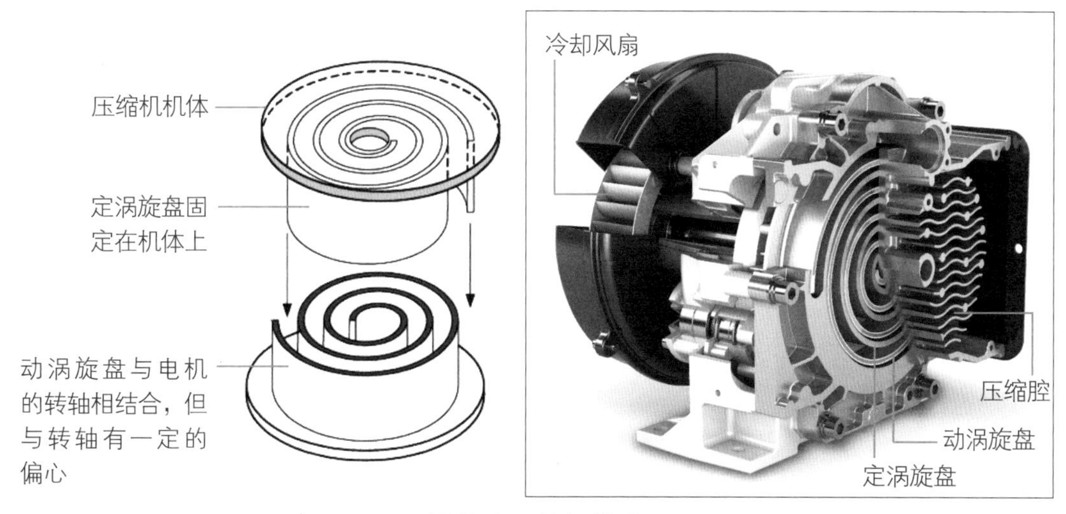

涡旋式压缩机构造图

进气

随着偏心轴的旋转，气体从定盘的外围吸入

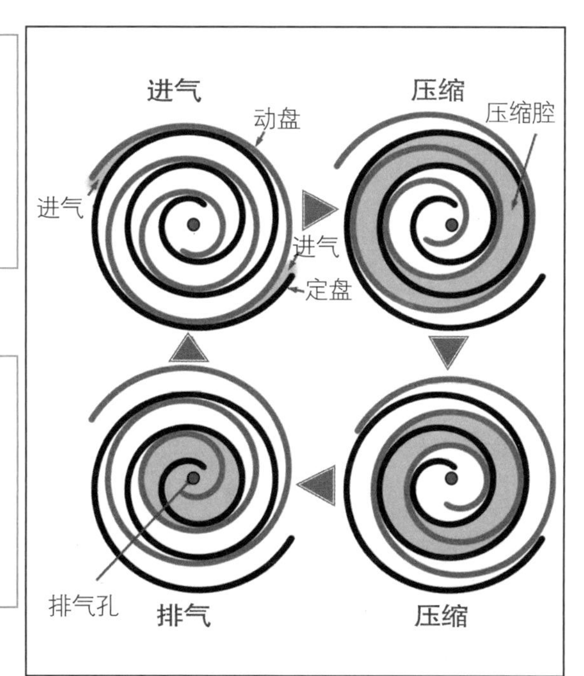

2

压缩

动盘继续旋转，月牙形空间随之变化，不断将压缩腔内的气体推向中心并压缩

4

排气

压缩后的气体从定盘中心的轴向孔中不断排出

3

压缩

气体在若干个月牙形压缩腔内被逐步压缩

涡旋压缩机工作原理示意图

电冰箱

扫描观看动画视频

电冰箱

电冰箱是怎样工作的?

电动机驱动压缩机对制冷剂进行压缩，使制冷剂循环流动并在流动中产生物态变化，借助物态变化中的吸热和散热，将冰箱内的热量转移到冰箱外。

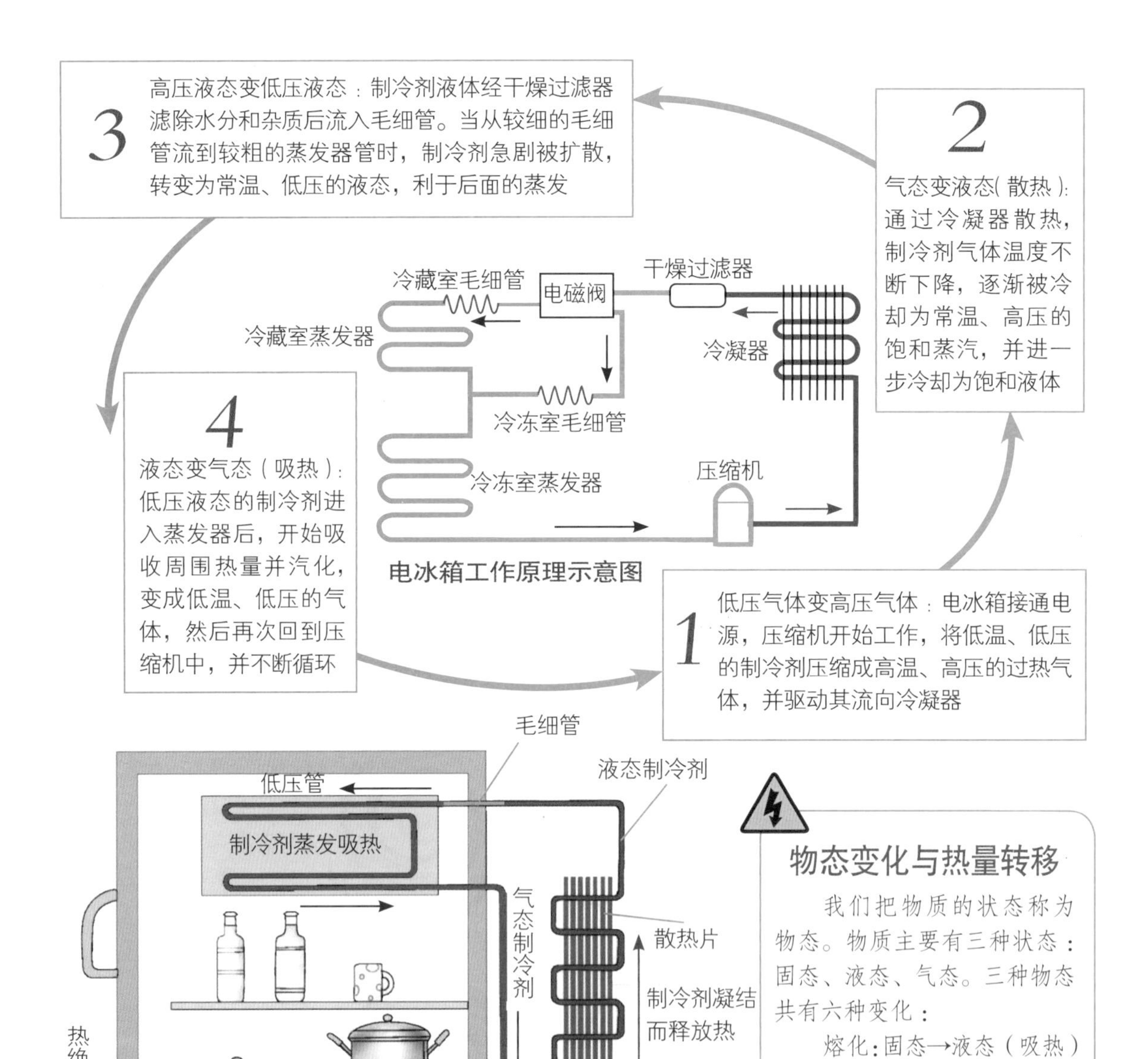

电冰箱工作原理示意图

电冰箱构造示意图

物态变化与热量转移

我们把物质的状态称为物态。物质主要有三种状态：固态、液态、气态。三种物态共有六种变化：

熔化：固态→液态（吸热）
凝固：液态→固态（散热）
汽化：液态→气态（吸热）
液化：气态→液态（散热）
升华：固态→气态（吸热）
凝华：气态→固态（散热）

电冰箱是怎样控制温度的?

现在的电冰箱是利用反馈控制系统使冰箱内的温度始终保持在设定的温度。将冰箱内的温度信号作为反馈信号，经控制电脑与设置温度比较后，发出调节电流频率的指令，即可调节电动压缩机的工作状态，从而达到调节冰箱内温度的目的。

2 接通电源后，控制电脑、变频器、温度传感器开始工作。温度传感器将冰箱内温度信号传递给控制电脑

3 由于冰箱运行之前箱内温度比设定的温度高，电脑得到温度反馈信号并进行比较计算后，指令变频器输出频率迅速上升到最大值

4 由于变频器的输出频率与驱动电机及压缩机的转速成正比，因此压缩机高速运行

5 冰箱处于强制冷状态，冰箱内的温度在较短时间内达到设定值

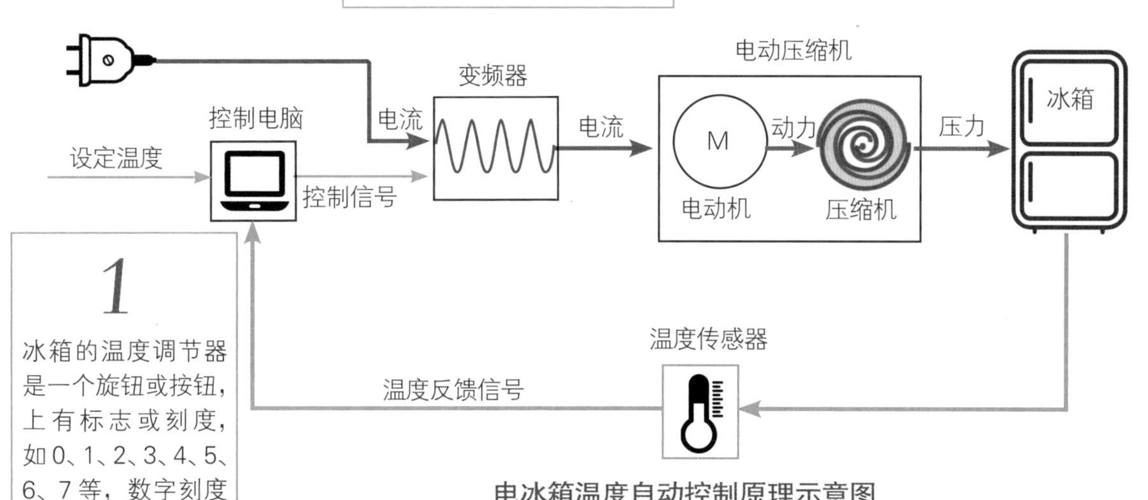

1 冰箱的温度调节器是一个旋钮或按钮，上有标志或刻度，如0、1、2、3、4、5、6、7等，数字刻度越大，温度越低。冰箱出厂时有的默认冷藏室设定温度为4摄氏度，冷冻室为 −18 摄氏度

电冰箱温度自动控制原理示意图

7 当冰箱内的温度和设定温度相等时，变频器的输出频率稳定在此值，压缩机匀速运行，制冷量保持不变，此时冰箱内处于恒温状态，压缩机处于连续低转速运行状态

6 由于惯性的作用，冰箱内的温度继续下降，当低于设定值时，温度传感器将此信息传递给控制电脑，指令变频器输出频率开始下降，压缩机转速随之下降，制冷量也随之减小，冰箱内的温度上升

分体式空调器

分体式空调器是怎样工作的？

分体式空调器由室外机和室内机组成。电动压缩机驱动制冷剂在室内机和室外机的管道中循环流动。在室外机中将制冷剂由气态冷凝为液态，散发热量，将热量扩散到大气中；在室内机的蒸发器中由液态蒸发为气态，吸收热量，使室内温度下降。

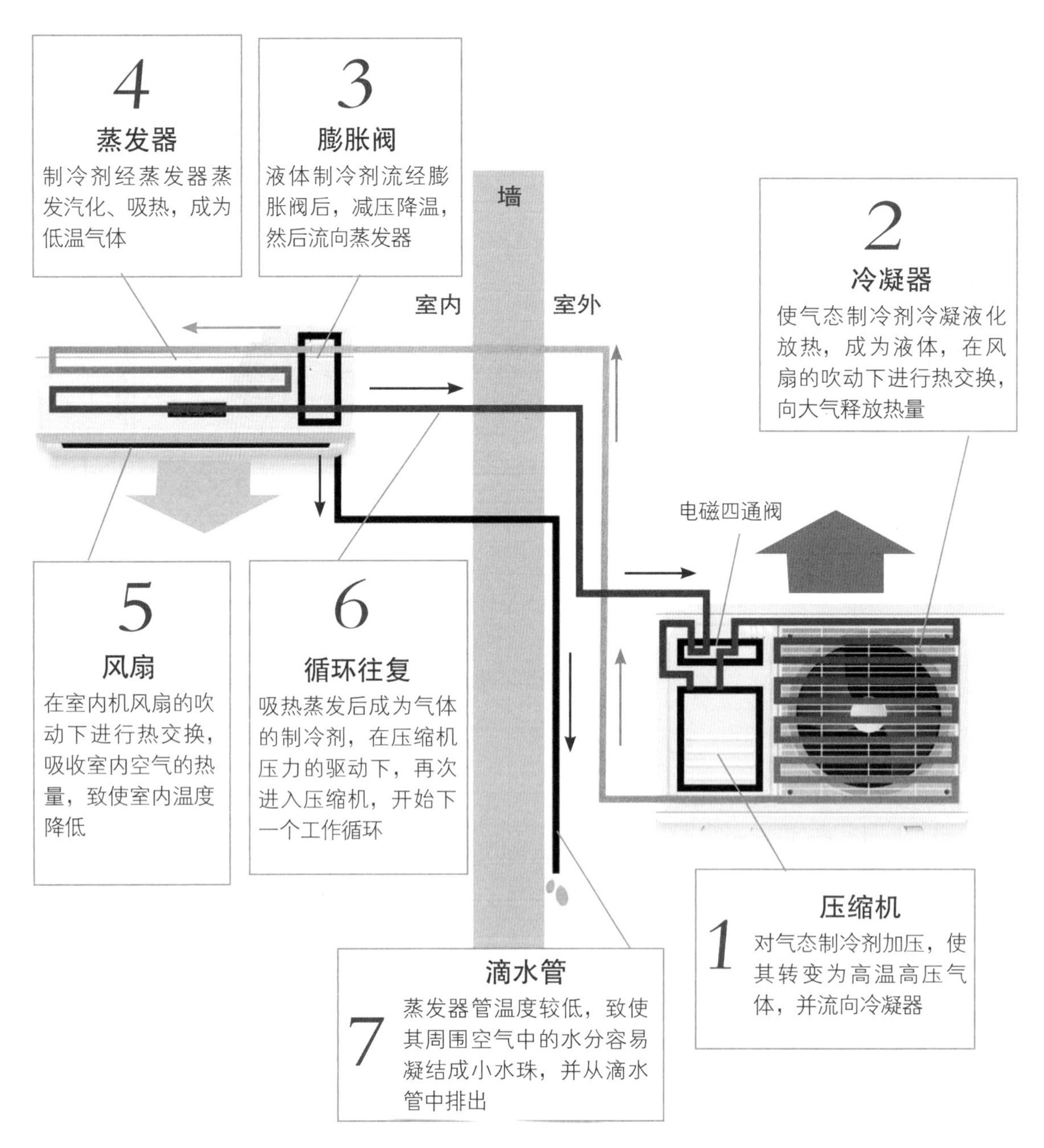

分体式空调器工作原理与构造图

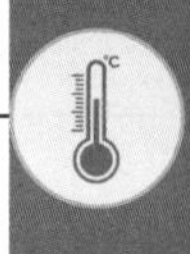

冷热型空调器

冷热型空调器是怎样制热的?

利用一个四通阀，改变制冷剂的流动方向，室外热交换器作为蒸发器吸热，室内热交换器作为冷凝器散热，提升室内温度。

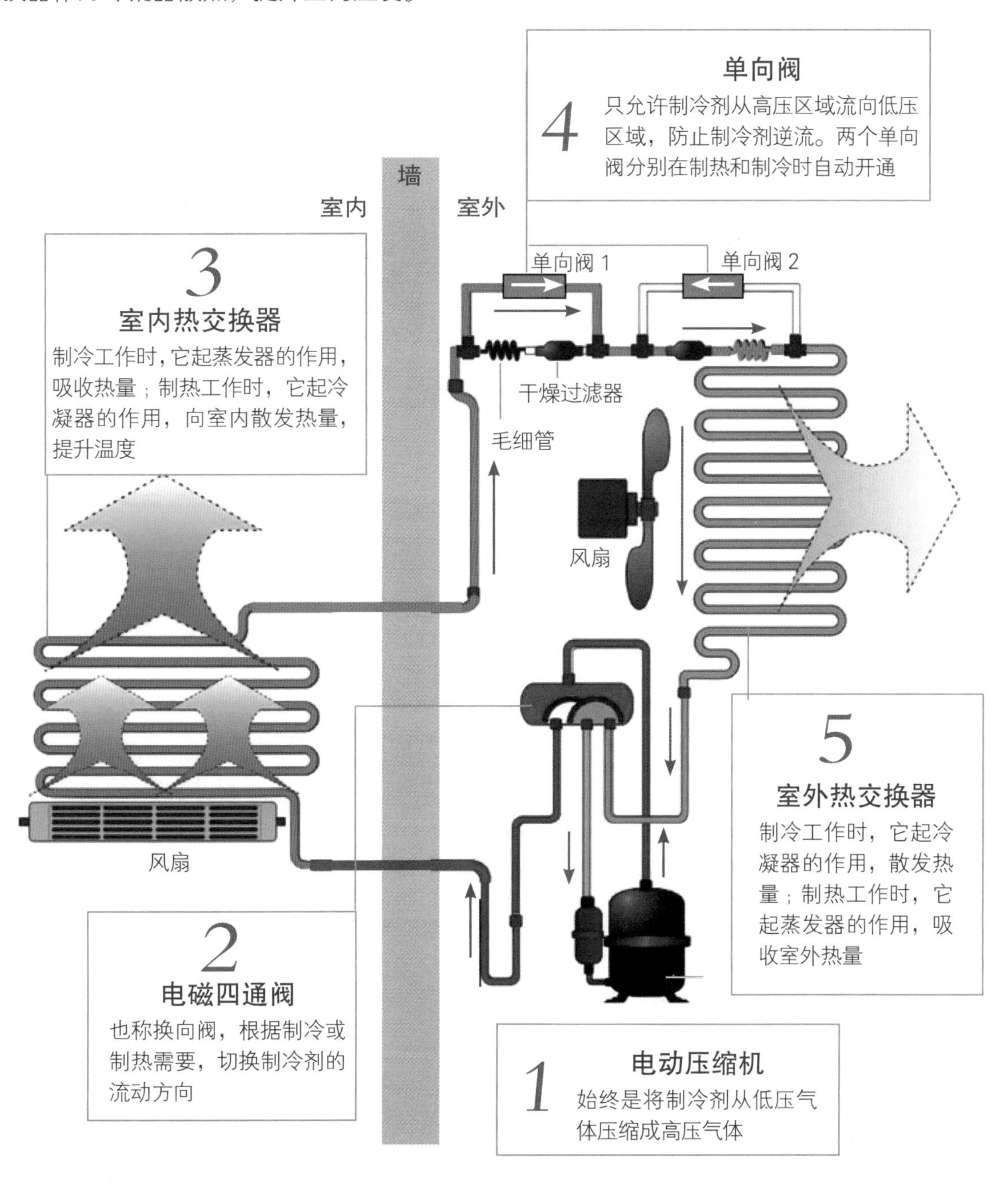

冷热型空调器制热工作原理示意图

窗式空调器

窗式空调器是怎样工作的？

利用制冷剂由液态蒸发为气体，吸收室内空气中的热量，使室内温度降低。

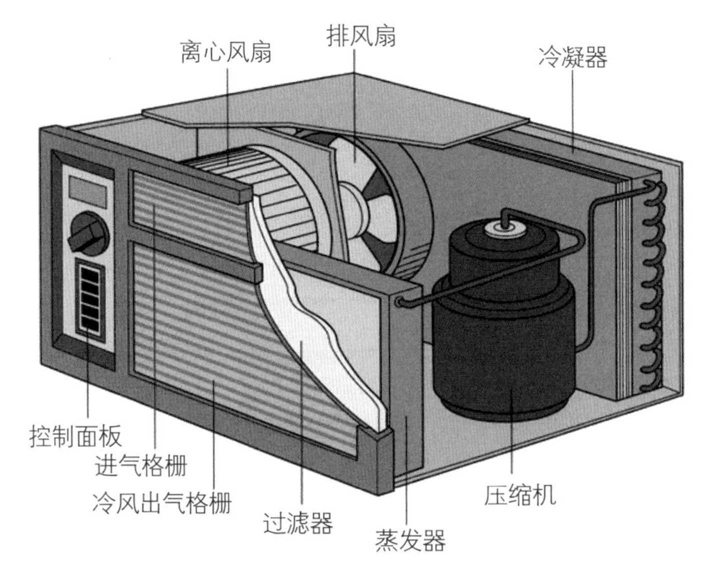

窗式空调器构造示意图

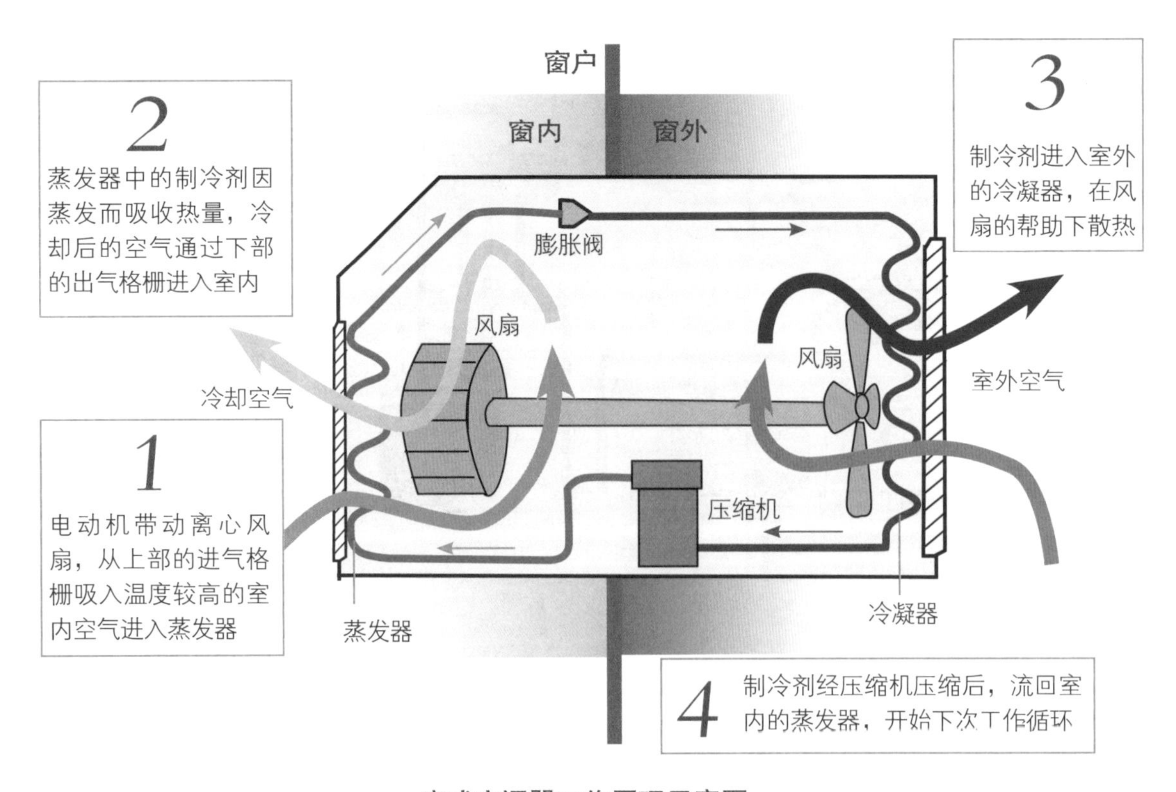

窗式空调器工作原理示意图

电子冰箱

电子冰箱是怎样制冷的?

利用半导体的珀耳帖效应，当电流通过半导体材料时会吸收热量和产生热量。

半导体制冷又称电子制冷，主要应用于电子车载冰箱、冷热饮水机、小型冷藏箱等。其制冷芯片通常由上百个P型和N型半导体元件构成的电热模块组成，通电后一端吸热，另一端放热，将热量转移出去，实现降温的目的。

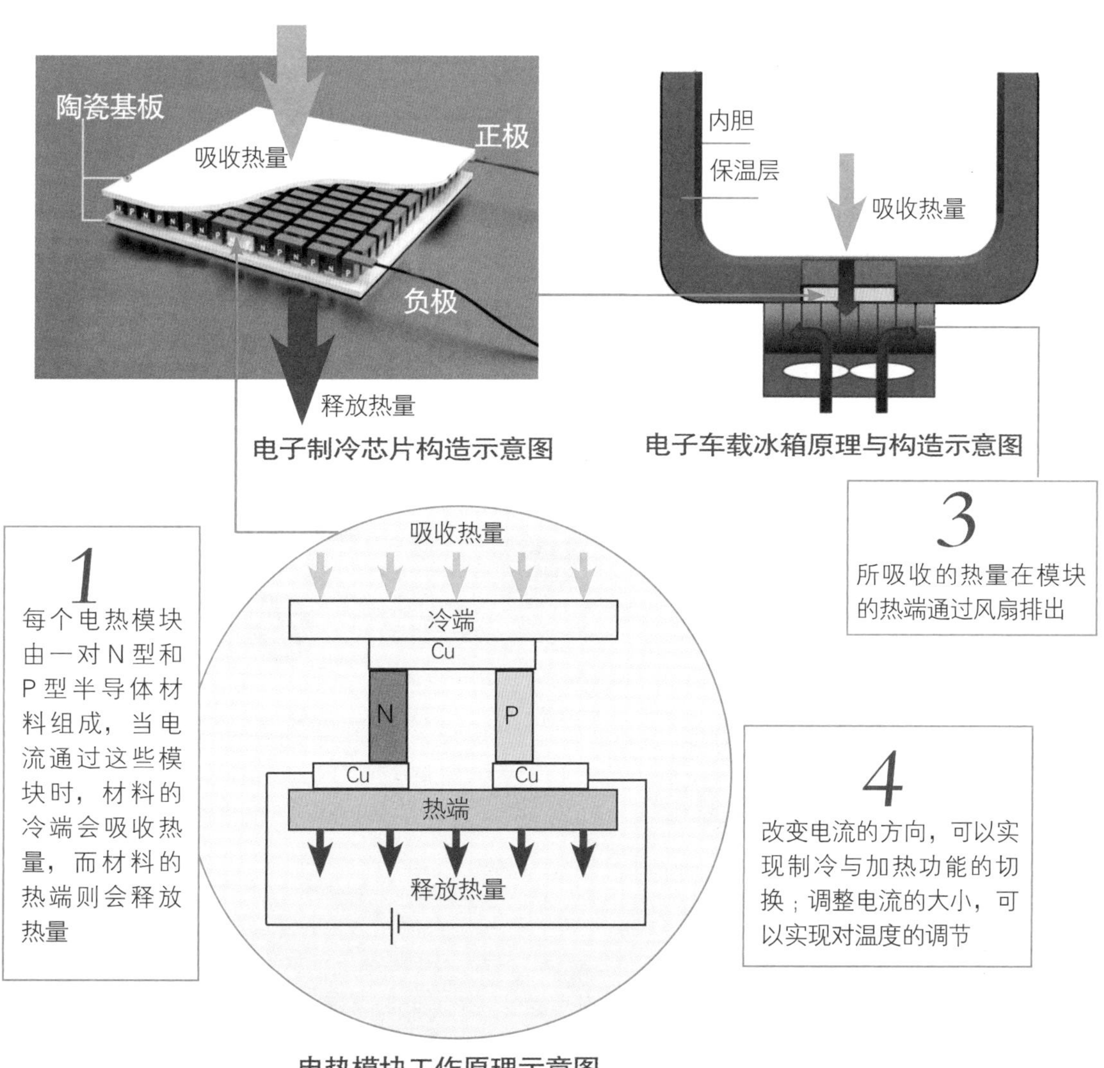

电子制冷芯片构造示意图

电子车载冰箱原理与构造示意图

电热模块工作原理示意图

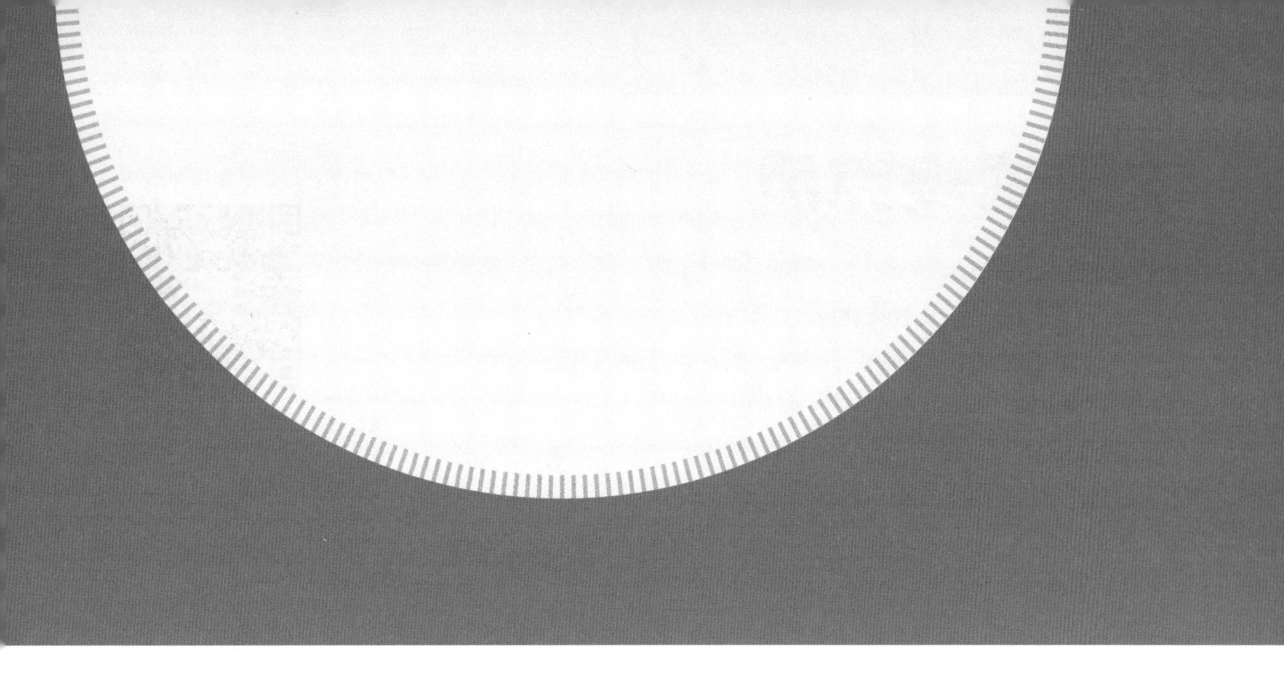

声音与视觉

SOUND AND VISION

动圈式麦克风

扫描观看动画视频

动圈式麦克风

动圈式麦克风是怎样工作的?

说话声音的机械波撞击一个振膜使它振动，振动使电子元件产生电流并作为音频信号输出。

麦克风又称为话筒，按照工作原理可分为动圈式、铝带式和电容式。其中动圈式和铝带式麦克风，都是利用电磁感应原理将声波的振动信号转换为电信号。它们的工作原理与发电机类似，都是将机械能转换为电能。

动圈式麦克风

1 对着麦克风说话、唱歌时，由于声波是机械振动波，具有振动性，会引起麦克风的振膜产生振动

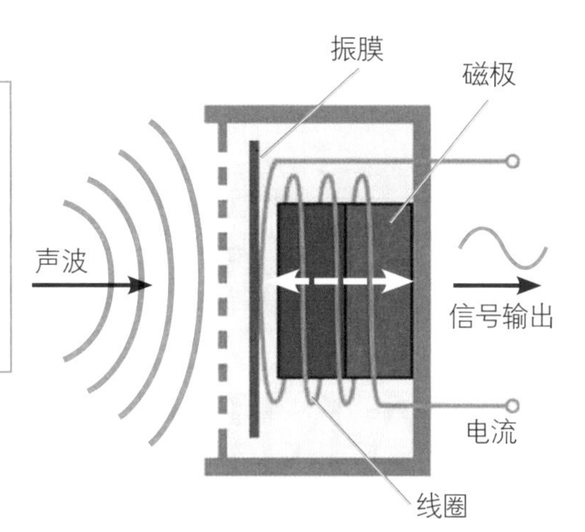

动圈式麦克风构造和工作原理示意图

2 振膜和线圈固定在一起，线圈随着振膜的振动也会做同样有规律的运动

3 由于线圈处在磁场中，它的运动会切割磁力线。根据电磁感应原理，磁场中运动的闭合导体会产生感应电流。这个电流作为音频信号被传递出去

铝带式麦克风

1 铝带式麦克风使用厚度不到 1 毫米的铝帛，既作为麦克风的振膜，又是在磁场中运动的导体

2 铝带随着入射声波频率而振动，由于它处在磁场中，因此在铝带两端产生感应电动势，当与扬声器接通时可产生感应电流，作为音频信号输出

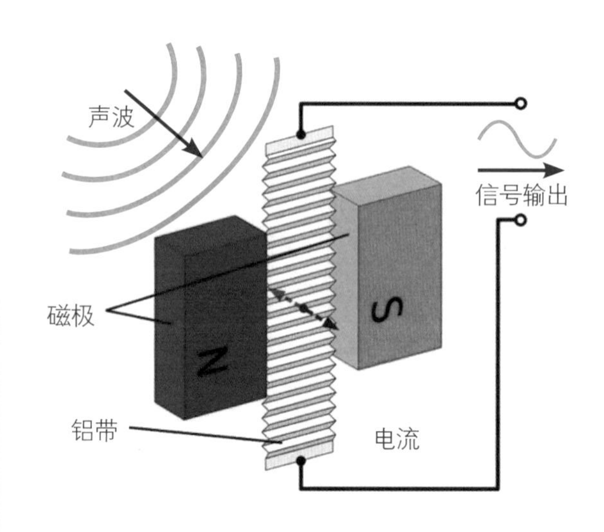

铝带式麦克风构造和工作原理示意图

电容式麦克风

电容式麦克风是怎样工作的?

利用声波的振动引起电容两个极板的间距发生变化，导致电容和电压的变化，从而将声音信号转换为电信号。

当受到振动或气流的摩擦时，由于振动使两极板间的距离改变，即电容量改变，而电量不变，就会引起电压的变化。电压变化的频率也就反映了外界声音的频率，从而可作为声音的电信号输出。

1

电容式麦克风使用一片极薄的振膜，它与金属极板之间用很薄的绝缘衬圈隔离开，使振膜与金属极板之间形成一个电容

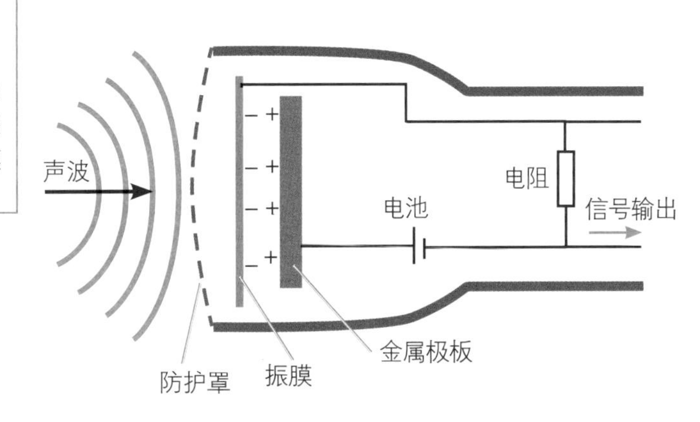

2

当没有声音时，振膜不发生振动，电容器两端的电场没有变化，金属极板中也没有电流产生，因此没有音频电信号输出

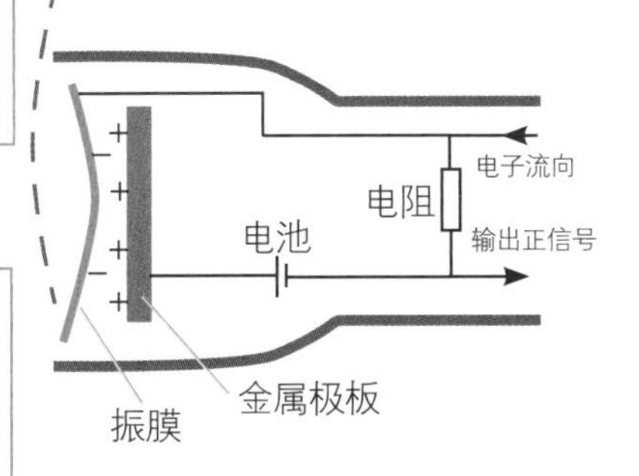

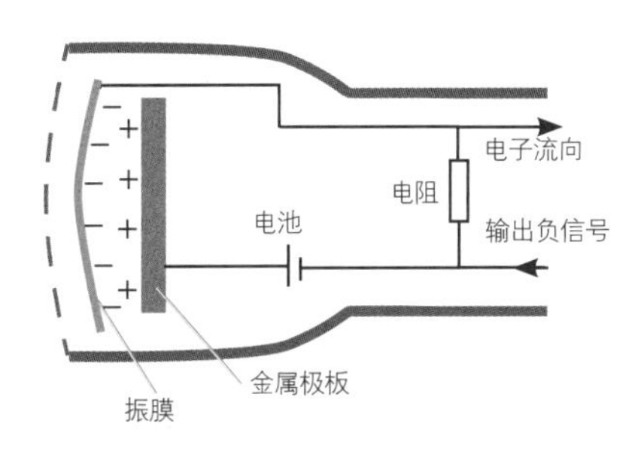

3

当振膜遇到声波振动时，它与金属极板的间距发生变化，引起电容两端的电场发生变化，从而产生交变电压并产生电流，作为音频信号输出

4

当声音使振膜向内压缩时，金属极板从振膜吸引电子，输出正信号

5

当振膜向外回弹时，振膜中的电子相互排斥并流出振膜，输出微弱的负信号

电容式麦克风工作原理示意图

动圈式扬声器

动圈式扬声器是怎样工作的？

音频电流进入扬声器的线圈中产生磁场，此磁场与磁铁的磁场相互作用，产生推力或吸力，进而推动扬声器的音盆振动，推动空气形成声音。

扬声器的工作原理与麦克风正好相反，它是将电信号转换为声音的机械振动波，相当于是一台电动机，将电能转换为机械能。

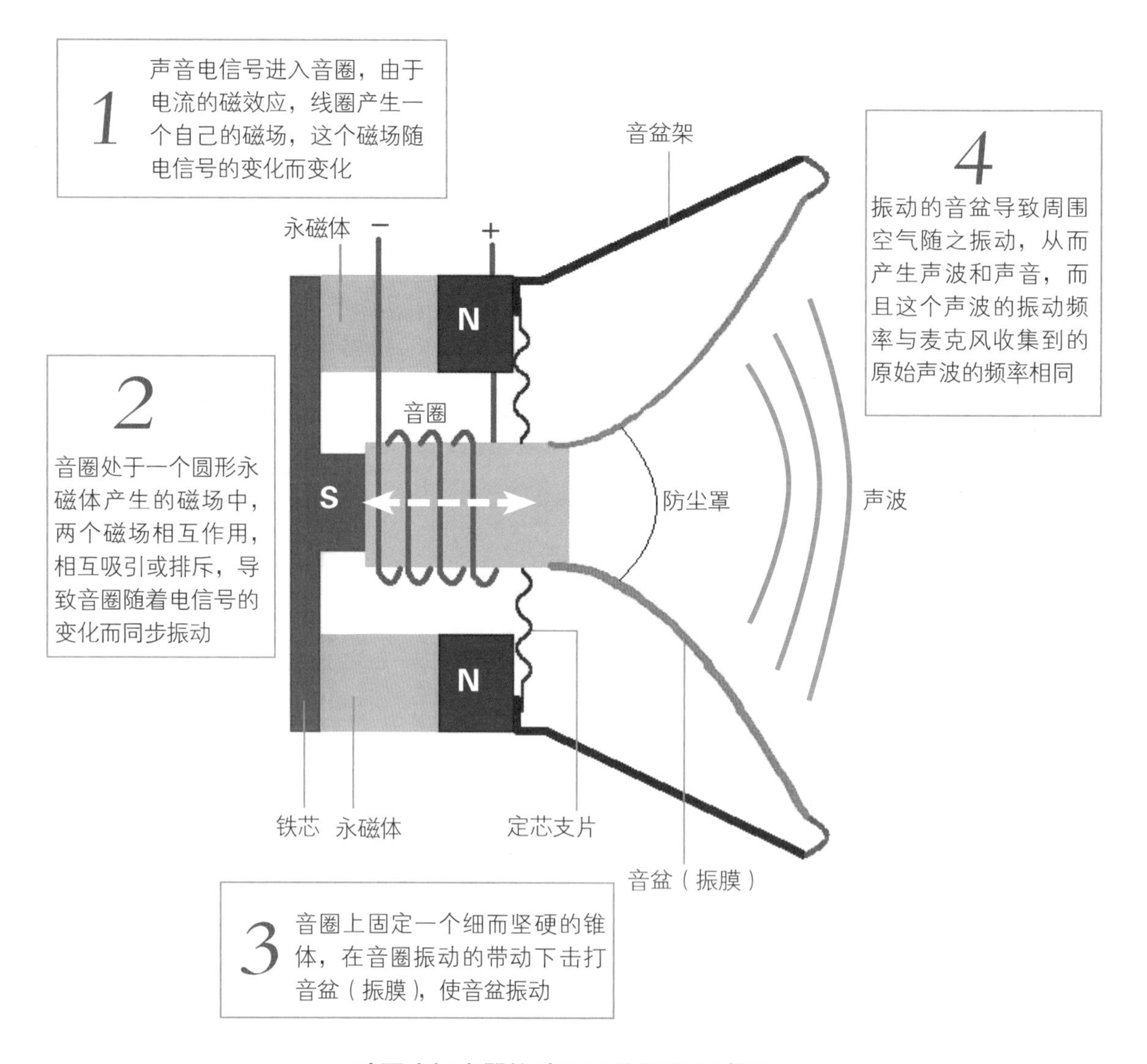

动圈式扬声器构造和工作原理示意图

静电式扬声器

静电式扬声器是怎样工作的?

振膜与两个固定的多孔导电板（定子）构成前后两个电容，将声音电信号施加在两个定子上后，带正电荷的振膜在静电力的作用下可前后移动，从而产生声波。

振膜像是三明治中间的夹层，与两侧的多孔导电板构成两个电容，因此静电式扬声器也称电容式扬声器。

1
电源电压经升压变压器提升为高压电并施加在振膜上，将振膜充电至固定的正电压，在其周围形成强大的静电场

2
通过升压器将声音电信号转换成一对强度相等但极性相反的交变高压电信号，分别施加在两个定子上

3
当一个定子上的电荷变得越来越正时，另一个定子上的电荷变得越来越负，增加和减少的电荷相同

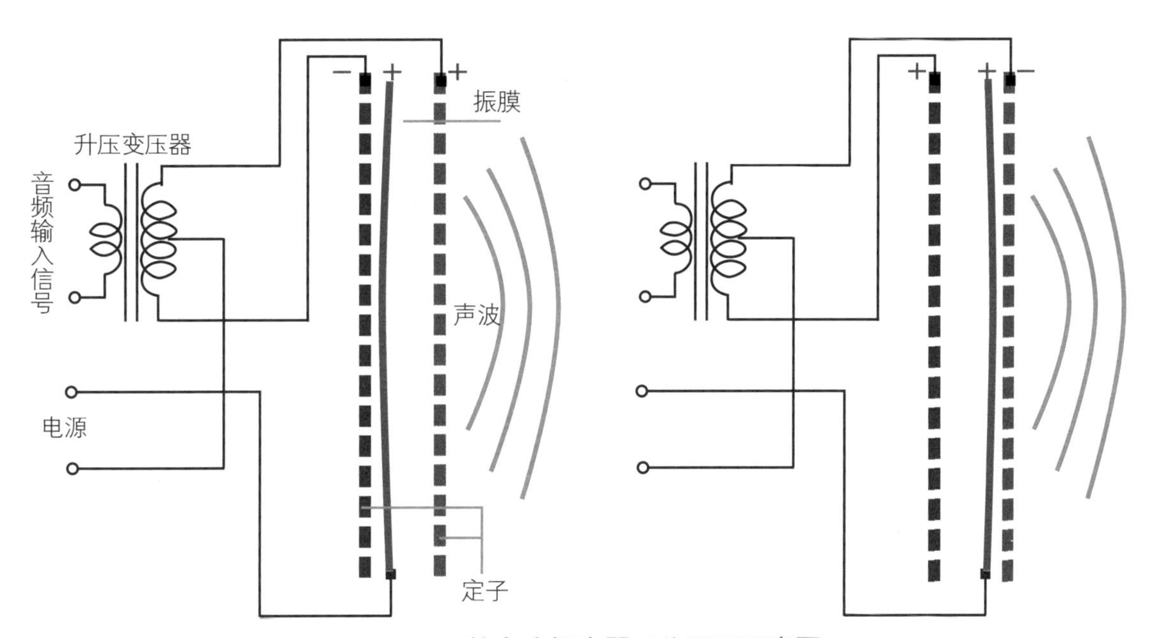

静电式扬声器工作原理示意图

4
因为同性电荷相斥，异性电荷相吸，带正电荷的振膜在静电力的作用下将被向前或向后移动。例如，当前极板的电荷为负，后极板的电荷为正时，振膜将向前移动；反之，则向后移动

5
固定极板上的电荷越强，振膜的位移越大。随着声音电信号的变化，振膜将以输入的声音电信号同样的频率振动，进而产生声波，发出声音

动圈式耳机

动圈式耳机是怎样工作的?

利用电流的磁效应产生音圈磁场，音圈磁场与永磁场相互作用，引起音圈振动，进而产生声波。

按工作原理可将耳机分为动圈式、动铁式和静电式三种。动圈式耳机的工作原理与动圈式扬声器、电动机类似，都是将电能转换为机械能。

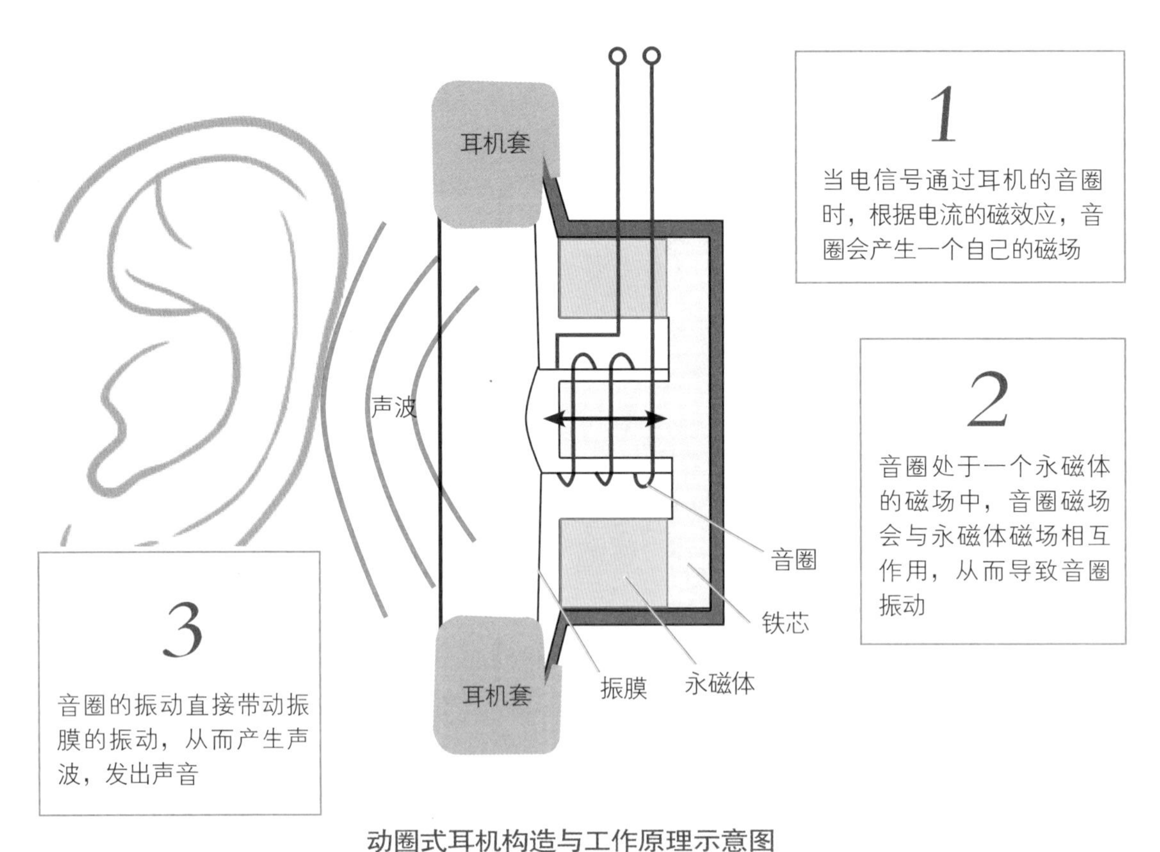

动圈式耳机构造与工作原理示意图

动铁式耳机

动铁式耳机是怎样工作的?

利用电流的磁效应产生音圈磁场，音圈磁场与永磁场相互作用，引起音圈和音圈缠绕的平衡电枢一起振动，平衡电枢将振动传递到振膜，产生声波。

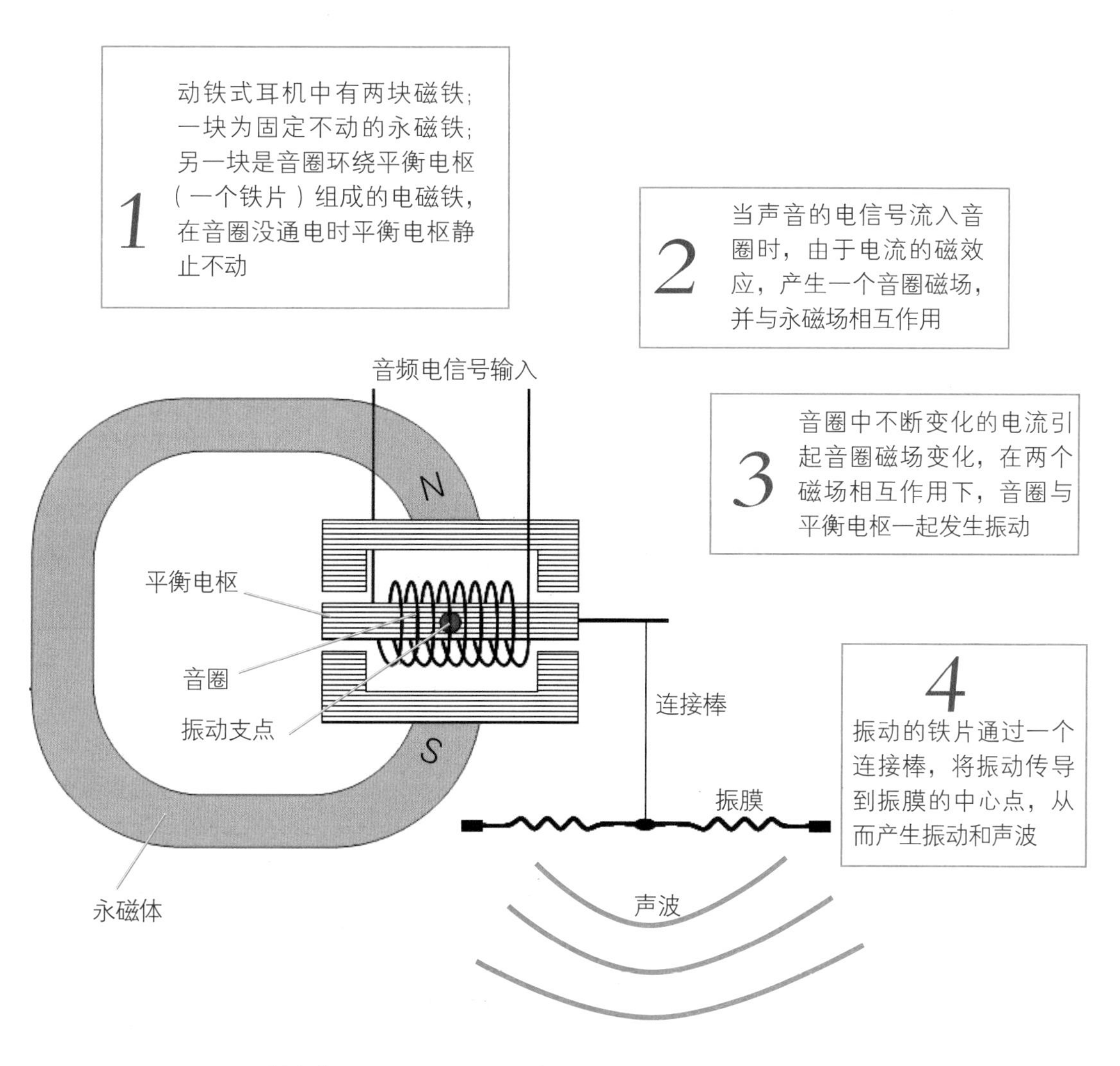

动铁式耳机工作原理示意图

静电式头戴耳机

静电式头戴耳机是怎样工作的？

振膜悬挂在由两块固定的多孔导电板（定子）形成的静电场中，当音频信号加载到定子上时，静电场发生变化，驱动振膜振动，从而产生声波。

1 在静电式耳机中，由振膜和两个定子组成两个电容器，因此也称为电容式耳机

2 当变化的声音电信号施加给两个定子时，会产生一个随电信号变化的电场

3 在电场作用下，带正电荷的振膜的导电板会受到静电力的吸引或排斥，从而使振膜产生振动

4 振膜的振动会使耳机的空气腔体产生压缩和膨胀，进而产生声波和声音

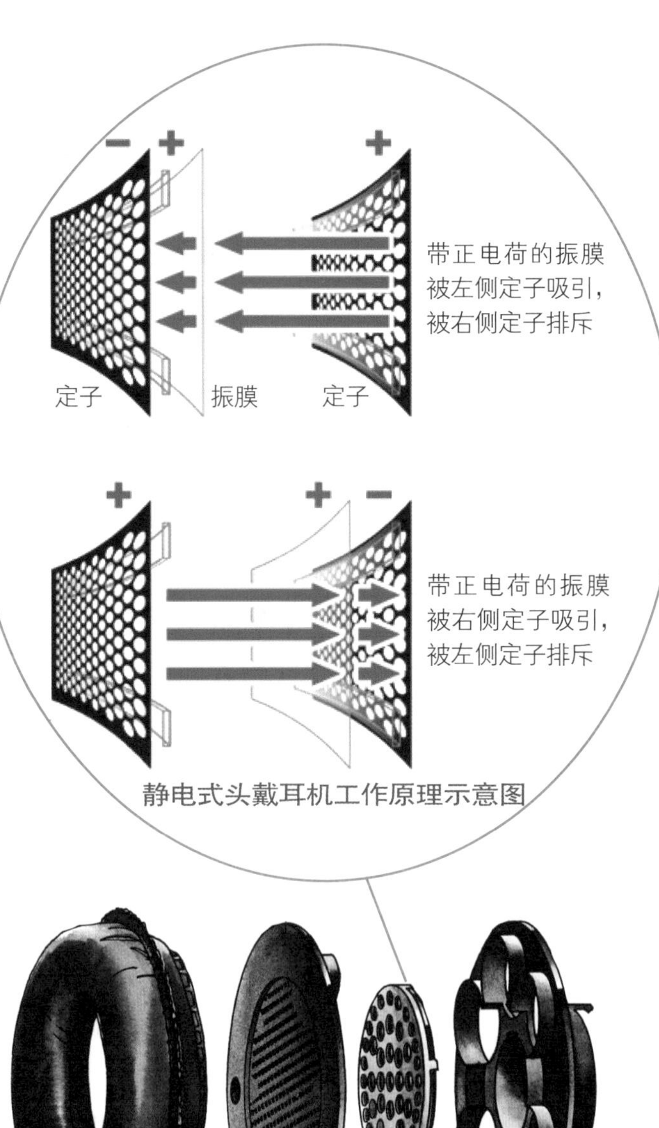

静电式头戴耳机工作原理示意图

耳机罩　格栅　静电换能器　挡板

静电式头戴耳机构造示意图

主动降噪耳机

主动降噪耳机是怎样工作的？

在耳机中内置一个麦克风，收集噪声并进行分析和处理，然后发出一个与噪声声波完全反相的振动波，与噪声的声波叠加后，可抵消噪声声波，达到降噪的目的。

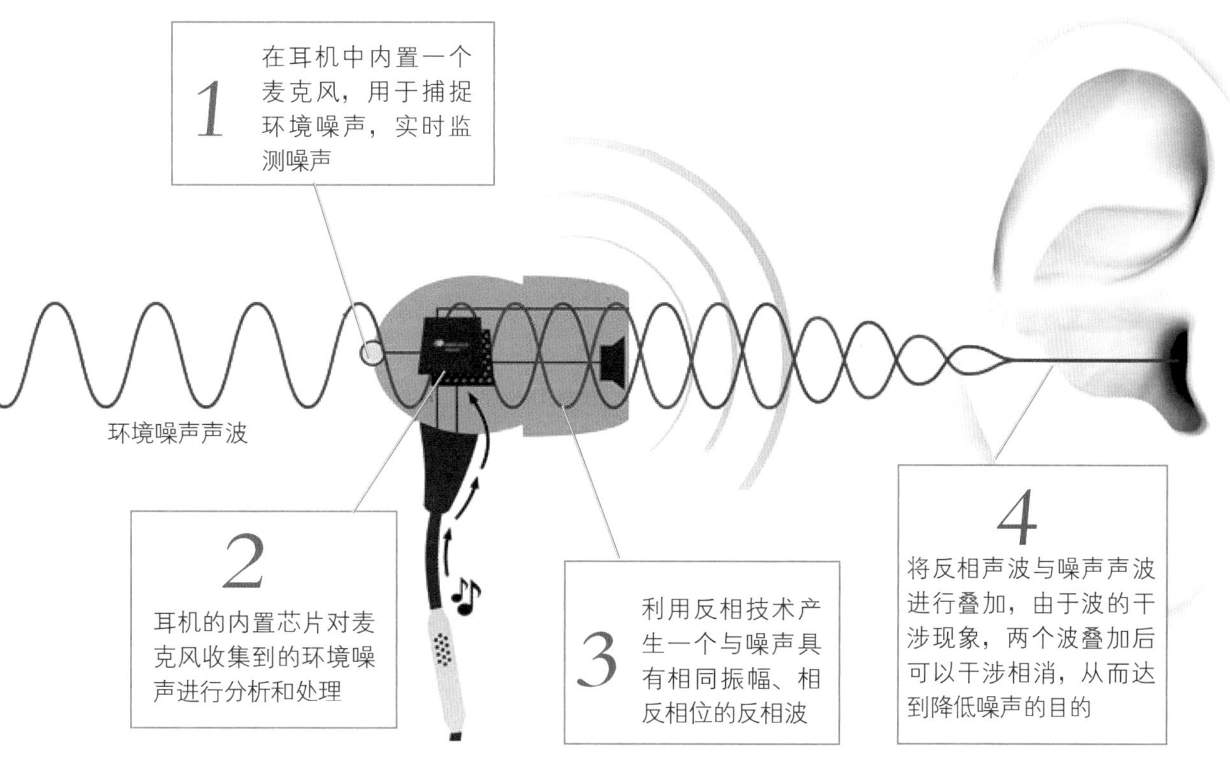

主动降噪耳机工作原理示意图

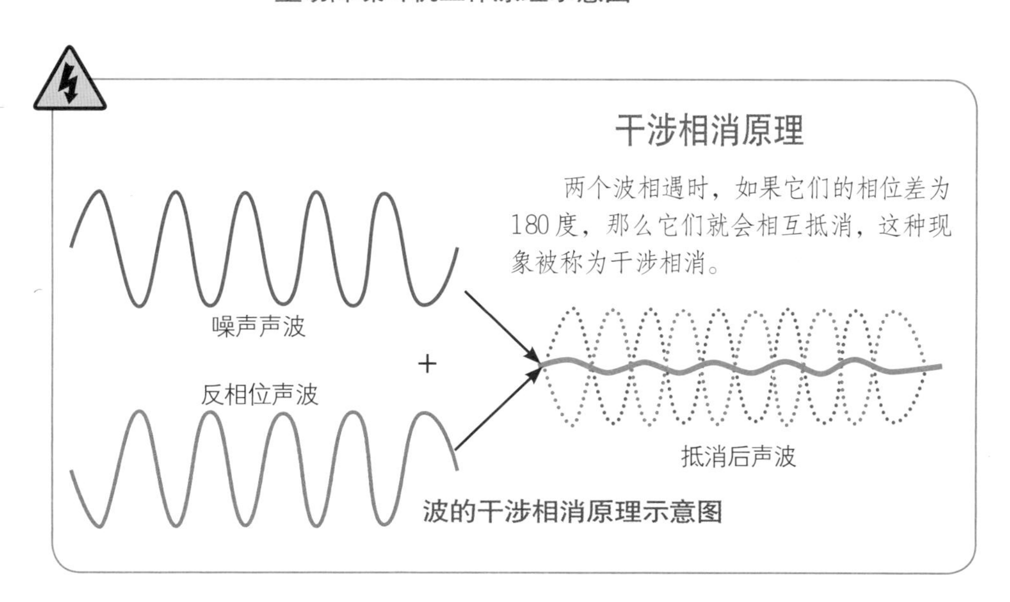

波的干涉相消原理示意图

扩音器（放大器）

扩音器是怎样工作的?

利用三极管的电流放大效应，将微弱的音频电信号放大到足够的功率，从而驱动扬声器发出更大的声音。

三极管的主要功能是电流放大，它可以用微小的基极电流的变化，去控制集电极的大电流变化。将音频信号输入到基极，将集电极的电流通向扬声器，就能实现电信号放大。扬声器得到的电信号与初始音频电信号的波形、频率都相同，只是波幅增大了。

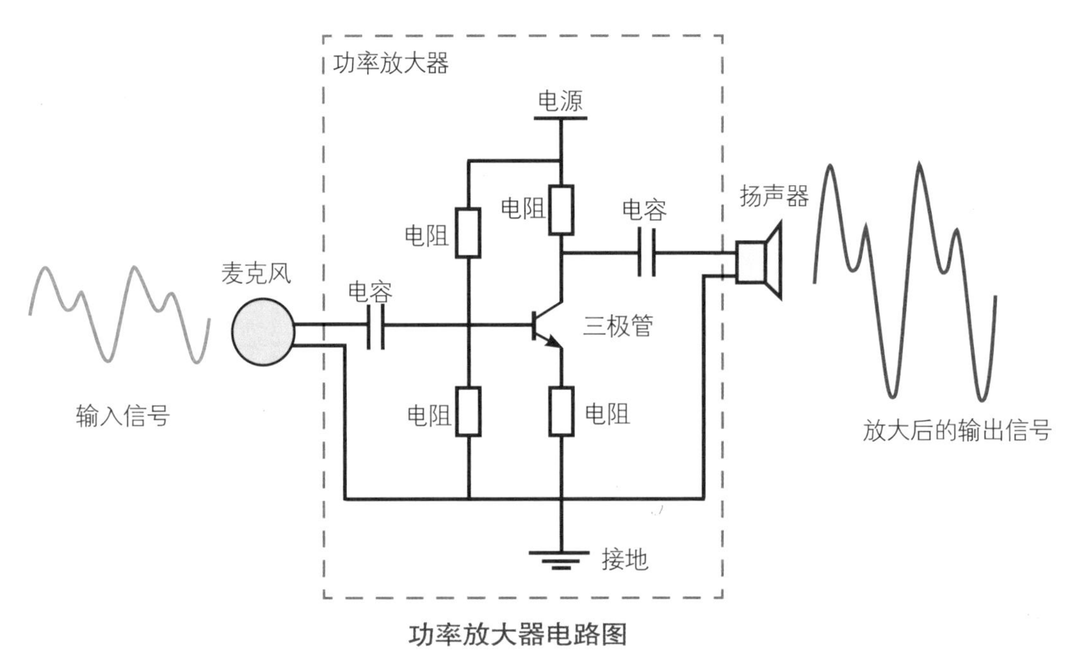

功率放大器电路图

NPN型三极管

三极管是利用P型和N型半导体材料组成三明治式三层结构的电子元件，主要有PNP和NPN两种。

功率放大器采用NPN型三极管，P型材料处于两种N型材料之间。NPN型三极管主要用于将弱信号放大为强信号。在NPN型三极管中，电子从发射极区移动到集电极区，从而在三极管中形成电流。

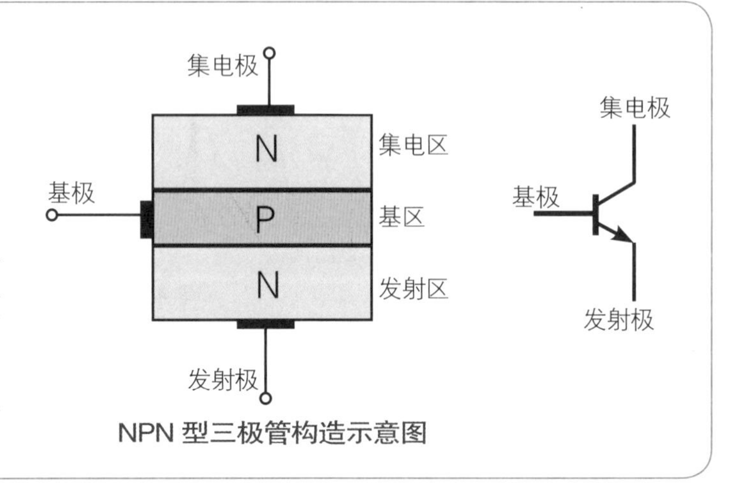

NPN型三极管构造示意图

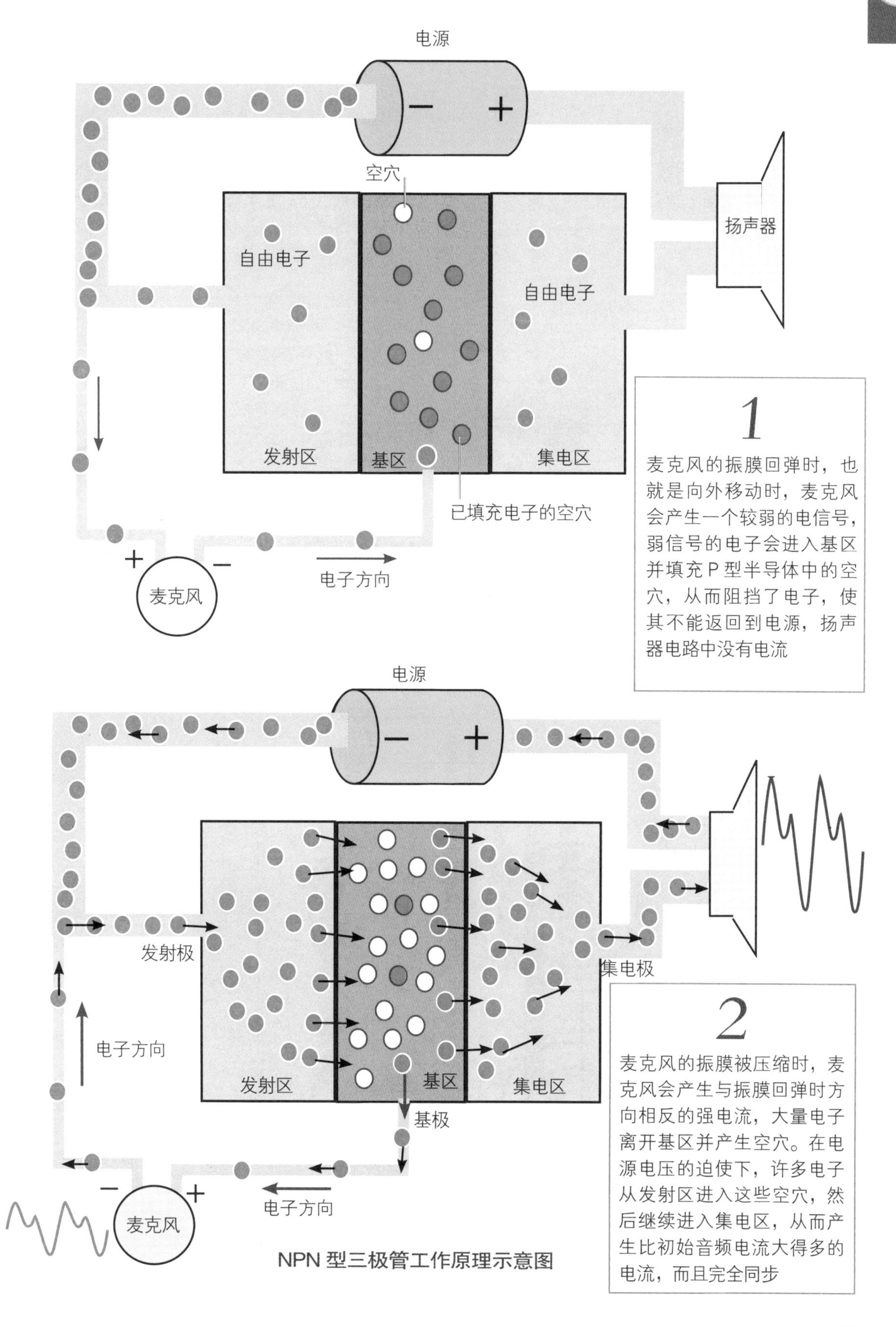

NPN 型三极管工作原理示意图

数码单反相机

数码单反相机是怎样工作的?

利用单独的反射镜取景。拍照时光线通过镜头照射到图像传感器上。图像传感器将光信号转换为电信号，经相机内处理器处理后生成图像数据，存储在存储卡上。图像可同时在图像显示器上显示。

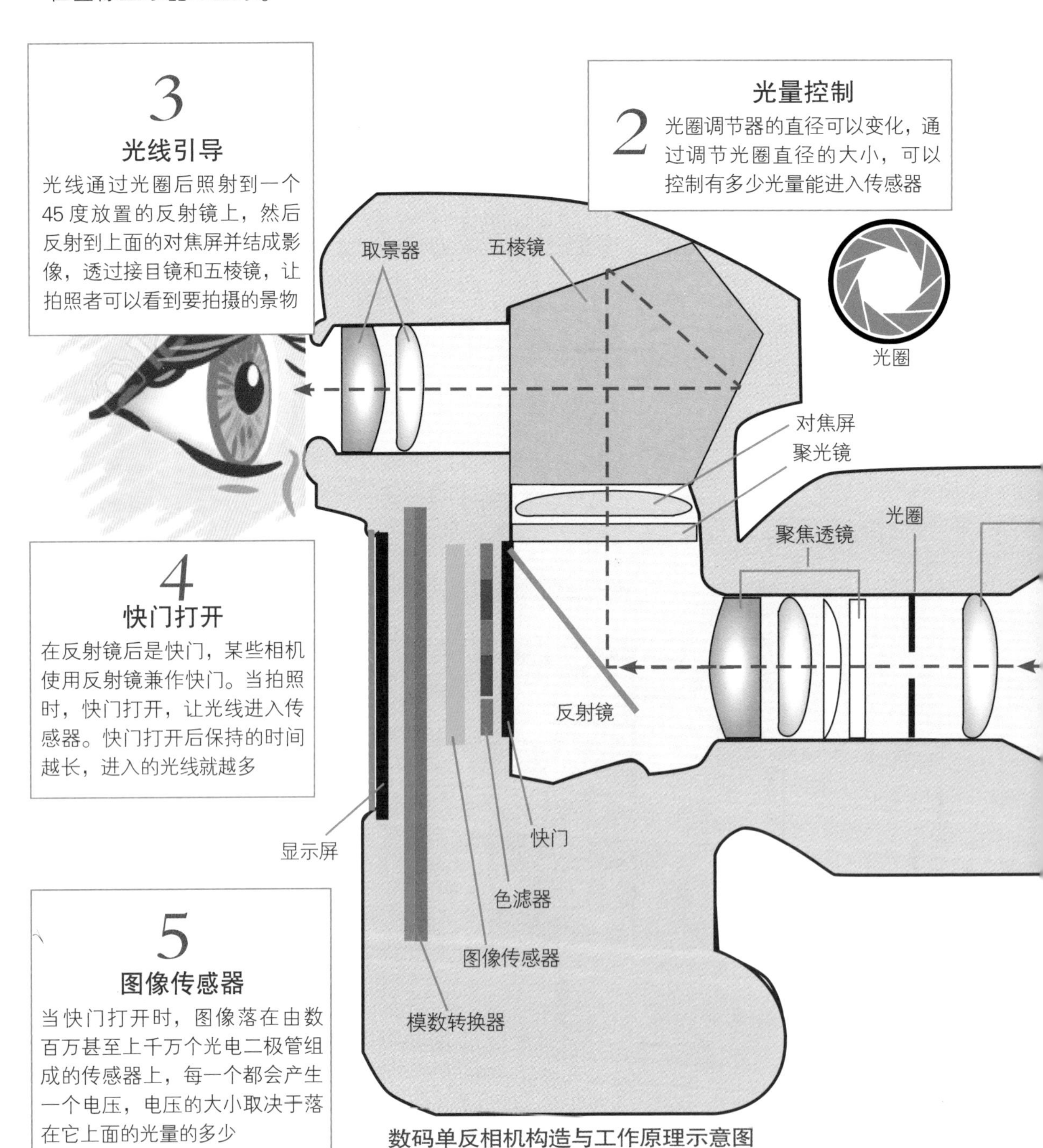

数码单反相机构造与工作原理示意图

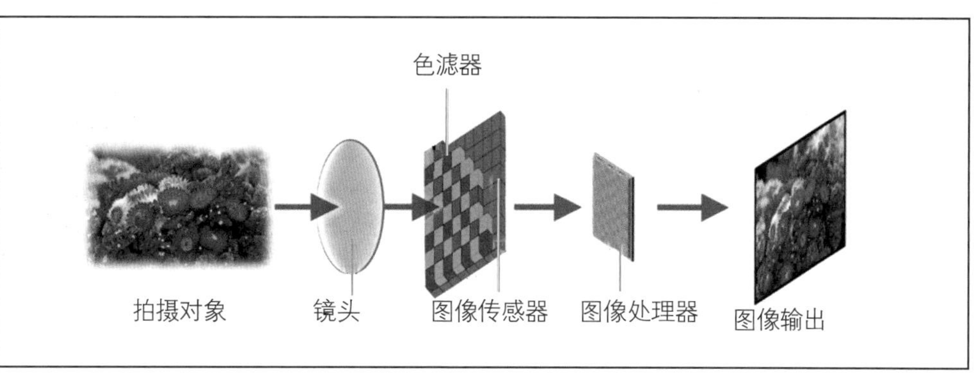

数码相机工作过程示意图

1 镜头聚焦

利用透镜来聚焦光线以产生清晰的图像，它可以手动调节或自动前后移动使光线聚焦，其中自动聚焦是由步进电机驱动的

相机像素代表什么?

相机中的图像传感器由上千万个光电二极管组成，每个光电二极管都对应一个像素。相机的像素越高，意味着光电二极管越多，所拍摄的图像也更清晰。

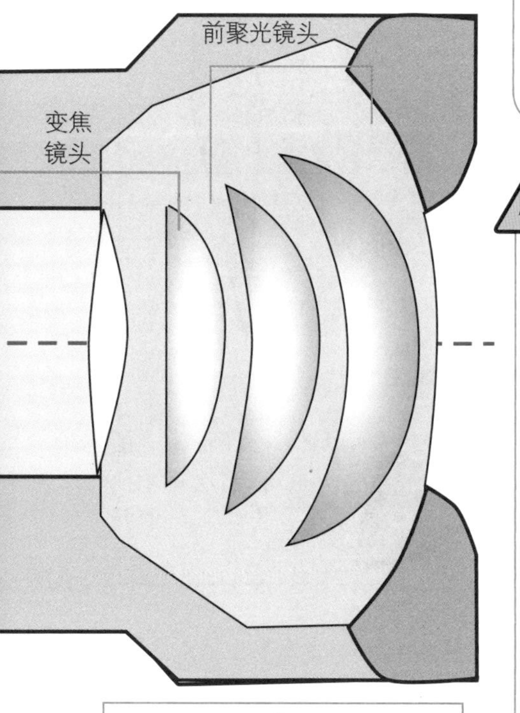

为什么称“单反”相机?

数码单反（Digital Single Lens Reflex，DSLR）是“数码单独镜头反射”的简称。它在图像传感器的前方有一个铰链式的反射镜，反射镜将镜头发出的光线反射到取景器中，可让拍摄者观看到真实的拍摄对象。拍摄时反射镜向上翻起，让光线进入传感器。

与此相对的，一般数码相机只能通过电子屏或者电子取景器看到拍摄对象，那只是电子成像，不如单反相机取景更直观。

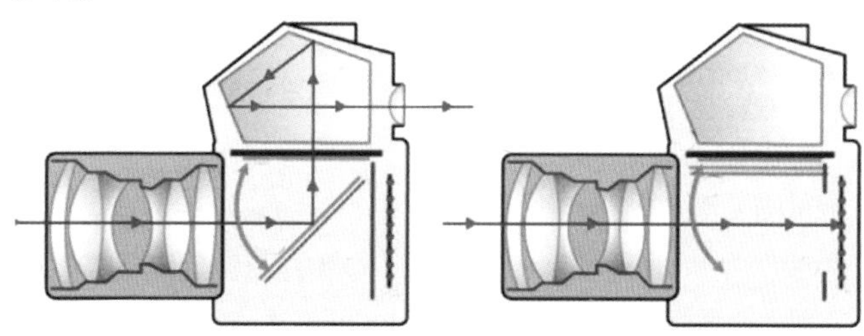

单反相机取景时示意图　　单反相机拍照瞬间示意图

6 数字化图像

模数转换器将传感器上产生的电压转换成对应的二进制数字流，并存储在相机的存储器中

投影仪

扫描观看动画视频

投影仪

投影仪是怎样工作的?

较先进的投影仪采用数字光处理 (Digital Light Processing，DLP) 技术，它利用色轮将图像分解为红、绿、蓝三原色，经数字微镜器件 (Digital Micromirror Device，DMD) 芯片处理后，输出彩色图像信息，再经透镜放大后投射到屏幕。

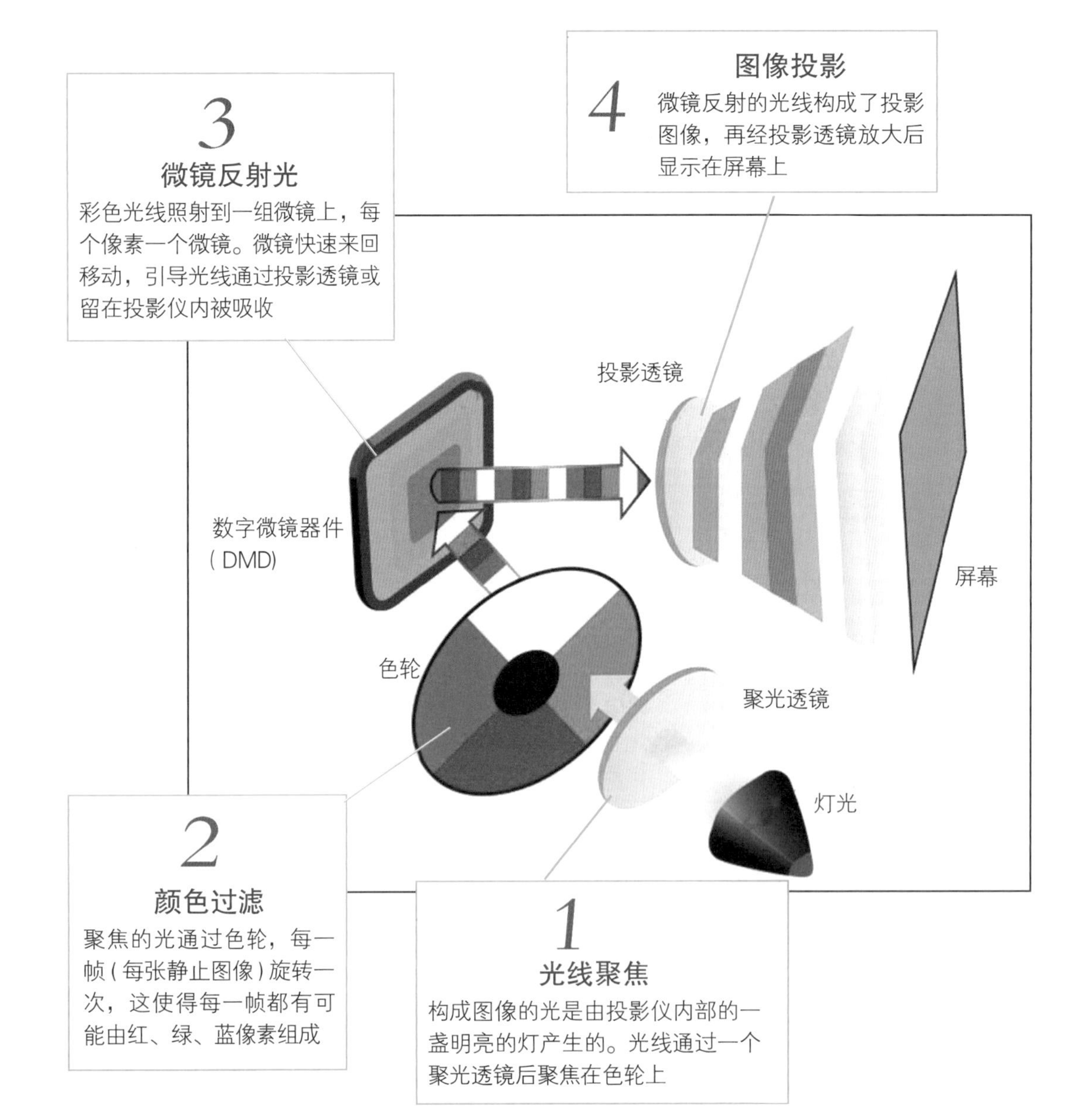

DLP 投影仪工作原理示意图

数字微镜器件（DMD）是怎样工作的?

DLP投影仪的核心元件是数字微镜器件（DMD），在一个拇指指甲大小的芯片上集成了数百万个微镜。每个微镜代表一个点或像素。

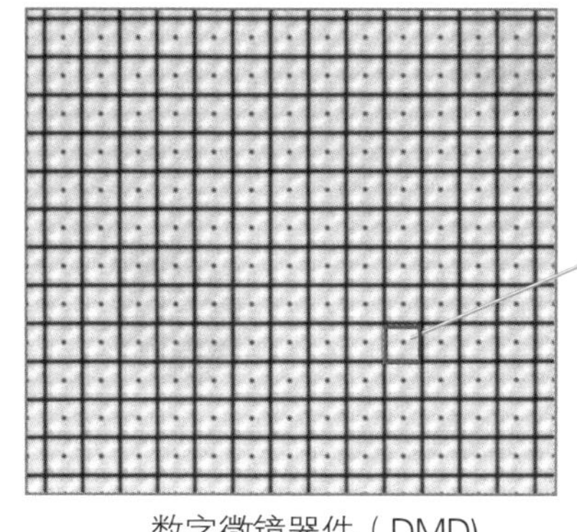

数字微镜器件（DMD）

数字微镜器件（DMD）工作原理示意图

1

DMD芯片将电荷发送到微镜角落下方的微小电极上，这些电荷使微镜在±12度的两个方向上倾斜，即“开”和“关”的位置

2

图像信号被转换成0、1数字代码，这些代码像电子开关信号一样，指令微镜发生倾斜

3

当光源照射DMD时，打开位置微镜上反射白光，而在关闭位置微镜上的反射光被光吸收器吸收，只能显示黑色

为什么使用色轮?

灯发出的光通过一个聚光透镜聚焦，但白光本身不能产生全彩色的图像，所以必须由色轮将光分解成红、绿、蓝三原色。快速旋转的色轮，可以快速连续显示每帧图像的红、绿、蓝版本。

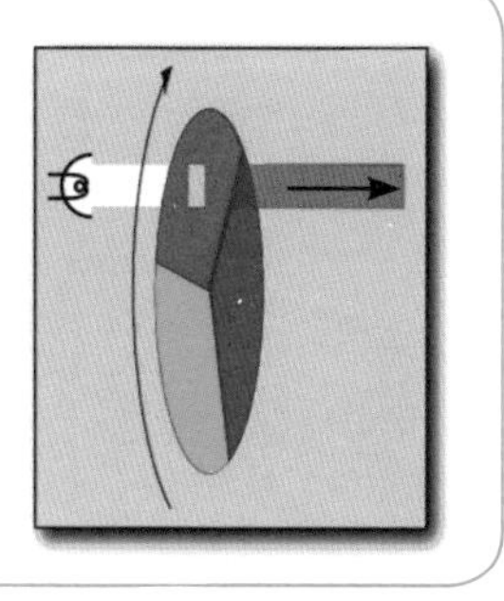

4

当DMD芯片和投影灯、色轮、投影镜头同步工作时，这些倾斜微镜的反射光就能在屏幕上形成一幅彩色图像

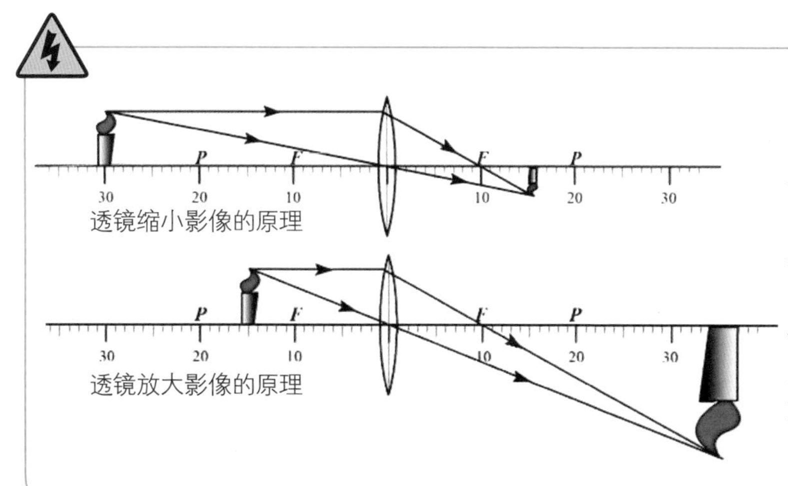

透镜放大影像的原理

物体到透镜的距离大于2倍焦距时，成像效果为倒立、缩小的实像，相机透镜就是这个原理。而当物体到透镜的距离小于2倍焦距、大于1倍焦距时，成像效果即为倒立、放大的实像，投影透镜放大影像就是利用这个原理。

3D 电影

3D 电影是怎样拍摄和观看的？

模仿人的双眼，使用两台摄影机错位同时拍摄，再用两台放映机放映并进行偏振处理，佩戴偏振眼镜的观众，左右眼分别看到两台摄影机拍摄的影像，经大脑合成后就成为立体影像。

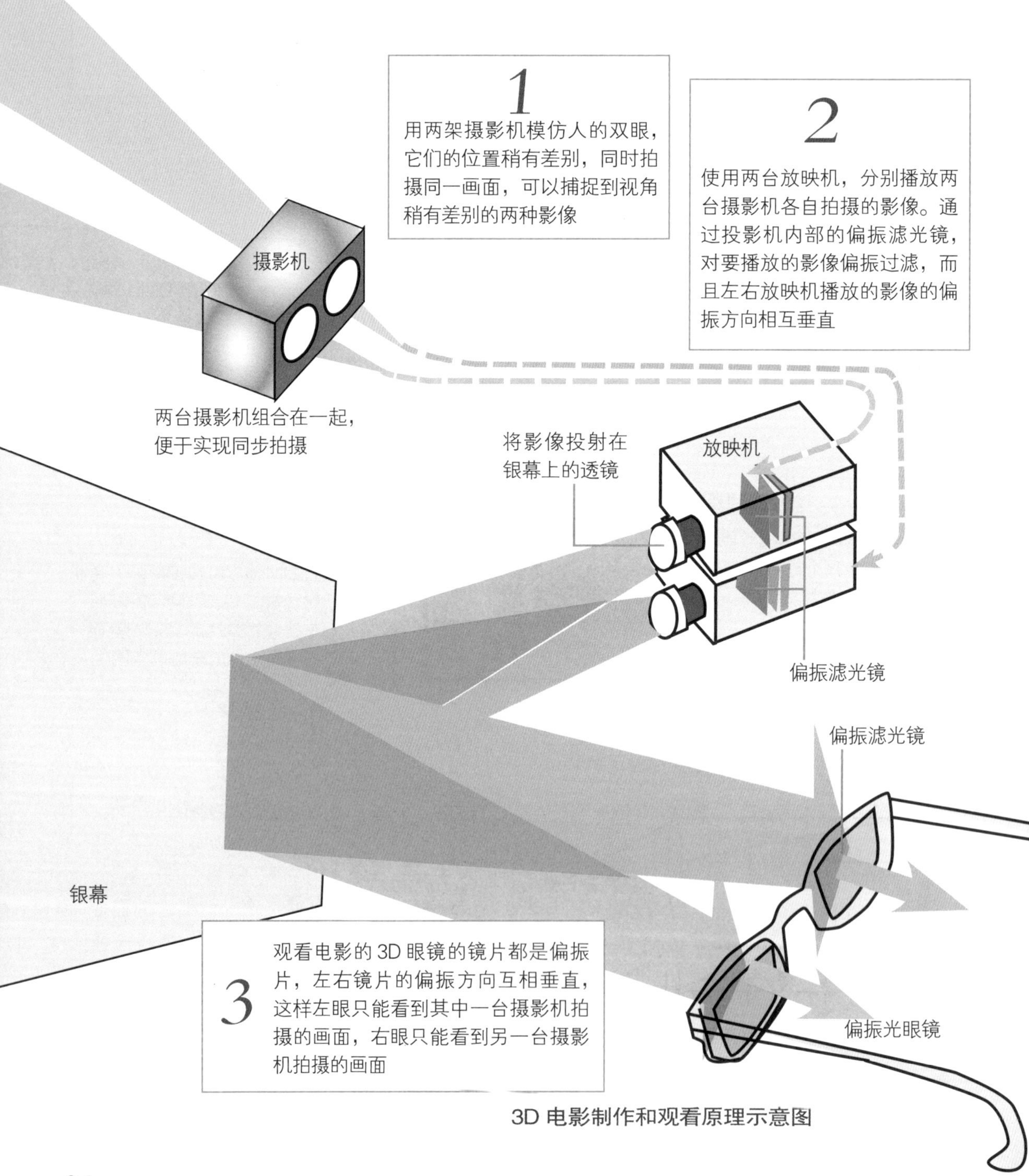

3D 电影制作和观看原理示意图

偏振光与偏振片

光是一种电磁波，电磁波是横波。振动方向和光波前进方向构成的平面叫做振动面。振动面只限于某一固定方向的光，称为平面偏振光或线偏振光。

偏振片允许某一方向的线偏振光通过，而偏振方向与其垂直的光则不能通过。

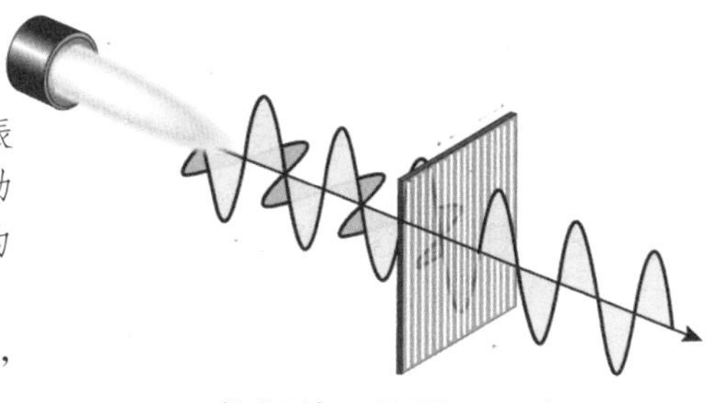

偏振片工作原理示意图

我们是怎样看到立体图像的?

我们在看一件物体时，由于位置和角度不同，我们的左右眼睛看到的画面略有差别，但这种有差别的画面经过大脑处理后，就变成了一个立体图像。

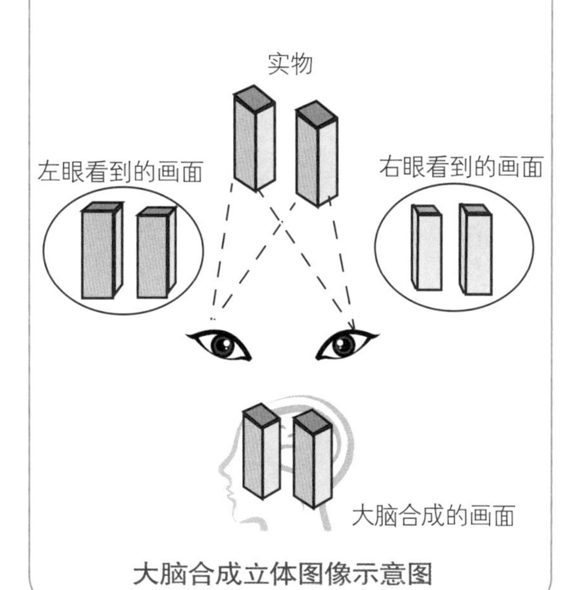

大脑合成立体图像示意图

为什么要戴偏振光 3D 眼镜?

两台 3D 电影放映机播放偏振方向相互垂直的影像，比如一个是水平方向偏振，另一个是垂直方向偏振，而观众戴的偏振眼镜的左镜片是水平偏振，右镜片是垂直偏振，左右眼分别看到两种偏振方向的影像，经大脑合成后就会“看到”立体影像。

如果不戴偏振眼镜观看，只能看到重影图像，因为这重叠的两种影像是采用两个有位差的摄影机拍摄的。

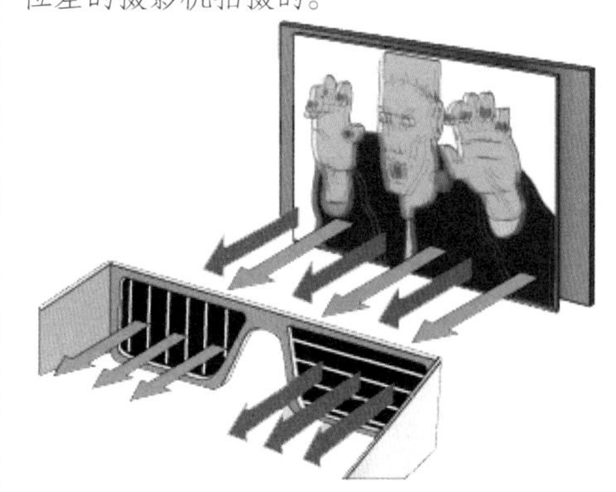

观看 3D 电影原理示意图

4

左右眼分别看到的图像，经过大脑深度感知合成后，就会成为立体影像

液晶显示器

液晶显示器是怎样工作的？

在电场的作用下，利用液晶分子的排列方向发生变化，使外光源透光率改变，完成电光变换，再利用红、绿、蓝三原色信号的不同激励，通过红、绿、蓝三原色滤光膜，完成彩色重现。

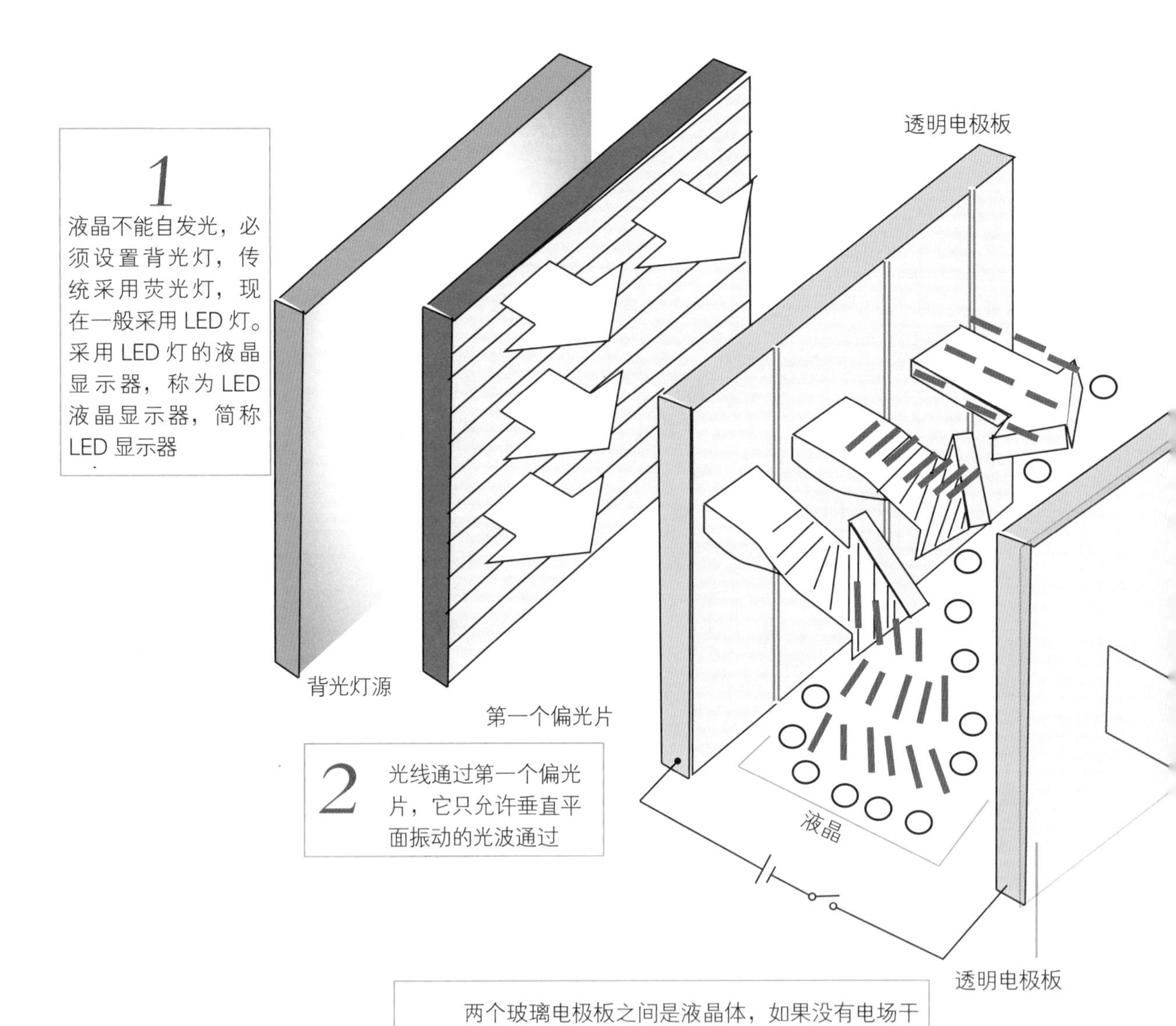

3 两个玻璃电极板之间是液晶体，如果没有电场干扰，光波通过液晶体时会发生 90 度方向的扭曲。在两个电极板上施加电压形成电场后，受电场的影响，光波穿过液晶后的扭曲度会变小。电压越大，扭曲越小；电压越小，扭曲越大。通过调节电压，就能调节扭曲度，从而调节显示的颜色

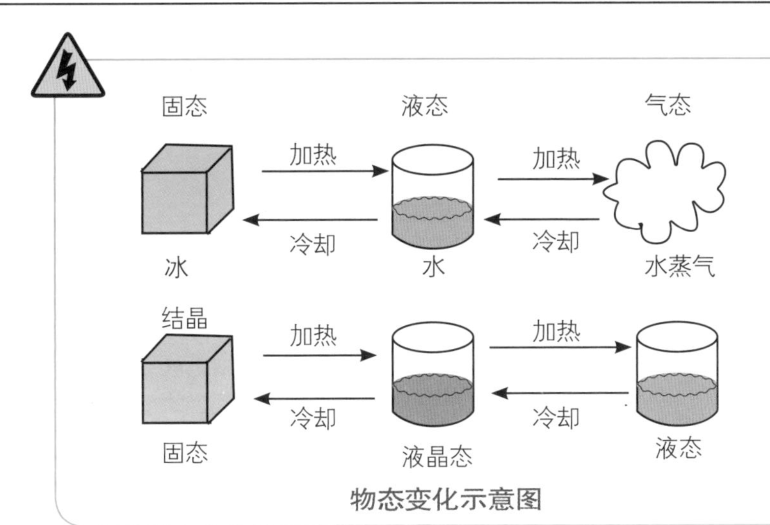

物态变化示意图

液晶是什么?

液晶是液体晶体的简称，其性质介于常规液体和固体晶体之间。液晶可能像液体一样流动，但它的分子可能以类似晶体的方式定向。液晶就像是化了一半的冰，处于液态与固态之间。

液晶在电场作用下可以改变分子的排列方式，从而改变光的透过与阻挡。

4

LED 背光灯是一种白光源，为了产生红、绿、蓝三色像素的颜色，使用了彩色滤光片，它只允许红色、绿色或蓝色的光通过

5

红色、绿色、蓝色的光波将通过第二个偏光片，它的偏振方向与第一个偏光片垂直，因此根据光波扭曲程度不同，通过第二个偏光片的光量也不同

蓝光没有任何扭曲，其振动面仍为水平面，因此不能通过偏光片

绿光扭曲 45 度，因此有一半通过偏光片

红光扭曲 90 度，因此全部通过偏光片

彩色滤光片

第二个偏光片

彩色滤光片

液晶显示器工作原理示意图

6

在第二个偏光片后面设置一个微型色滤片，它只允许红、绿、蓝三色通过

7

将红色、绿色、蓝色各一个子像素组合在一起，就成为一个像素，将上百万个像素排列组合在一起，通过调节电压大小，就可以调节红色、绿色、蓝色的亮度和暗度，组成千变万化的色彩

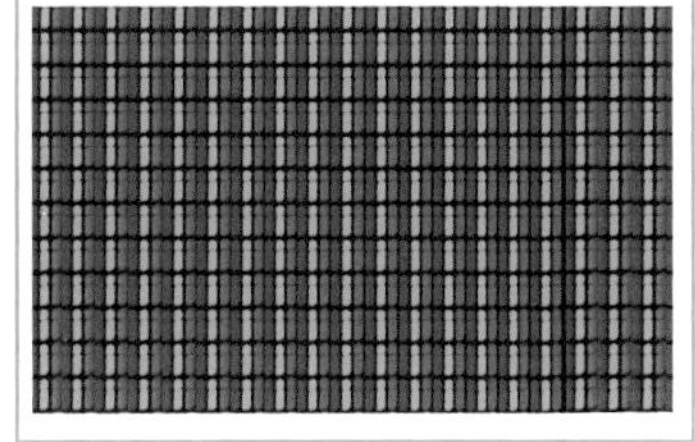

白炽灯

白炽灯是怎样工作的?

利用物体加热发光原理，将灯丝通电加热到白炽状态，利用热辐射发出可见光。

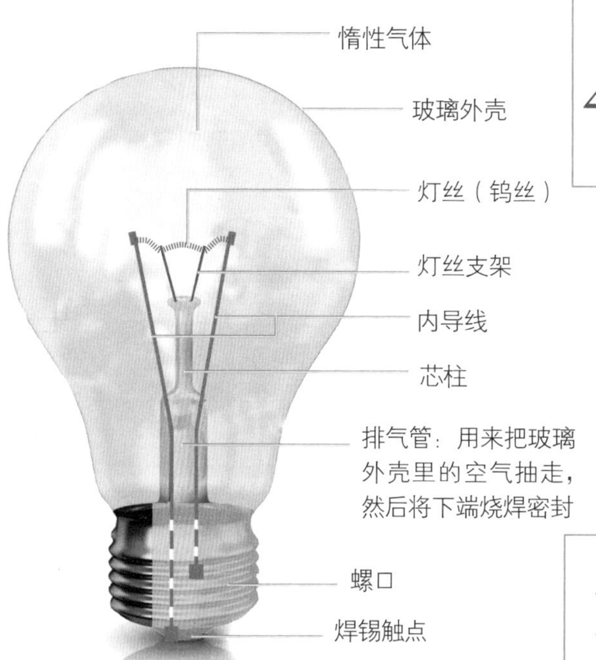

白炽灯泡构造和工作原理示意图

为什么白炽灯泡是“大头”？

在高温下一些钨原子会被升华成气体，并在灯泡玻璃内表面上沉积，使灯泡逐渐变黑，影响亮度。为此，采用“大头”式设计，可使沉积下来的钨原子能在一个比较大的表面上弥散开，尽量保证亮度。

下页介绍的卤钨灯不存在玻璃表面沉积钨原子的问题，因此可以设计成比较小的形状。

为什么很多物体加热后会发光?

当物体受到热能的作用时，其内部的原子和分子会处于激发状态，物体中的电子会被激发到较高的能级，然后再回到低能级时会释放出光能。这就是物体加热发光的原理。

另外，热力学指出，任何高于绝对零度的物体，都会向外辐射电磁波，温度越高，对应电磁波的波长也越短。大约在500~800摄氏度时，所辐射电磁波的波长就落在可见光区域，即波长为380~780纳米，这时就能被人肉眼看见。比如对一个铁块从0摄氏度进行加热，大于500摄氏度后铁块会变红，然后逐渐赤红，再变黄白。这就是很多物体加热后会发光的原因。

卤钨灯（卤素灯）

卤钨灯泡是怎样工作的?

在普通白炽灯泡内加入少量的卤素气体，利用卤钨循环的原理，延长灯丝的使用寿命。

在普通白炽灯中，灯丝的高温会造成钨丝升华变成气态，气态钨在灯泡不工作时遇冷凝华附着在灯内壁，使灯泡外壳发黑。1959 年时人们发明了卤钨灯，除了在普通白炽灯泡中填充惰性气体外，还会加入微量的卤素气体，如碘或溴，利用卤钨循环的原理，让升华的钨再沉积到钨丝上，使钨丝实现“自我再生”。

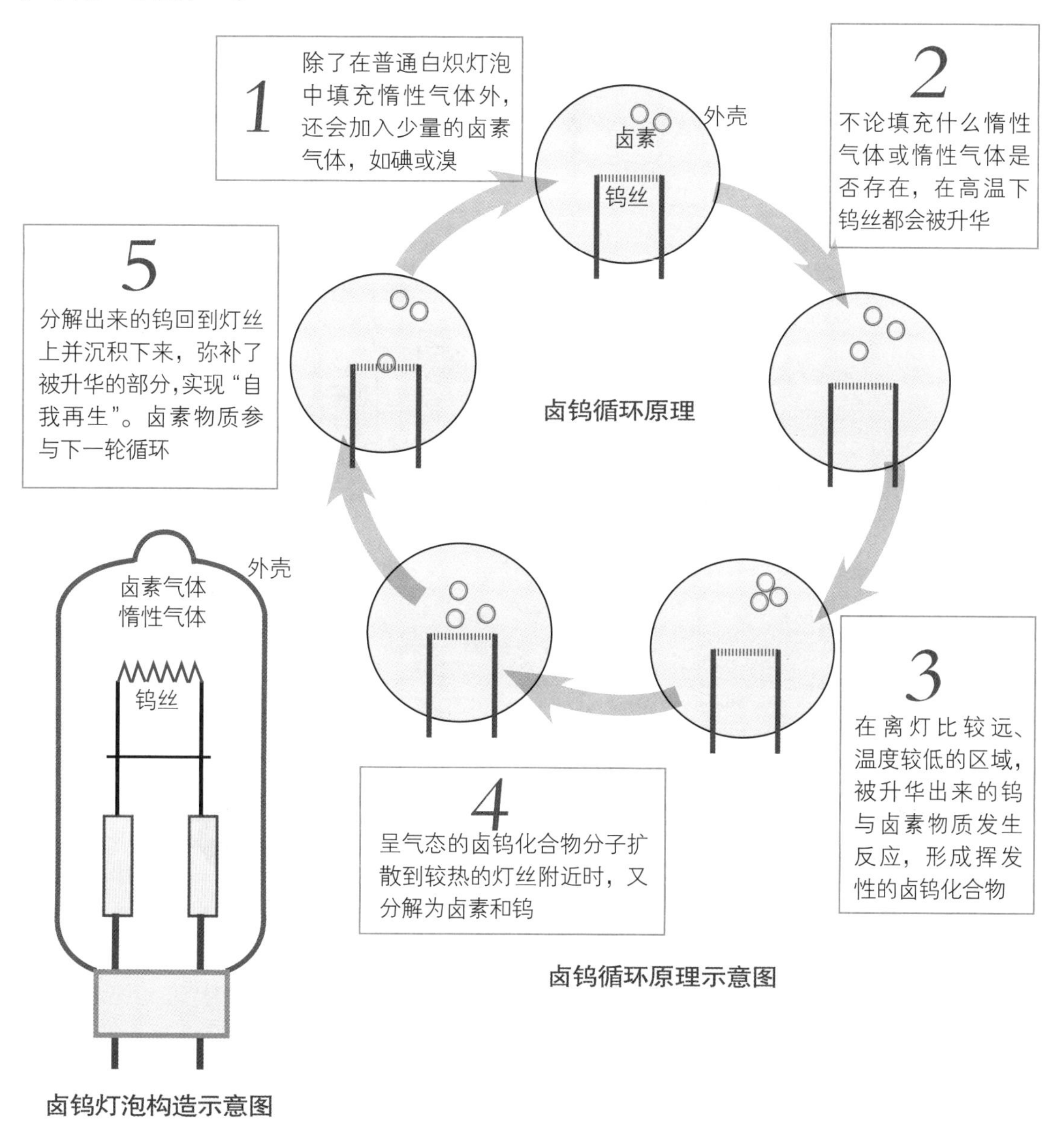

卤钨循环原理示意图

卤钨灯泡构造示意图

日光灯（荧光灯）

日光灯是怎样工作的？

利用瞬时高电压将惰性气体电离，电离产生的热量再将汞蒸汽电离并发出强烈的紫外线，在紫外线的激发下，管壁内的荧光粉发出近乎白色的可见光。

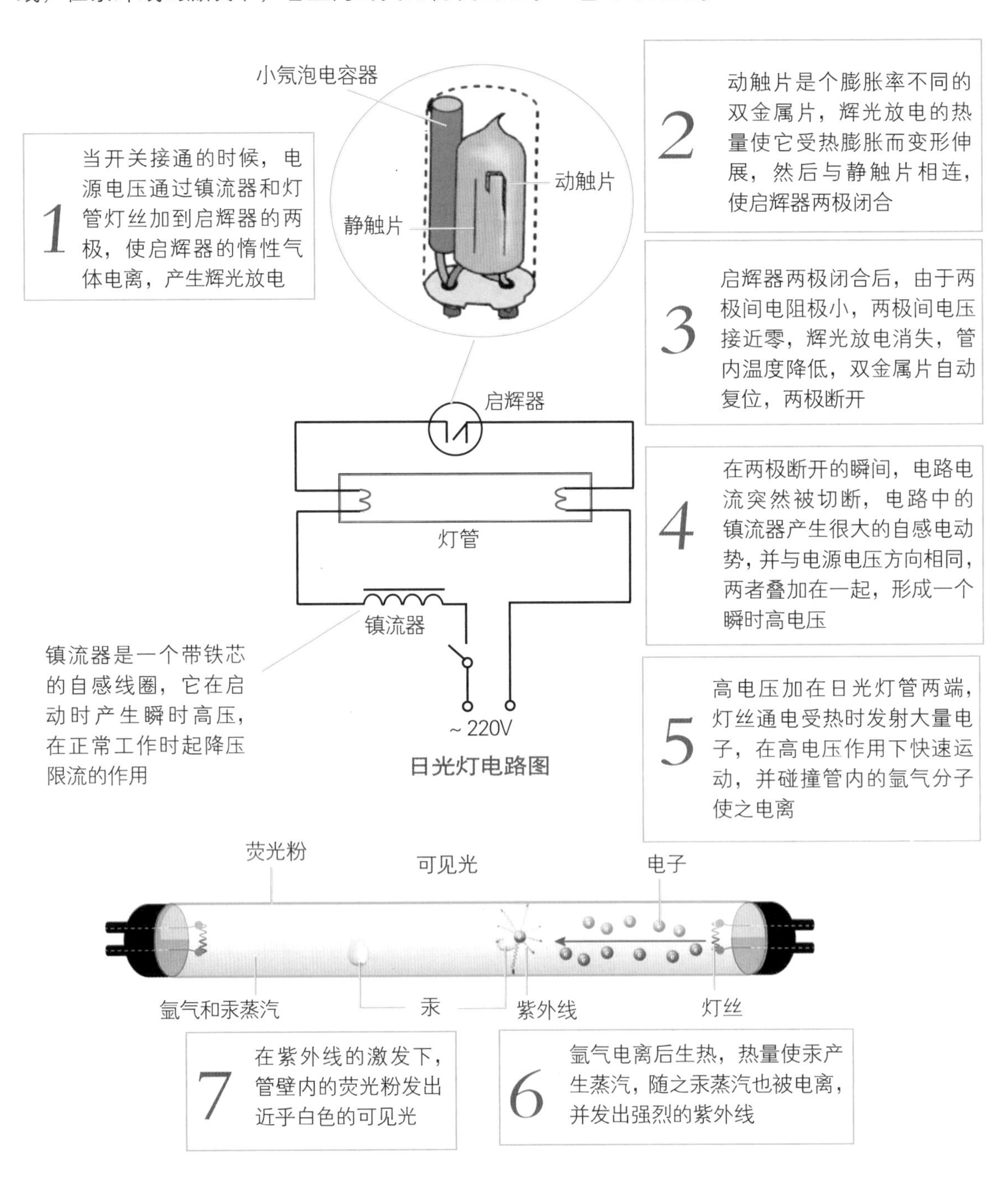

日光灯电路图

日光灯管工作原理示意图

紧凑型日光灯

紧凑型日光灯泡是怎样工作的？

灯管缠绕在自身周围以节省空间。高电压激发汞蒸汽中的自由电子，汞蒸汽受激发而产生紫外线辐射，照射到荧光粉上就产生了光。

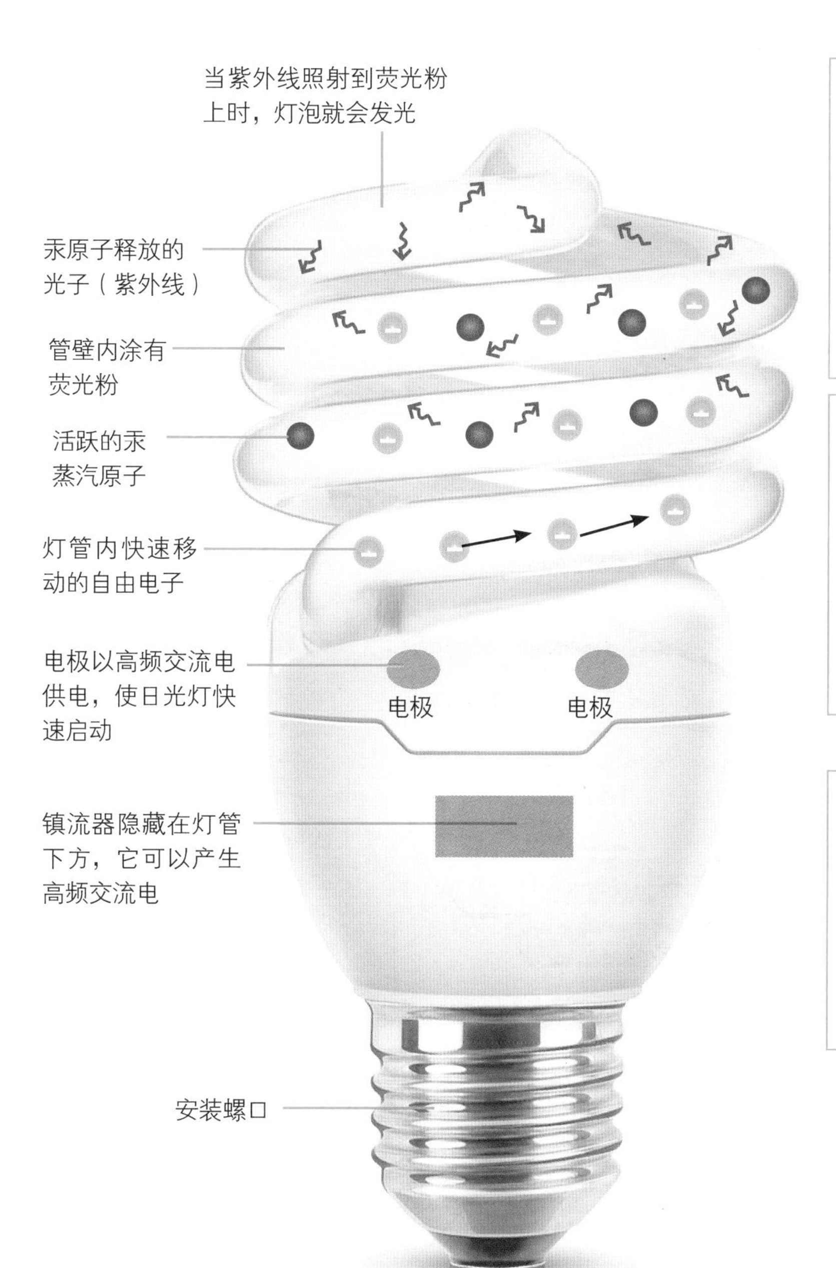

3 产生可见光

当紫外线照射到涂在玻璃上的荧光粉时，就会使它们发光。有红、绿、蓝三种荧光粉，所以整体组合呈现白色

2 电子释放能量

被激发的电子“落”回到原来的能级。在此过程中，电子以紫外线辐射的形式释放能量。这种辐射是人眼看不到的

1 电子被激发

高压电流穿过灯泡内的低压汞蒸汽。汞原子中的电子被激发，或者被撞击到更高的能级

紧凑型日光灯泡工作原理示意图

氙气灯

氙气灯是怎样工作的？

利用高压脉冲产生火花使氙气电离，在两个电极之间产生电流，气体被加热并发出光。

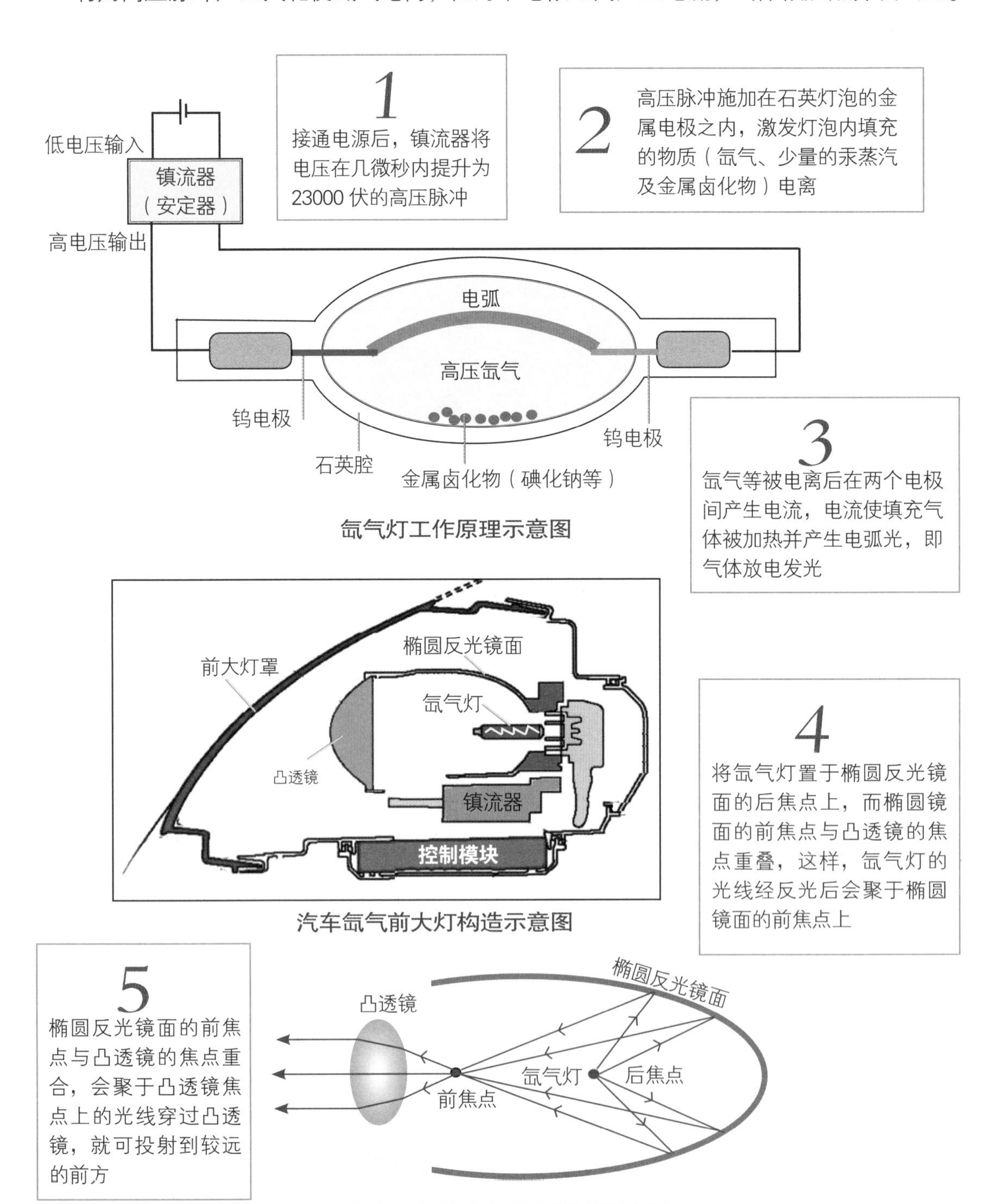

氙气灯工作原理示意图

汽车氙气前大灯构造示意图

汽车氙气前大灯投射原理示意图

LED 灯

扫描观看动画视频

LED 灯

发光二极管是怎样工作的?

利用 PN 结的单向导电性原理，给发光二极管施加正向电压，电子与空穴复合释放能量而发光。

1 发光二极管是由一个 PN 结组成，具有单向导电性，P 区半导体与电源正极相连，N 区与负极相连

2 当给发光二极管加上正向电压后，P 区的空穴向 N 区流动，而 N 区的电子向 P 区流动

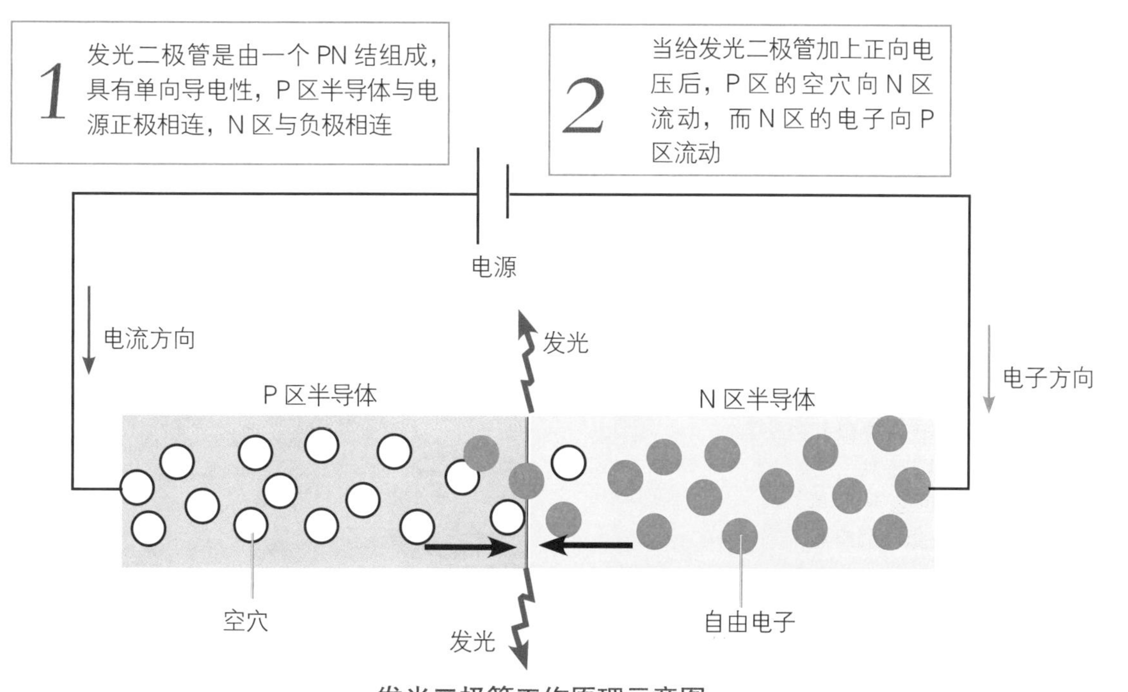

发光二极管工作原理示意图

4 发光的波长和颜色取决于 PN 结材料的特性，因此可以通过选择不同的材料来实现不同颜色的光发射

3 当电子与空穴在 PN 结附近数微米内相遇时，会发生复合作用，产生能量，并以光子的形式释放出来，即发光

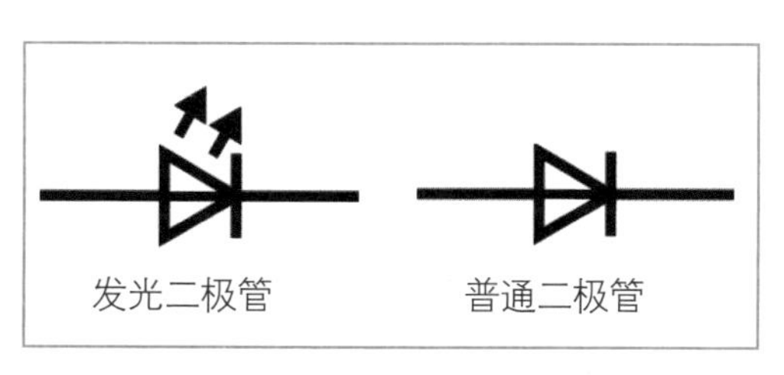

二极管电气符号

LED 汽车前照灯

信息与通信

INFORMATION AND COMMUNICATION

扫描仪

扫描仪是怎样工作的?

自然界的每一种物体都会吸收特定的光波，而没被吸收的光波就会被反射出去。扫描仪工作时发出的强光照射在文件上，没有被吸收的光线被反射到光学感应器上，先转换成电信号，再转换为数字信号后输出。

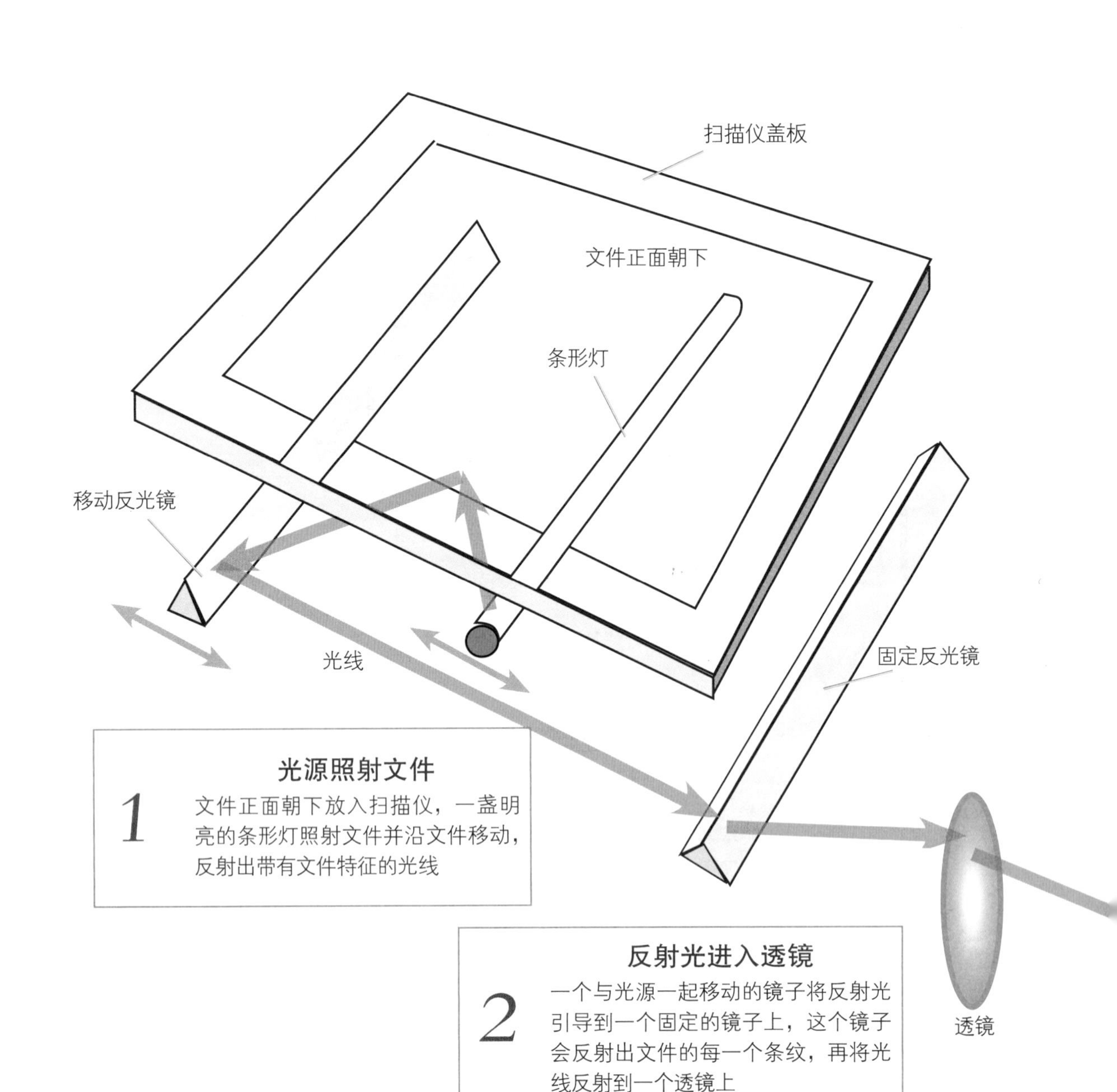

扫描仪工作原理示意图

电荷耦合器件（CCD）是怎样工作的?

电荷耦合器件具有光电转换、信号储存和信号传输能力。扫描仪中的电荷耦合器件，是在一块硅单晶上集成了三列成千上万个微型光敏探测器，分别被红、绿、蓝三色的滤色镜罩住。当光源照射扫描文件的反射光照射到光敏探测器时，每个探测器都会产生电流，作为图像的电信号输出。每组三个红、绿、蓝光敏探测器输出一个像素。

模数转换器起什么作用?

模数转换器是指将连续变量的模拟信号转换为离散的数字信号的器件，比如将扫描仪中电荷耦合器件产生的图像电信号，转换为电脑处理芯片能处理的数字信号 0101，然后通过驱动程序转换成显示器上能看到的正确图像。

6 数字图像信息输出

扫描仪通过电缆或 Wi-Fi 将数字图像发送到计算机或其他设备上进行保存或进一步处理

3 红绿蓝三个光带

利用红绿蓝三色滤色镜，将通过透镜的反射光分离成红、绿、蓝三个彩色光带，然后分别照射在各自的电荷耦合器件（Charge Coupled Device，简称 CCD）上

4 光信号转换电信号

电荷耦合器件（CCD）将接收到的光信号转换为模拟电信号，它所产生的电信号根据接收到的光线大小而变化

5 模拟信号转换数字信号

模数转换器将电信号转换为数字信号，然后进行颜色校正、对比度调整和图像增强等处理

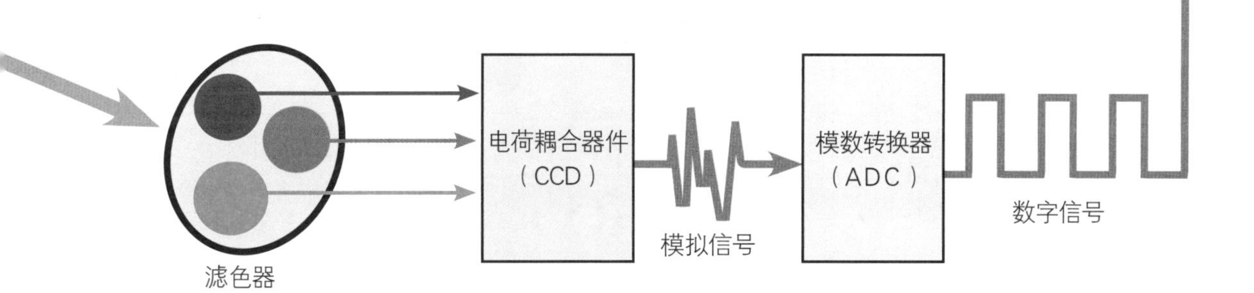

激光打印机

扫描观看动画视频

激光打印机

激光打印机是怎样工作的？

利用正负电荷相互吸引的原理，首先使用激光束在光敏鼓上产生“负电荷”图像，然后用带“正电荷”的墨粉将其转移到纸上，再用热将纸张与墨粉熔在一起。

1 数据传输给打印机

当选择了要打印的文档并按下打印按钮，打印语言会对文档内容进行翻译，并转换成打印机可以识别的语言

2 给感光鼓充电

充电辊与感光鼓接触并且旋转，旋转过程中产生静电并直接向感光鼓充电，以此在感光鼓表面形成均匀的负电荷

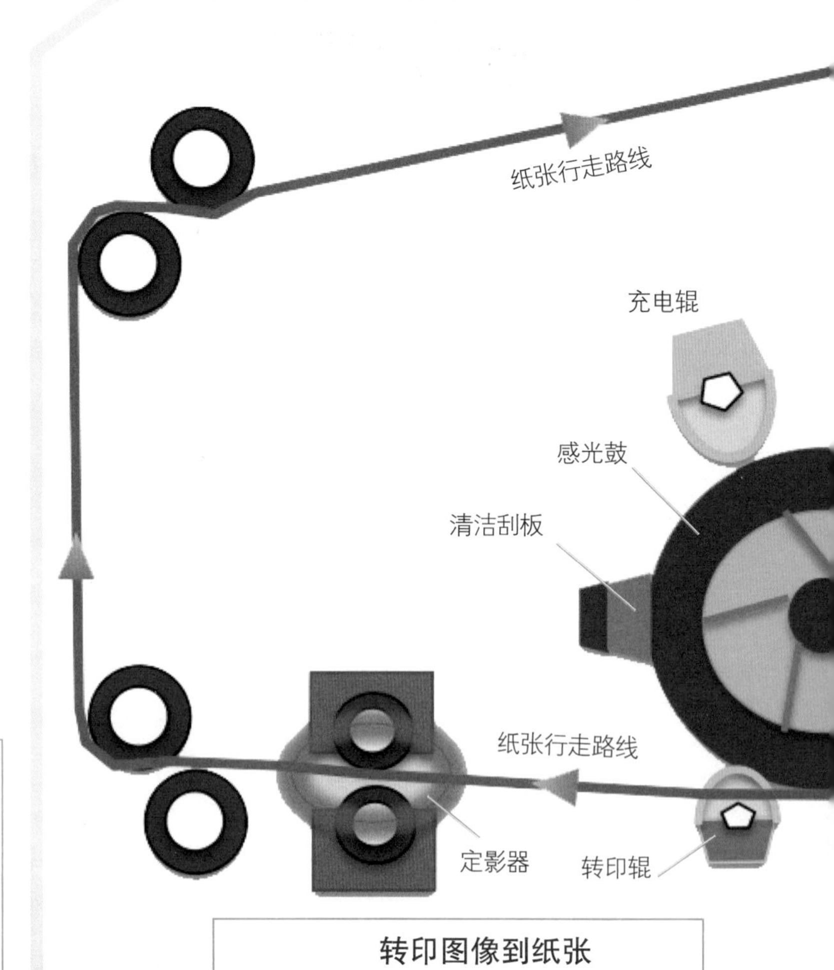

8 打印后清洁墨粉

打印完成后感光鼓上会有多余的墨粉，利用清洁刮板将其刮走，收集在废粉仓，方便下次打印时不影响效果

7 固化定影图像

为了防止手指触摸以后图像消失，利用加热管的热量将墨粉熔化掉，然后经过压力辊把墨粉压进纸张纤维，以此来达到固化图像的日的

6 转印图像到纸张

转印辊表面带有负电荷，当它与感光鼓接触并一起转动时，会把带有正电荷的墨粉图像，吸附到它们之间的纸张表面上，纸张上开始有单色的图像

怎样实现彩色打印？

如果使用红色、黄色、蓝色、黑色四个粉盒，分别与感光鼓进行充电、曝光、显影，就会形成彩色图像，再把彩色图像转印到纸张，最后经过定影、清洁，就可以完成彩色打印。

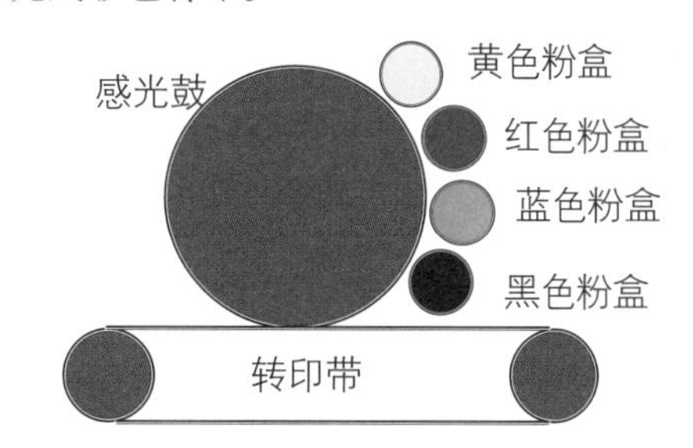

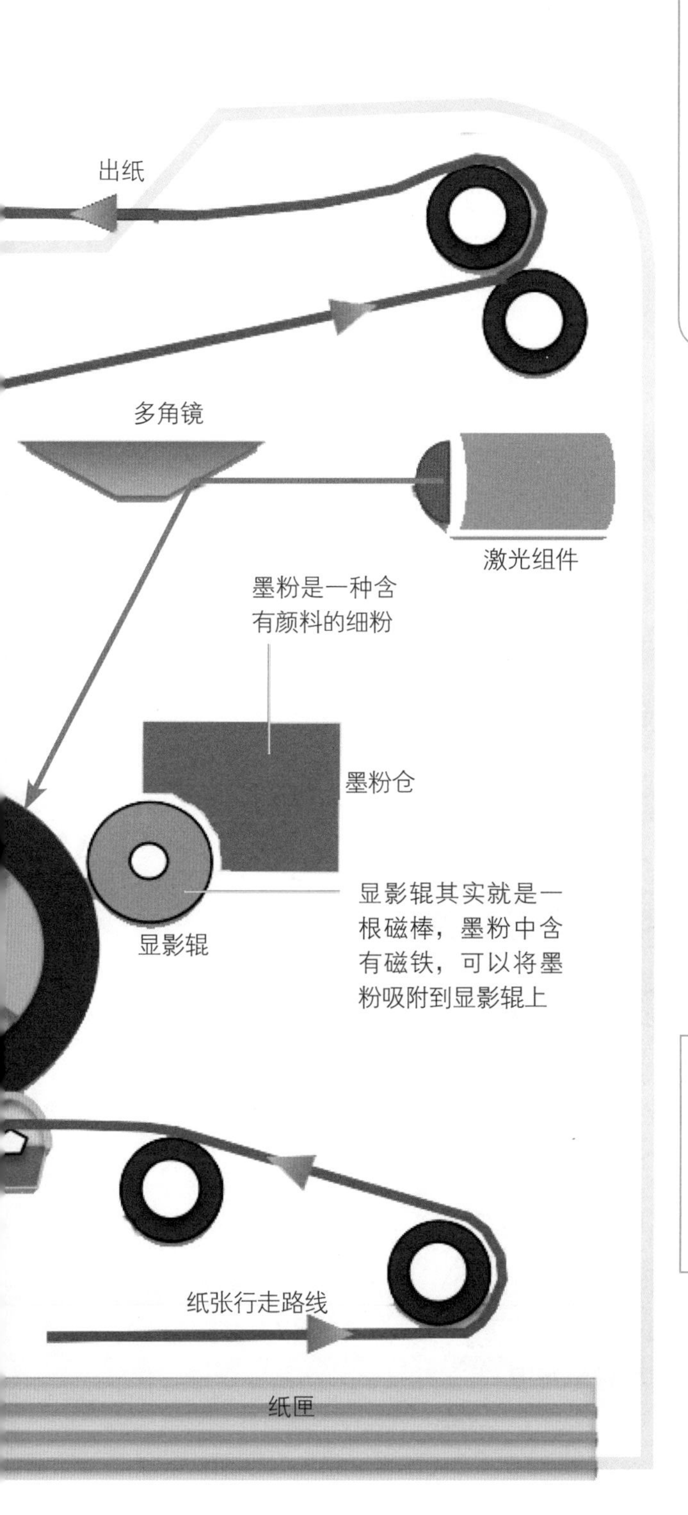

3 激光照射感光鼓

激光器根据被数字化了的图像信号来开 / 关激光，激光照射高速旋转的多角镜，它的反射光经过激光面镜，照射到感光鼓的表面上

4 形成静电图像

感光鼓上被激光照射到的部位的负电荷会消失。由于激光带有图像信息，因此没有消失的负电荷会形成静电图像

5 形成可见图像

显影辊上的墨粉层带有正电荷，它与感光鼓上的负电荷产生正负相吸现象，墨粉被吸附到感光鼓表面，形成肉眼可见的原稿图像

喷墨打印机

喷墨打印机是怎样工作的?

将微小加热元件放置到打印头的喷嘴附近，加热元件对墨水加热时会形成一个气泡，挤压墨水使墨水颗粒从喷嘴中排出。或使用压电元件替代加热元件，利用压电元件产生的形变使墨水排出。

1 传送数字图像信息

电脑准备要打印的图像或文档，将其表示为数字模式并通过电缆或无线网络传送给喷墨打印机

2 收到信息后反馈

打印机收到要打印的数字图像信息后将做出响应，检查纸张和墨水是否充足，如有问题将向电脑反馈信息

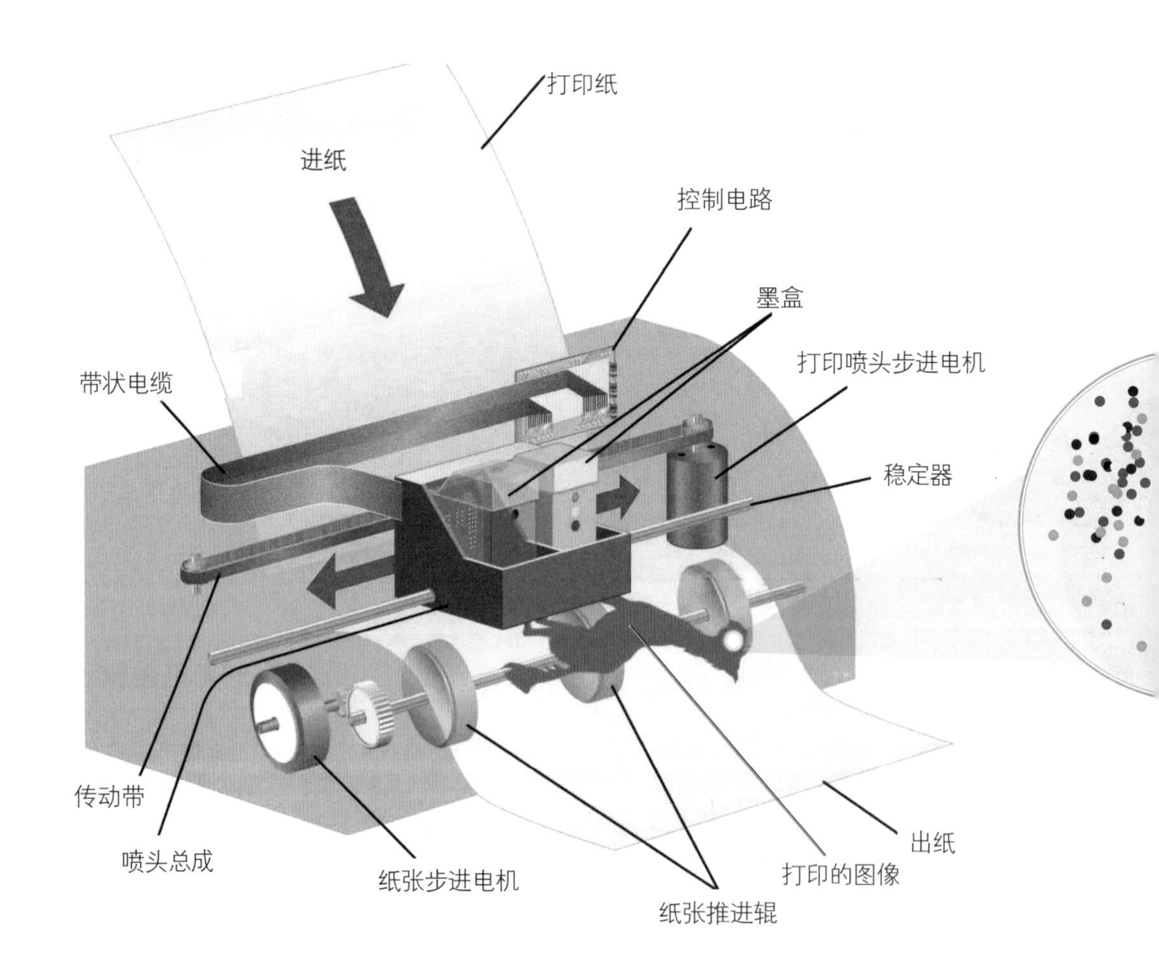

喷墨打印机构造示意图

3

加热元件使墨水喷出

使用加热元件的喷墨打印机，每个打印喷嘴都包含一个加热元件，加热元件在驱动信号控制下通电发热，对墨水加热，并形成一个气泡，它会挤压墨水空间使墨水颗粒从喷嘴中排出

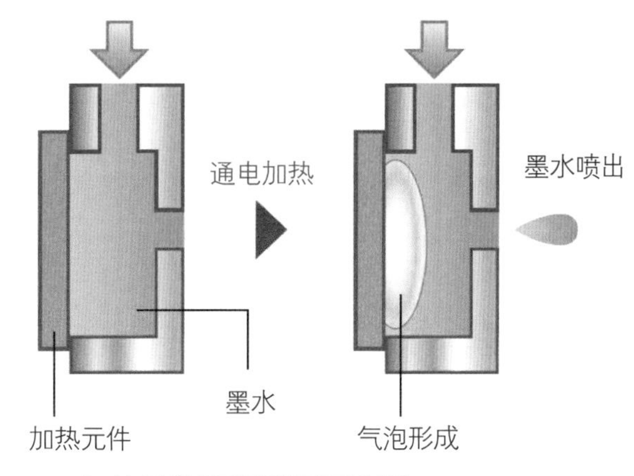

加热元件喷墨原理示意图

3

压电元件使墨水喷出

使用压电元件的喷墨打印机，在驱动信号控制下向喷嘴上的压电元件施加电压时，压电元件会发生变形，从而对墨水施加压力，使墨水颗粒从喷嘴中排出

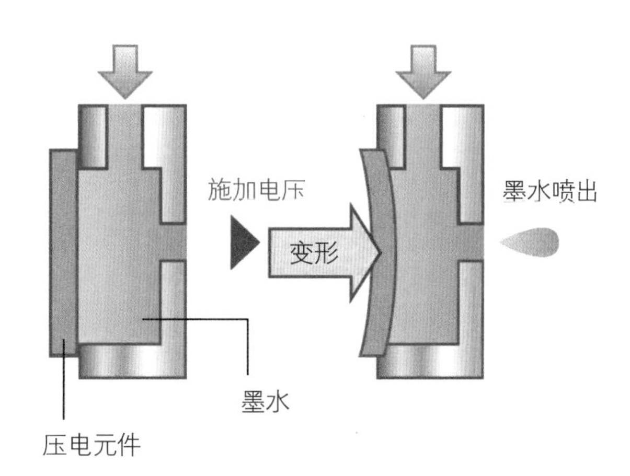

压电元件喷墨原理示意图

4

生成彩色图像

喷嘴将微小的墨滴高速滴入或喷射到打印介质上，成千上万的红色、黄色、蓝色、黑色的墨水液滴组合在一起，就会生成彩色图像

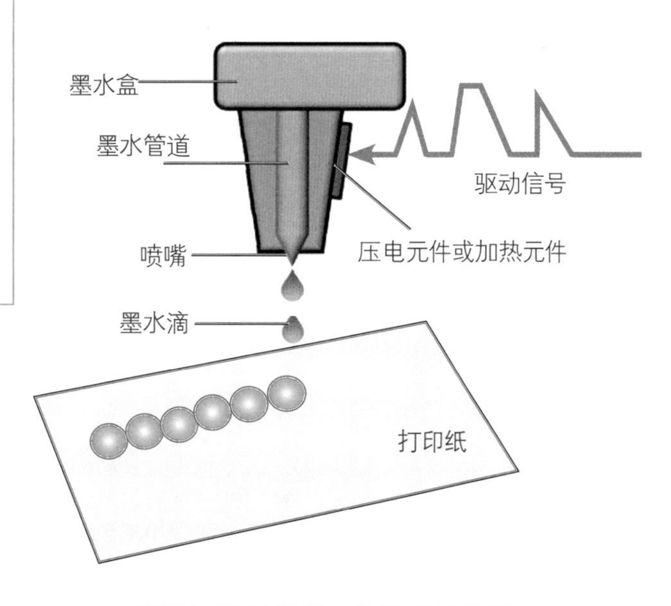

喷墨打印机喷嘴工作原理示意图

复印机

复印机是怎样工作的?

利用激光扫描或反射，获得带有复印图像信息的激光束，照射在均匀布满电荷的感光鼓上，然后就像激光打印机那样，将复印图像打印出来，即完成复印。

根据获得复印文件信息的方式不同，可将复印机分为模拟式复印机和数字式复印机两种。其中模拟式复印机是利用激光照射要复印的图像，将反射光作为要复印的文件信息（模拟信号），然后再进行打印；而数字式复印机，则是先对复印图像进行扫描，然后利用电荷耦合器件（CCD）转换为数字信号，再进行激光打印。

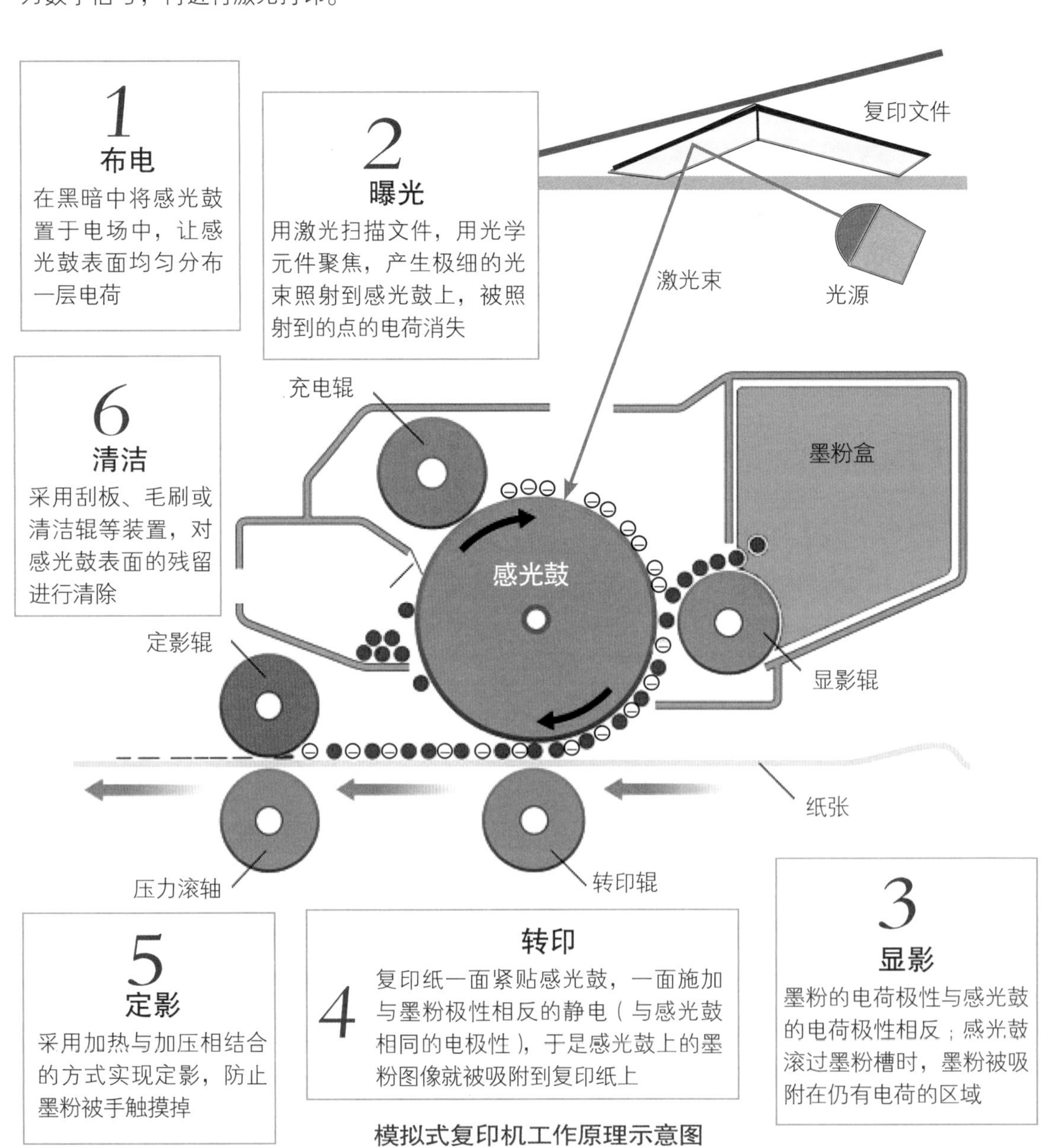

模拟式复印机工作原理示意图

彩色复印机

彩色复印机是怎样工作的?

彩色复印机都是数字式复印机，首先对彩色图像采用激光扫描、分色，并转换为电信号，再综合处理后得到每个像素点的色彩数字，然后分别用这四种色彩数字进行静电复印四次，在转印带上得到完整的复印图像，最后转移到纸上。

1　对彩色图像采用激光扫描、分色，并转换为电信号

2　用整幅图像所记录的“红色的数字”去调制激光并照射感光鼓，感光鼓吸附“红色粉末”，得到一个只有红色的影像，将其转移到“转印带”上

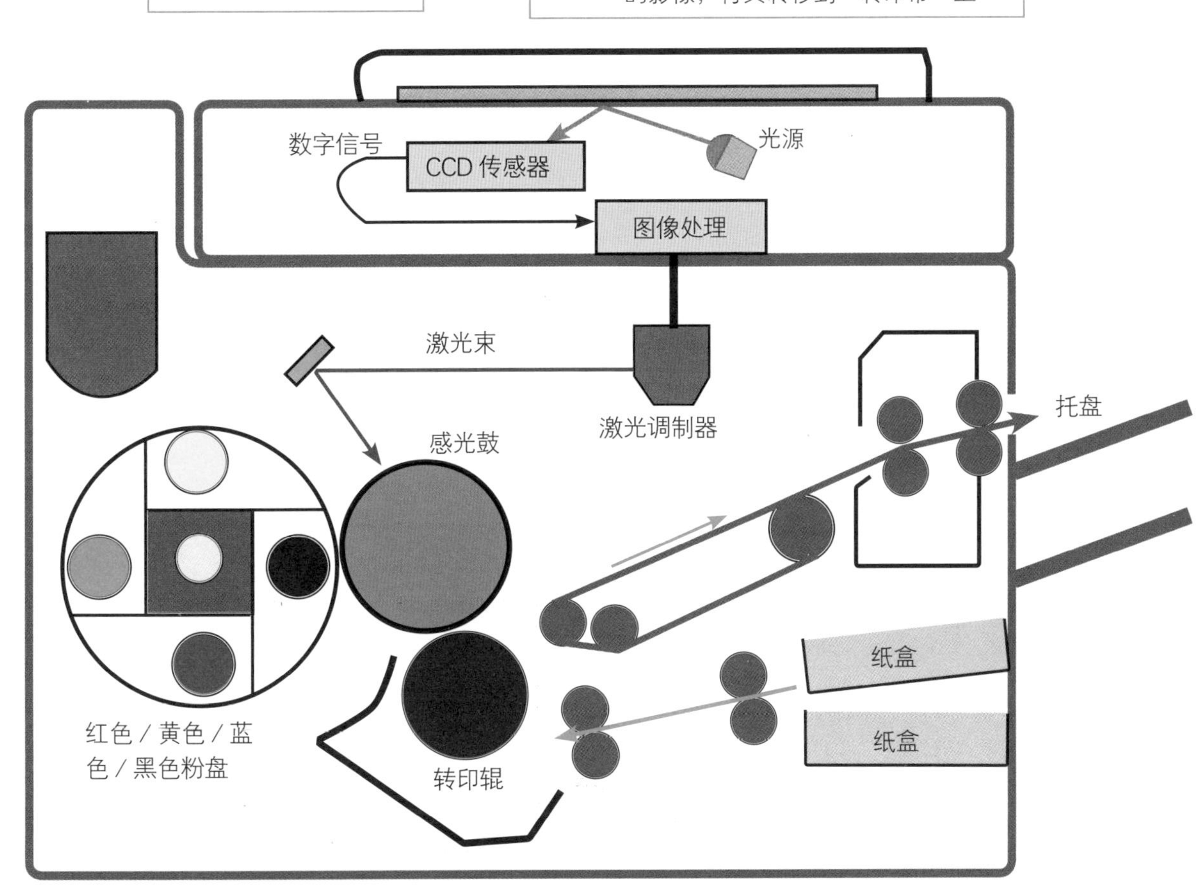

彩色复印机工作原理示意图

3　再分别用黄色、蓝色、黑色的数字调制激光并照射感光鼓，转移到转印带上，共静电复印 4 次后，得到一幅完整的彩色复印图像

4　把转印带上的图像转移到纸上，最后做定型处理

电话机

电话机是怎样工作的？

发话者对着送话器讲话时形成声波，声波产生电流，电流沿着线路传送到对方电话机的受话器内，把电流转化为声波，通过空气传至受话人的耳朵。

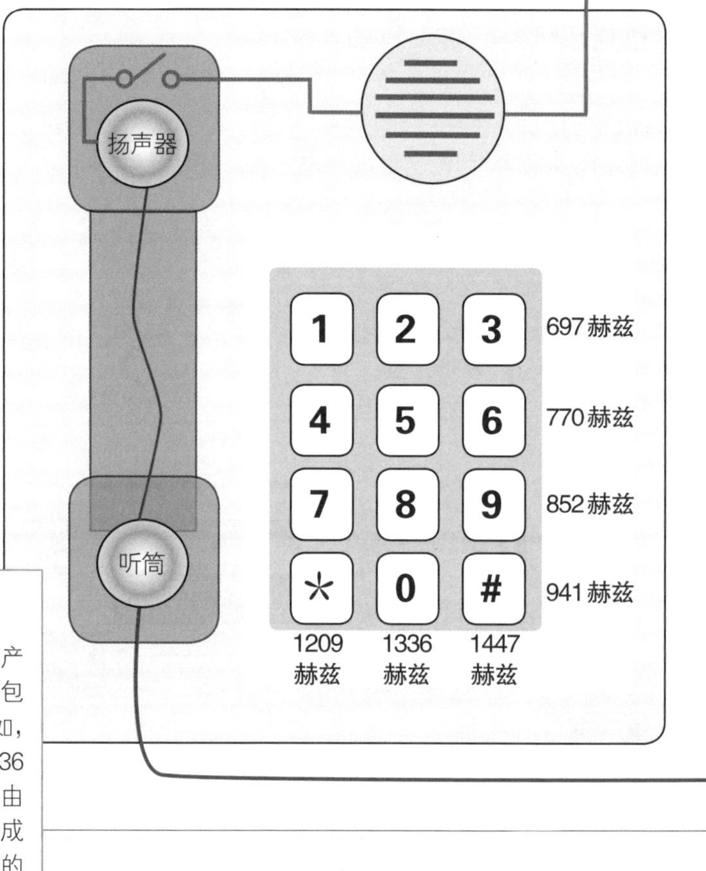

1 连接电话网

当拿起话筒时，就接通了一个挂钩开关，将电话机与交换机连接，而交换机将电话机与公共电话网络连接

2 按键拨号

在键盘上按下一个数字，就会产生一种独特的声音，这个声音包括两个同时出现的频率。例如，5号键产生一个770赫兹和1336赫兹的频率音调组成的信号。由数个这样独特的按键信号组合成的综合信号，就代表将要通话的地址，用于交换机识别

电话信号是怎样传输的？

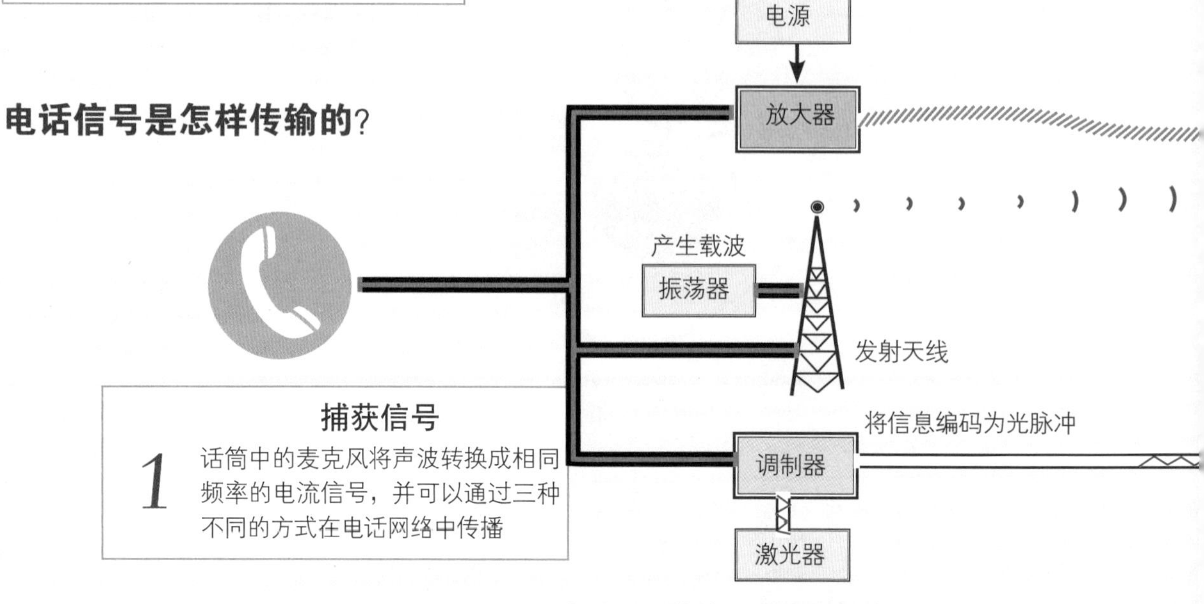

1 捕获信号

话筒中的麦克风将声波转换成相同频率的电流信号，并可以通过三种不同的方式在电话网络中传播

电话信号传输工作原理示意图

4 发送声音信号

声音电信号通过一个临时连接传播。这个临时连接在一个被称为公共交换电话网 (Public Switched Telephone Network，PSTN) 的全球电话通信网上形成。信号可以通过光纤电缆、电话电线、卫星天线和手机信号塔，在呼叫者和接收者的电话机之间迅速传递

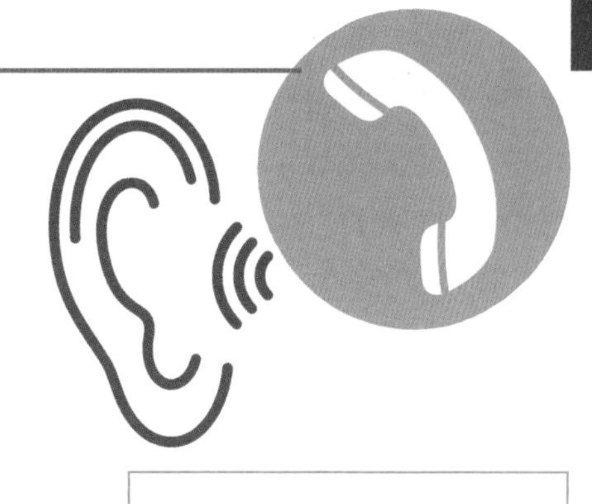

5 接收声音信号

耳机内部是一个扬声器，当它接收到声音的电流信号时，扬声器内的振膜以与电流信号相匹配的频率来回振动，使空气振动并产生声波，传入受话者耳中

3 产生声音信号

一旦电话接通，发话者对着话筒上的麦克风说话，产生声波，声波使麦克风的振膜振动并产生电流信号，电流信号沿着电话线路传播

2 电缆传输

来自麦克风的电流信号被放大并通过电缆传输

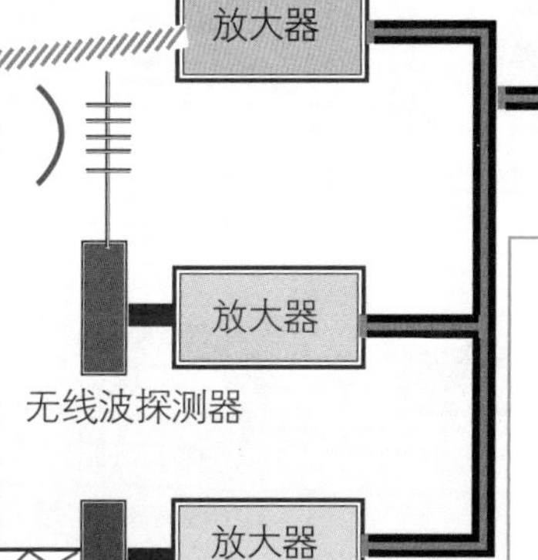

2 无线电传输

由振荡器产生并经射频载波调制后，信号以无线电波的形式从天线无线传输出去

2 光纤传输

信号与激光束产生的光相结合，通过光纤传播

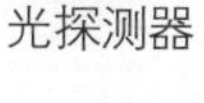

3 声音信号到达

声音信号到达目的地后，被传送到电话听筒上。听筒对信号进行解调，从中提取有用的信息，并重新生成声音

传真机

传真机是怎样工作的?

传真机相当于是将扫描仪、电话机和打印机组合在一起。首先把文件纸张逐行扫描，得到黑点和白点信息，并转换为电流脉冲信号，然后通过电话机传输到接收方，接收方根据电流脉冲信号逐行打印出来，即完成文件传真。

传真机怎样发送文件?

1 当文件纸张向下移动时，一束强光照在上面，从上到下、从左到右进行逐行照射扫描，照射的白色区域反射大量的光线，黑色区域反射的光线很少或没有

2 反射光照射在排成一排的近 2000 个感光元件上，这些感光元件根据反射光线的强弱，产生一个电流脉冲信号

电器是怎样工作

逐行扫描时，每个扫描区域只有 0.2 毫米高，文件上内容被网络化为一排排的黑点和白点

网络化的被扫描部位

电流脉冲信号

传真机扫描原理示意图

3 通过电话线将电流脉冲信号同步发送到接收端的传真机

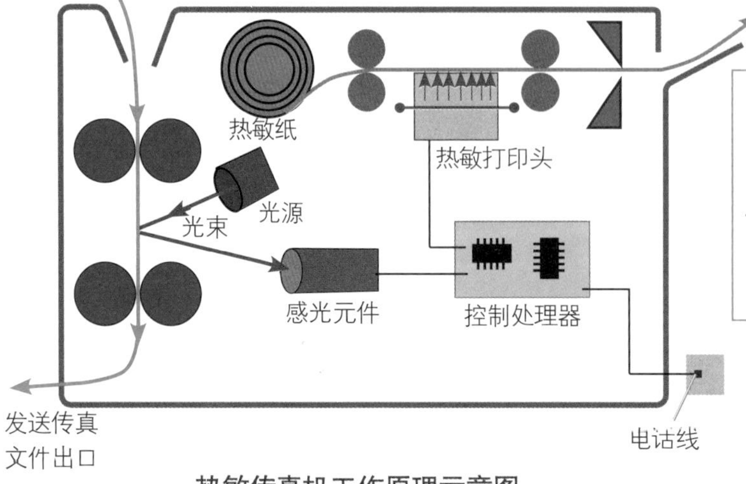

热敏传真机工作原理示意图

传真机怎样接收文件?

1 传真机常用热敏打印方式，将接收到的电信号进行解码后，控制热敏打印头打印

2 热敏打印头由一排加热元件构成，加热元件在通过一定电流时会产生高温，当遇到热敏纸上的涂层时，会发生化学反应，现出黑点，没遇加热元件的部分则显示空白

3 接收端的热敏打印头从左到右、从上到下完成打印时，就可输出一个与发送端原稿一样的复印件

3D 打印机

扫描观看动画视频

3D 打印

3D 打印机是怎样工作的?

传统的 2D 打印是通过在纸上沉积一层墨水来完成的。3D 打印机的工作原理与此基本相同，只不过是通过一层层的 2D 打印来堆积打印材料而创建三维物体的。

1 创建模型

创建或获取一个 3D 模型，可以使用计算机辅助设计软件进行建模，也可以从互联网上下载已有的模型

2 切片

使用软件将 3D 模型切割成一层一层的薄片，每一层都对应着打印机需要堆积的一层

3 材料准备

选择合适的打印材料，通常是塑料，并送入打印机头。打印机头包含一个加热元件，可以熔化塑料。对于喷头式打印机，打印头会喷射熔化的塑料丝或其他材料；对于挤出式打印机，打印头会挤出熔化的塑料丝或金属粉末

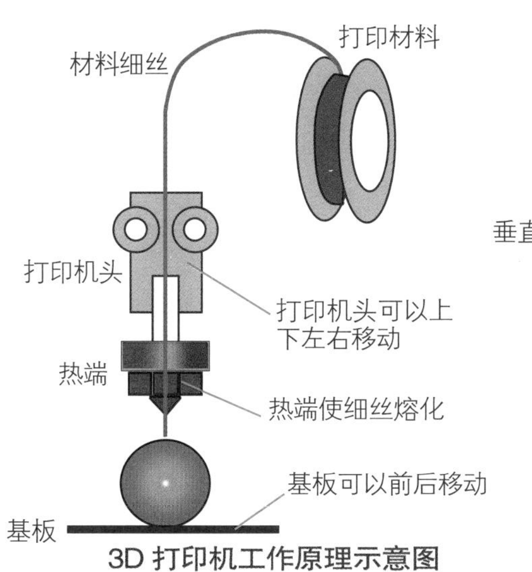

3D 打印机工作原理示意图

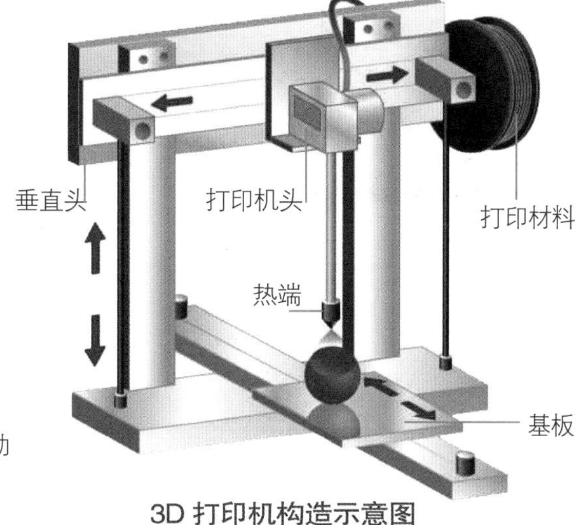

3D 打印机构造示意图

4 开始打印

打印机阅读来自计算机的打印信息，并据此控制打印机头左右移动，使基板前后移动，使垂直头上下移动，一层层地顺序打印，逐层堆积材料

5 层层堆积

打印出来的物体是从下往上一层一层地逐渐堆积起来的。每增加一层，熔融的塑料就会冷却并凝固

6 完成

由于打印过程的逐层性质，3D 打印的物体表面粗糙，通常需要对其进行化学处理、机械抛光或涂漆

电视机

扫描观看动画视频

电视机

电视机是怎样工作的？

摄像机记录电视节目的画面和声音，并转换成电信号后，以电磁波的形式通过发射塔、电缆、光缆或通信卫星等，传输到千家万户的电视机。电视机将节目的电信号解码，转换为图像和声音信号，在显示屏和扬声器中播放出来。

1

摄像机将画面转换成电信号，称为视频信号。摄像机的麦克风将声音转换成另一种电信号，称为音频信号。将电信号转换为数字信号，以数字代码的形式，通过无线和有线渠道传向四面八方

2

电视机内的接收器收到电视节目的数字信号后进行解码，转换为电信号，再利用薄膜显像管阵列控制显示器的画面

3

早期电视机一直使用电子管显示器，后来普及了液晶显示屏和等离子显示器，现在更为先进的有机发光二极管（Organic Light Emitting Diode，OLED）显示器正逐渐普及

保护薄膜可以使电子元件免受空气和水的浸蚀

防护薄膜

薄膜显像管阵列由一系列不透明的薄膜晶体管（Thin Film Transistor，TFT）组成，每个晶体管控制一个像素点的亮度和颜色

阴极　发射层　导电层　阳极

电子

电子空穴

4 电压施加在阳极与阴极之间，当电流开始从阳极流向阴极时，阴极和发射层获得电子，而阳极失去电子，导致导电层和阳极中产生电子空穴

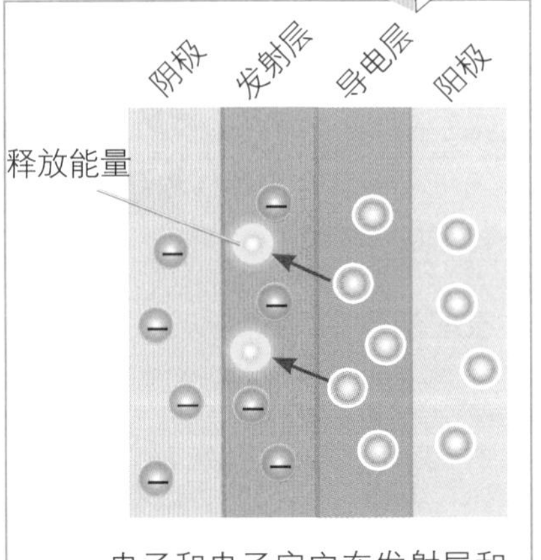

5 电子和电子空穴在发射层和导电层之间的边缘相遇，导致电子重新组合，并以光子的形式释放能量而发光

OLED 显示面板工作原理示意图

电致发光技术

OLED（有机发光二极管）使用一种被称为电致发光的技术。在这种技术中，一种材料会随着电流的流动而发光。OLED 层夹在阳极和阴极之间，当电流施加到 OLED 上时，带负电荷的电子从阴极流向阳极，而带正电荷的空穴则向相反方向流动。这些电子和空穴在发射层中重新结合，以光的形式释放能量。

6

能自身产生白光的 OLED 面板，可以通过添加彩色滤光片来产生彩色像素。这些滤光片通常只允许红、绿、蓝的可见光透过。通过调整每个滤光片后面的 OLED 发出的光量，就可以产生不同的颜色

7

在下面图示中，红光和绿光全亮、没有蓝光的组合，会产生一个黄色像素

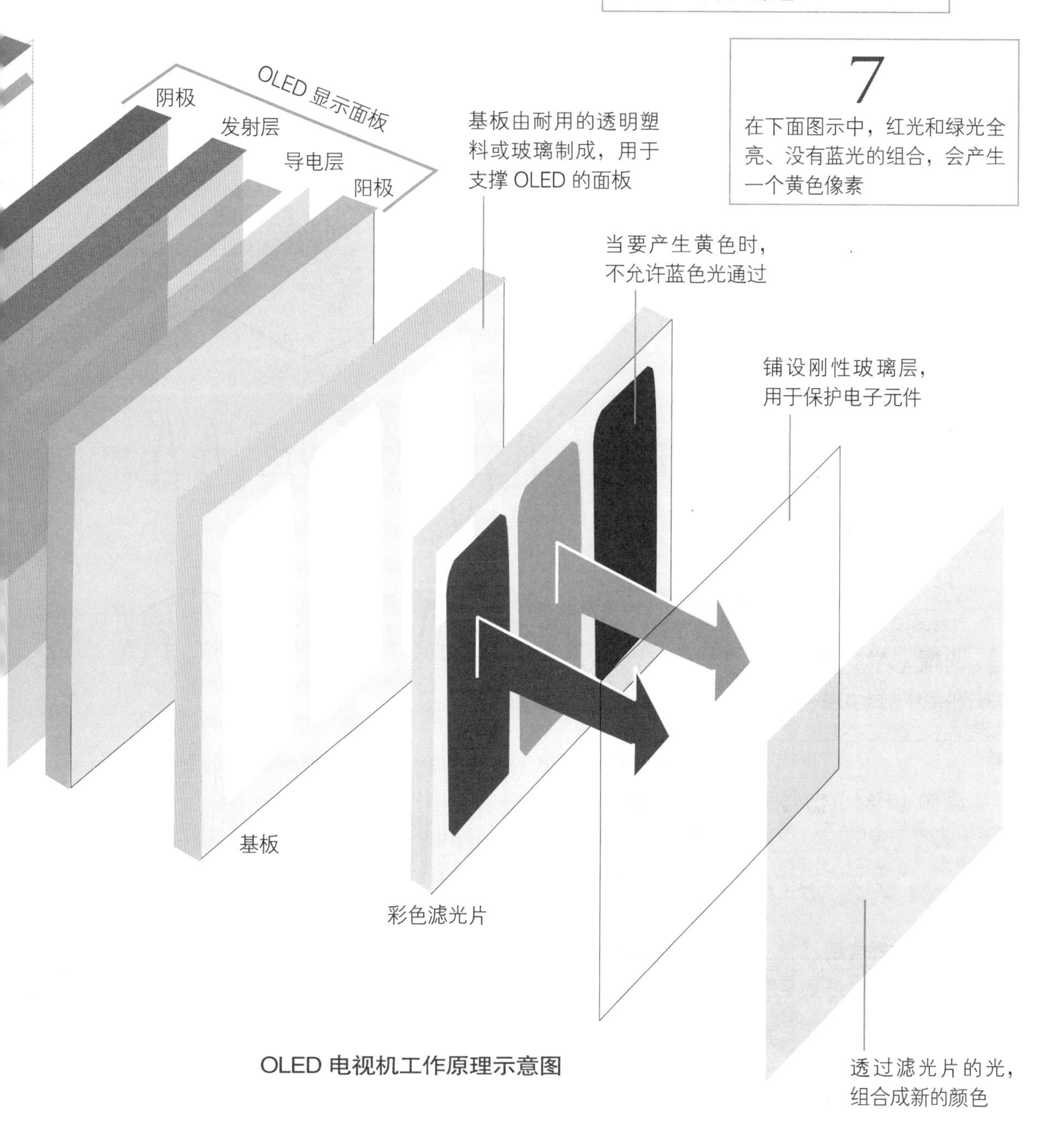

OLED 电视机工作原理示意图

收音机

收音机是怎样工作的?

把从天线接收到的高频信号经检波（解调）还原成音频信号，送到耳机或喇叭处转变成声波。

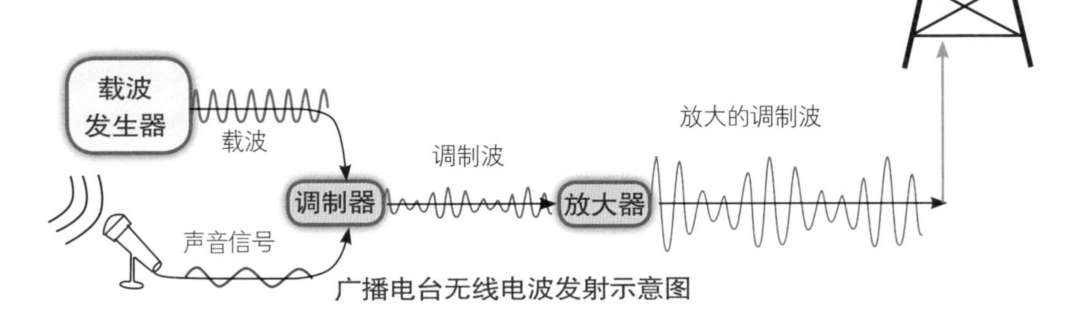

广播电台无线电波发射示意图

在广播电视台的演播室里，一个人对着麦克风讲话，麦克风把声音转换成电波。但这个波的频率或功率很弱，不会传远，必须使用高频率电磁波作为载波，使用调制器将原始声波与载波混合在一起，构成调制波，经放大后向远方传播。

声音信号波

说话的声波对麦克风的振膜产生压力，而压力的变化会导致输出电压的变化，电压变化的曲线就是声音信号波

载波

载波是由振荡器产生的一种频率在 3 千赫兹到 300 吉赫兹之间的电波，它“携带”原始声波传向远方

调幅（AM）信号

调幅 (AM) 信号中，载波振幅的变化与声音信号电压的变化相融合

调频（FM）信号

在调频 (FM) 信号中，变化的是载波的频率，当声音信号的电压较低时，频率就会降低，反之亦然

数字信号

模拟信号首先转换成数字信号，用二进制数字表示频率、幅度和相位的变化，然后与模拟载波相结合，产生用于传输的模拟信号

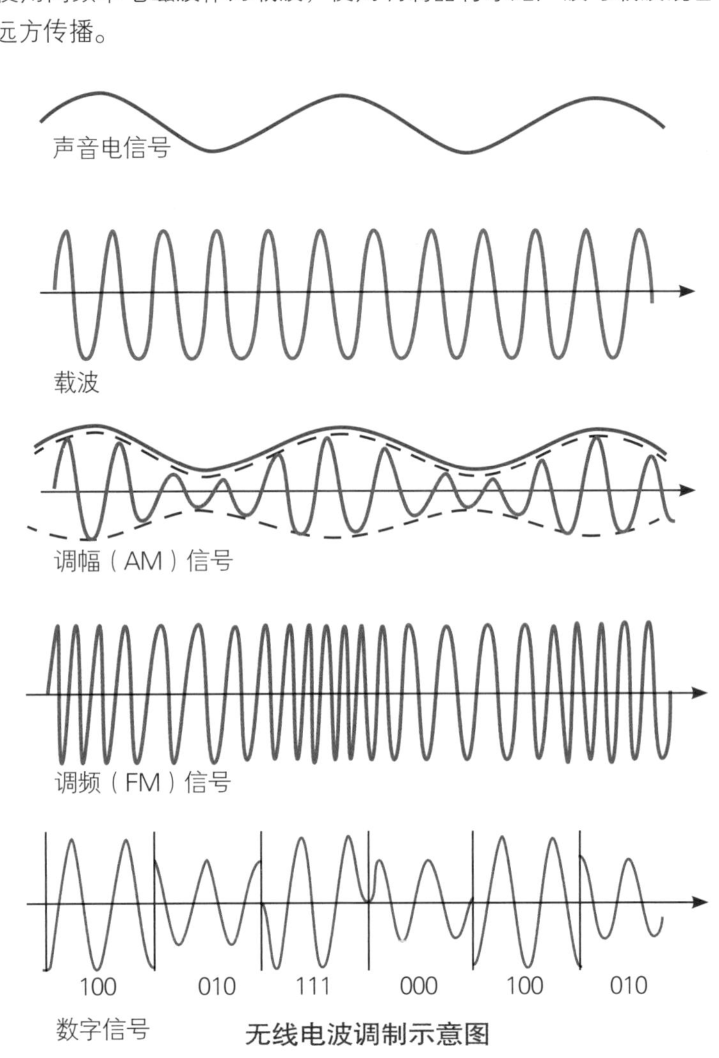

无线电波调制示意图

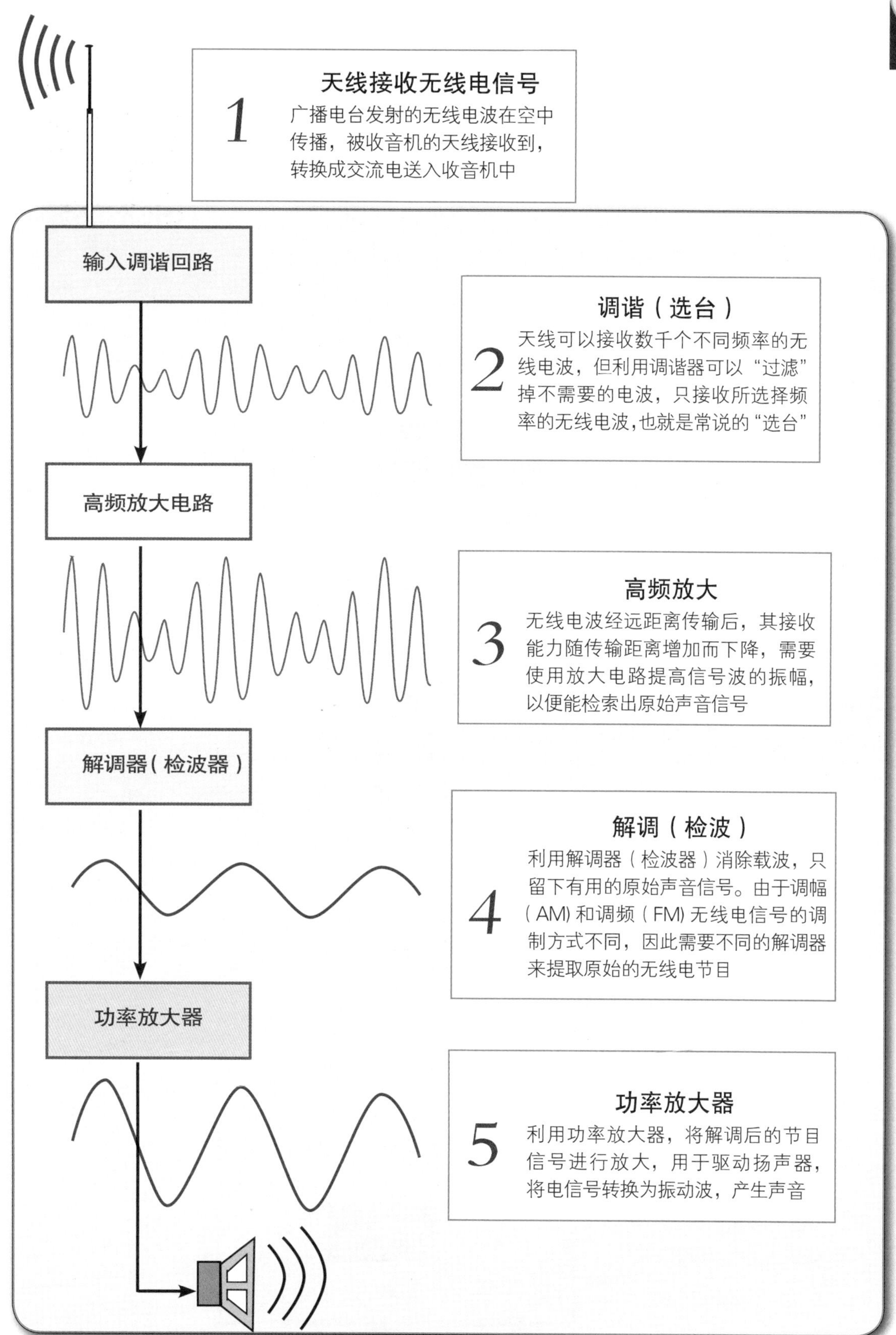
1
天线接收无线电信号
广播电台发射的无线电波在空中传播，被收音机的天线接收到，转换成交流电送入收音机中
输入调谐回路
2
调谐（选台）
天线可以接收数千个不同频率的无线电波，但利用调谐器可以“过滤”掉不需要的电波，只接收所选择频率的无线电波，也就是常说的“选台”
高频放大电路
3
高频放大
无线电波经远距离传输后，其接收能力随传输距离增加而下降，需要使用放大电路提高信号波的振幅，以便能检索出原始声音信号
解调器（检波器）
4
解调（检波）
利用解调器（检波器）消除载波，只留下有用的原始声音信号。由于调幅（AM）和调频（FM）无线电信号的调制方式不同，因此需要不同的解调器来提取原始的无线电节目
功率放大器
5
功率放大器
利用功率放大器，将解调后的节目信号进行放大，用于驱动扬声器，将电信号转换为振动波，产生声音

收音机工作原理示意图

遥控器

扫描观看动画视频

遥控器

遥控器是怎样工作的?

控制空调器、电视机、DVD 播放机等家电的遥控器，通常采用红外线传输控制信号。遥控器将按键的信息转换为红外线光信号发射出去，电器上的接收器检测到后进行解码，再传给中央处理器，执行相对应的操作。

按键

微处理器

发光二极管发射红外线信号

1

遥控器的内部电路采用了一种特定的编码方式，与每个按键相对应。当按下某个按键时，电路中的某一电路连通，微处理器检测出哪个电路被连通，判断出是哪一按键被按下

2

微处理器发出与该按键相对应的电脉冲信号，该信号经过放大和调制处理，附加上地址信息后，发送给发光二极管

3

发光二极管将信号转换为红外线光信号向外辐射。这个红外线光信号包含按键的数字编码信息，类似按下电脑键盘所发出的信号

遥控器构造示意图

5

中央处理器（CPU）按照收到的信息，调节电器，比如开机、调节音量、关机等

4

电器上的信号接收器是一个光电二极管，将收到的红外光信号转换为电信号，对其解调处理，还原出原始的按键信息，并发送给电器的中央处理器（CPU）

接收器由光电二极管、解码器等组成

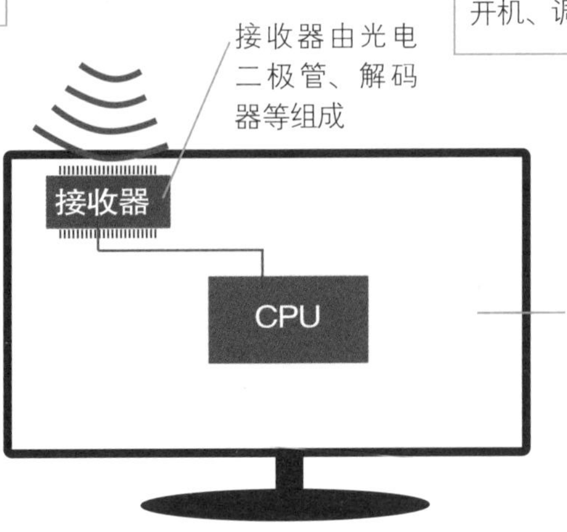

电视机、空调、音响、DVD 播放机、风扇等，通常使用红外线遥控器

电铃

扫描观看动画视频

电铃

电铃是怎样工作的?

电磁铁通电后产生磁场，吸引金属锤移动并敲击金属铃，同时也将电路断开，金属锤回弹，使电路接通并再次敲击金属铃。如此不断重复，发出铃声。

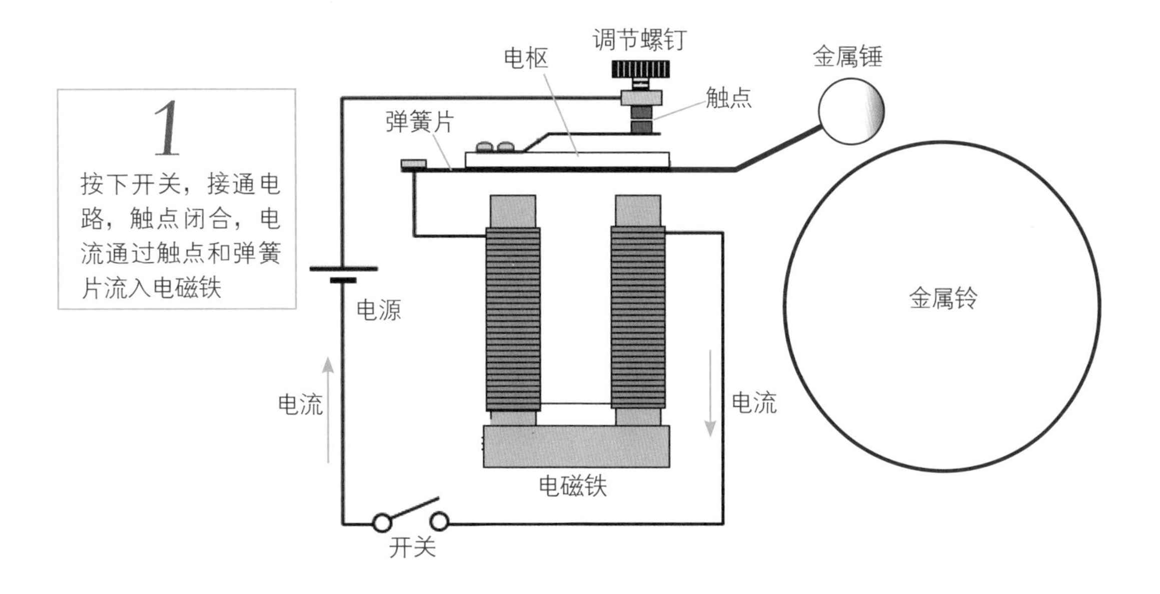

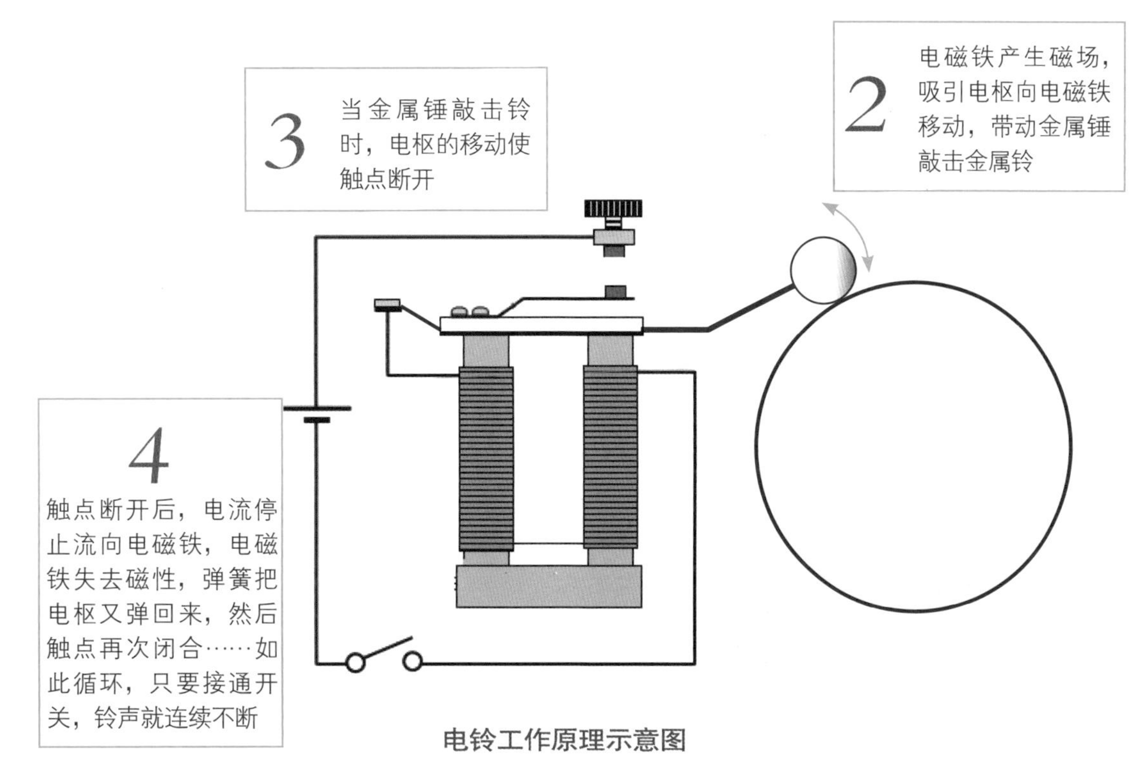

电铃工作原理示意图

GPS 卫星定位

扫描观看动画视频

GPS 卫星定位

GPS 卫星定位是怎样工作的？

围绕地球运行的许多小型卫星，将包含时间和位置数据的无线电信号反复向地球发送。接收器接收 4 个卫星的信号，并计算每个信号到达接收器所用时间，即可计算出每个卫星与接收器的距离，从而得出接收器所处的三维位置和时间。

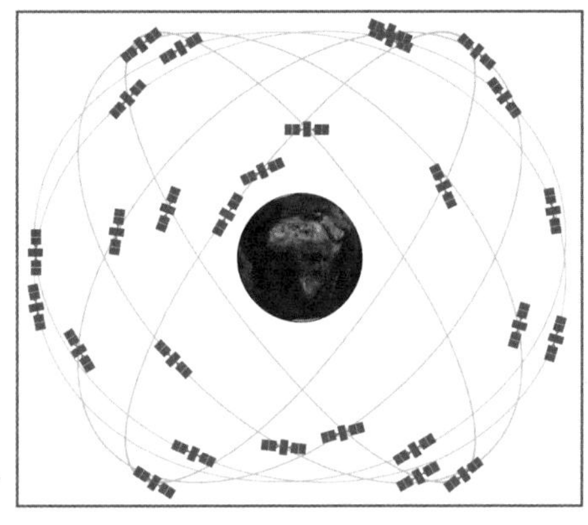

GPS 全球定位系统共使用 24 颗卫星，卫星每天绕地球两圈。为了确保至少有 4 颗卫星在地球上的任何地方都能被探测到，它们被安排在 6 个大小相等的轨道平面上，每个轨道平面至少包含 4 颗卫星

4 GPS 接收器计算卫星信号到达接收器所用的时间，用时间乘以光速，计算出 4 颗卫星分别离接收器的距离，并根据“三边测量”技术（见下页），确定接收器所处的三维位置和时间

3 卫星反复不断地向地球发送无线电信号，提供其轨道位置、传输时间的精确信息。卫星发送的信号可以被 GPS 接收器接收

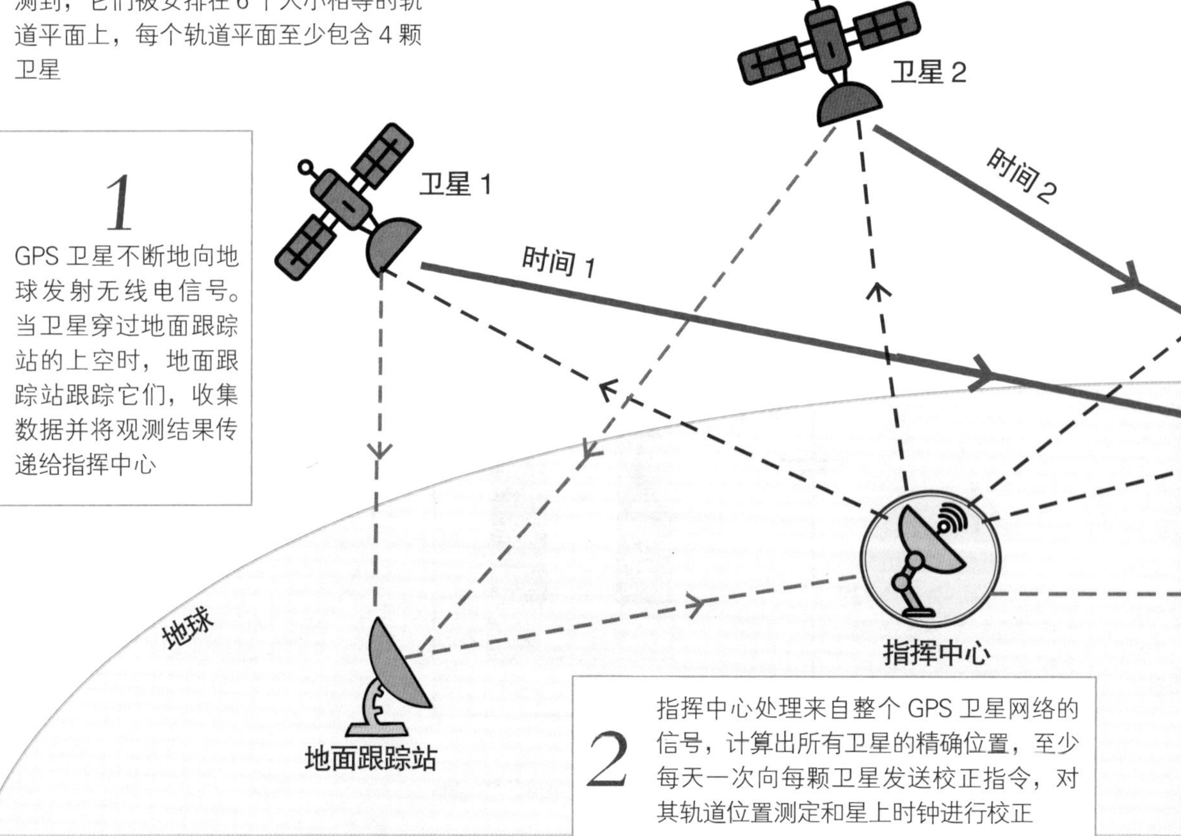

1 GPS 卫星不断地向地球发射无线电信号。当卫星穿过地面跟踪站的上空时，地面跟踪站跟踪它们，收集数据并将观测结果传递给指挥中心

2 指挥中心处理来自整个 GPS 卫星网络的信号，计算出所有卫星的精确位置，至少每天一次向每颗卫星发送校正指令，对其轨道位置测定和星上时钟进行校正

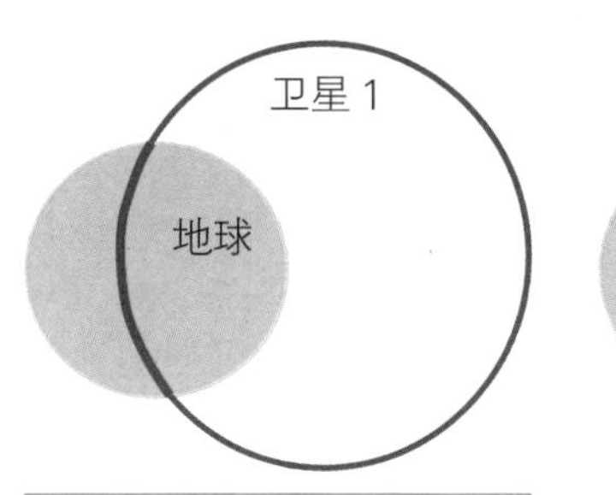

1 在地球上，与单个卫星具有相同距离的位置，是一个圆弧

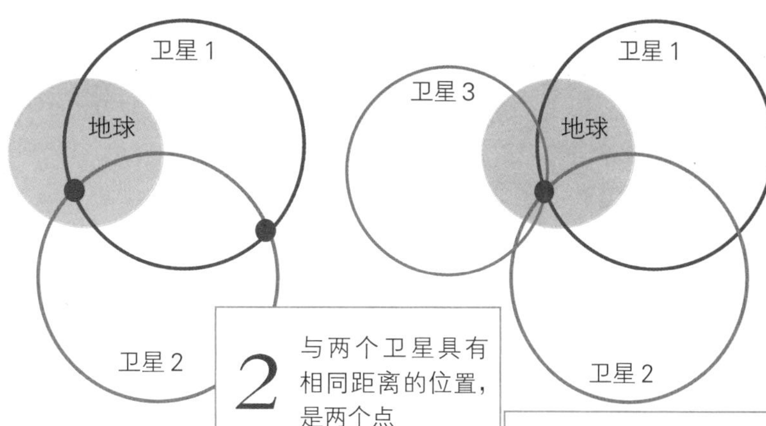

2 与两个卫星具有相同距离的位置，是两个点

3 与三个卫星具有相同距离的位置，是一个点

三边测量

GPS 接收器通常接收 4 颗卫星的位置和时间信号。一旦获得信号，就将接收到信号时的时间，与信号发送时的时间进行比较，两者相减就可得出信号从卫星到达接收器所用的时间。无线电信号是以光速传递的，因此用时间乘以光速，即可得出卫星离接收器的距离。卫星上装有原子钟，时间可以精确到十亿分之一秒。在地球上，与每个卫星具有相同距离的位置是一个圆圈，3 个卫星的“圆圈”相交，即接收器的位置。第四个卫星用来校正位置和时间。

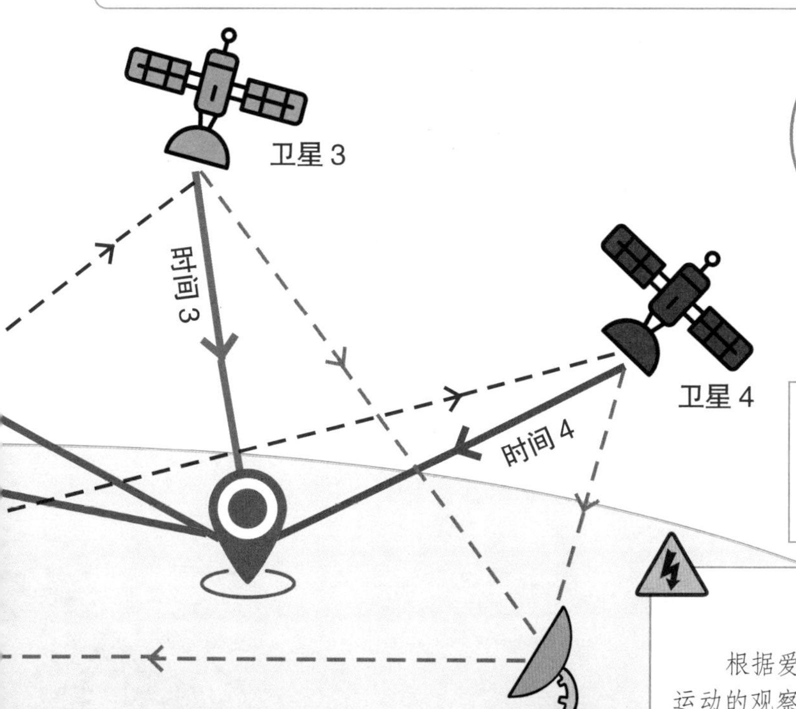

卫星 1
卫星 3
地球
卫星 4
卫星 2

4 第四颗卫星用来纠正接收器内置时钟与卫星时钟之间的偏差（见下面），从而对接收器计算的位置进行校正

相对论与时钟校正

根据爱因斯坦的狭义相对论，以不同速度运动的观察者对时间的体验是不同的。对于快速移动的卫星来说，时间似乎过得更慢，所以它们的时钟被编程为与地面上的时钟运行速度略有不同。如果没有第四颗卫星的时钟校正，卫星导航可能有约 300 米的误差。

电脑与智能

COMPUTER AND INTELLIGENCE

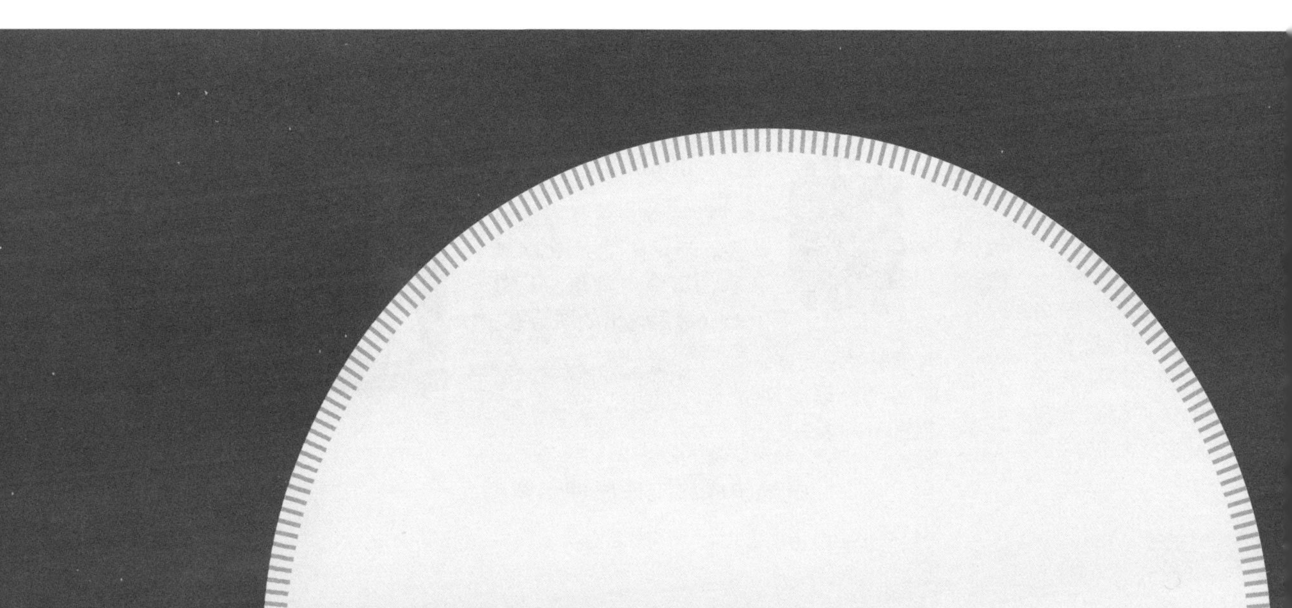

电脑

电脑是怎样工作的？

电脑相当于是一个处理信息的机器，它接收输入信息，然后存储和处理信息，最后输出处理的结果。先从内存中取出第一条指令，控制器译码后按指令的要求，从存储器中取出数据，进行指定的运算和逻辑操作等加工处理，然后按地址把结果送到内存中去；再取出第二条指令，在控制器的指挥下完成操作。依次进行下去，直至遇到停止指令。

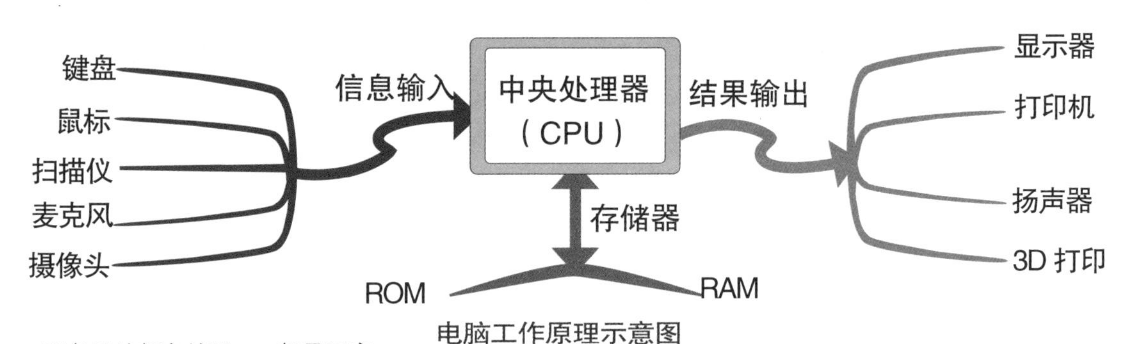

电脑工作原理示意图

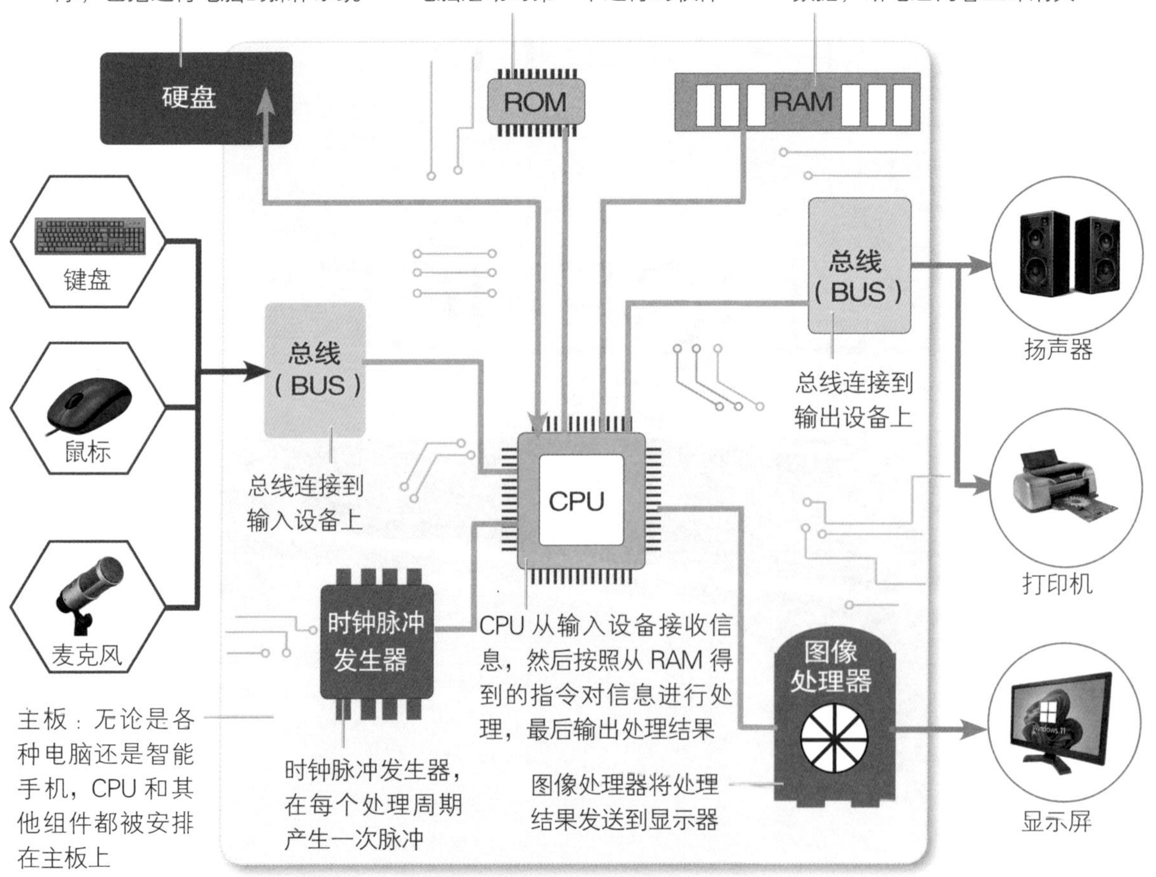

电脑组成和工作原理示意图

CPU 是怎样工作的?

CPU(Central Processing Unit) 意为中央处理单元，又称中央处理器。电脑中的CPU由控制器、运算器和寄存器组成。电脑以CPU为中心，输入和输出设备与存储器之间的数据传输和处理，都是通过CPU来控制执行。

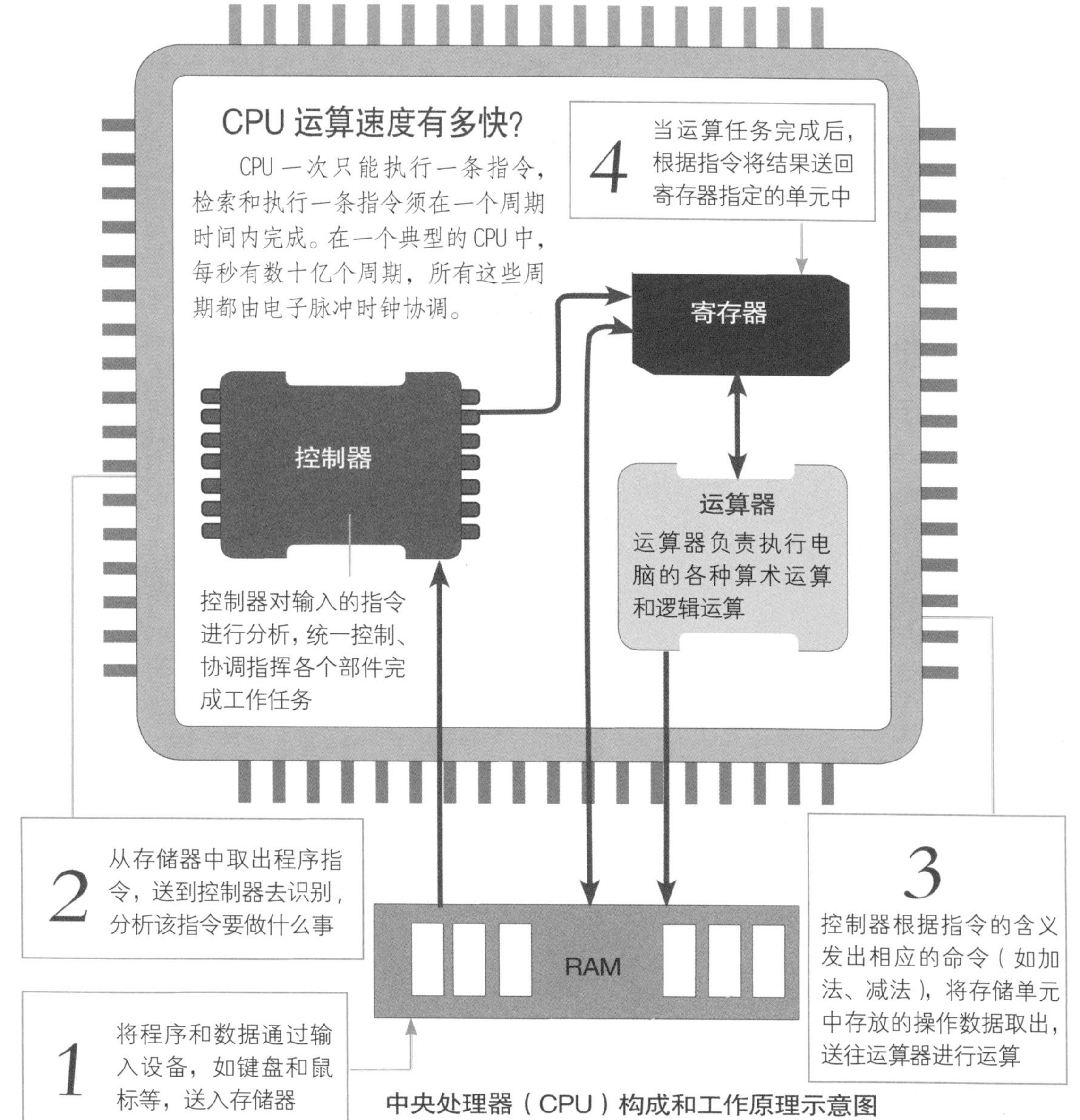

中央处理器（CPU）构成和工作原理示意图

扫描观看动画视频

电脑构造

什么是总线（BUS）?

总线是一组为系统部件之间数据传送的公用信号线，具有汇集与分配数据信号、选择发送与接收信号的部件等功能。一般将总线分为三组：地址总线、数据总线、控制总线。

键盘

键盘是怎样工作的？

键盘上的按键相当于是一个电路开关，按下后就接通了一个电路并产生一组与按键相对应的数字信号，作为输入信息传递给电脑。

键盘内部有许多电路，每个键对应一个电路。这些键其实相当于是一个简单的电路开关，按下这个键就接通了这个键的电路，使电流流入集成电路。集成电路产生一组对应这个键的二进制数字信号，并作为输入信息传送到电脑的中央处理器（CPU）。

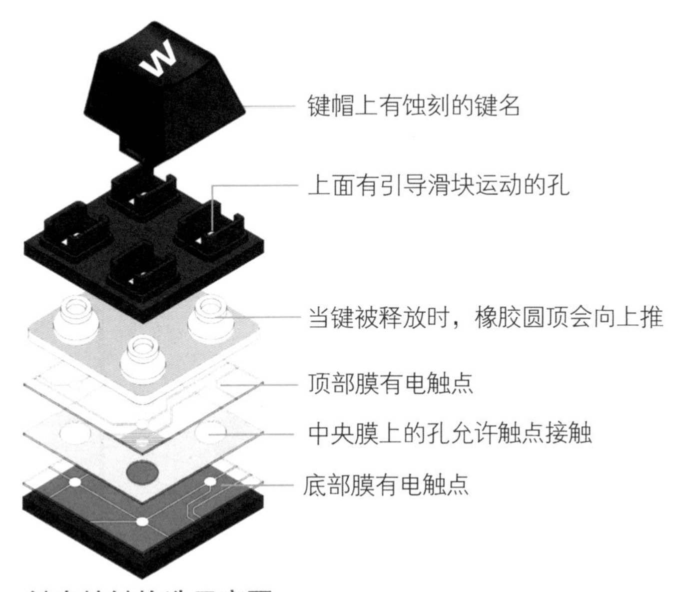

键盘按键构造示意图

1 触点断开	2 按下按键	3 发送信号
键盘上每个键的下面都有金属触点。这些触点通常是断开的，当键被按下时才会接通	按下键时会使触点闭合，让电流流过这个键特有的电路，并流入键盘上的集成电路中	集成电路识别出按下了哪个键，并向电脑的主处理器发送一组二进制的数字信号

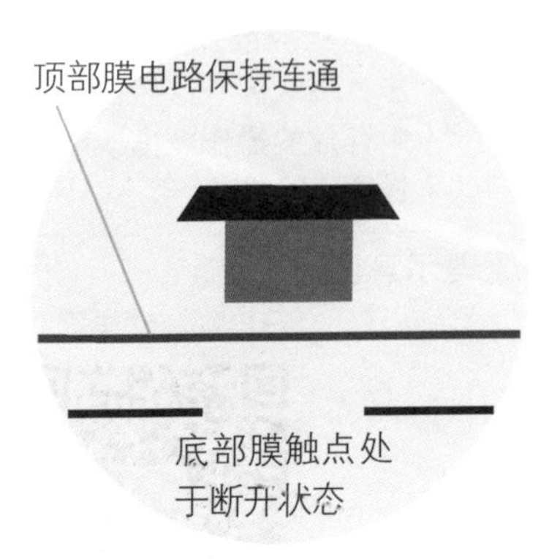

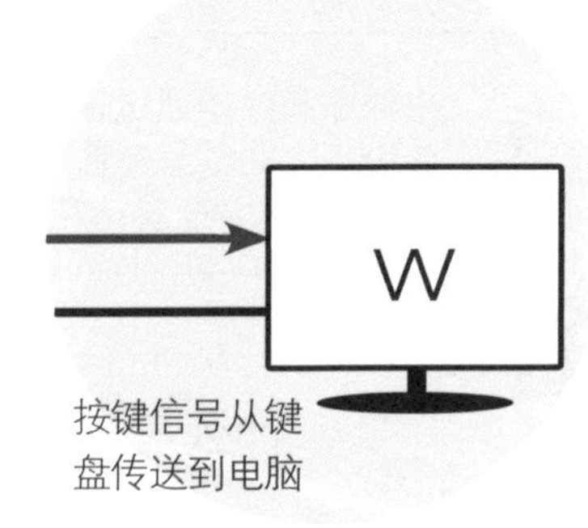

键盘按键工作原理示意图

鼠标

鼠标是怎样工作的?

现在的电脑鼠标基本是光电鼠标，由 LED 产生光源，利用光的反射和光电探测器，获取鼠标移动的信息，并将这些信息发送到电脑。

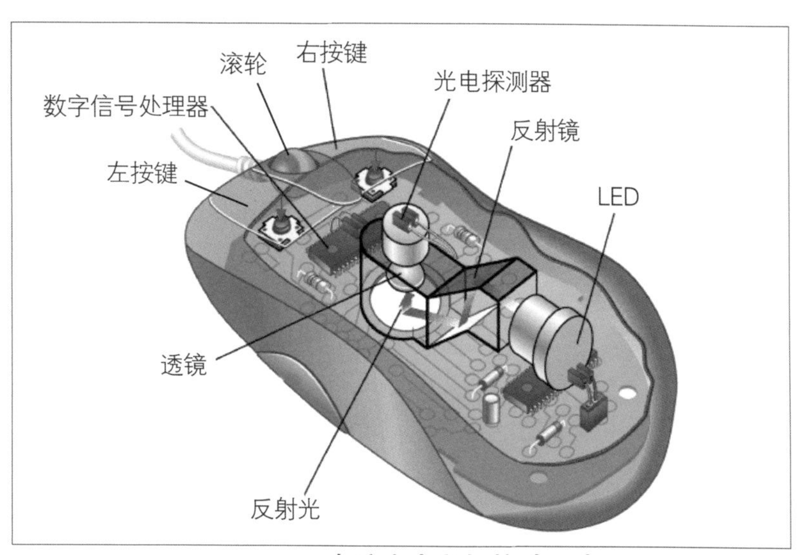

电脑光电鼠标构造示意图

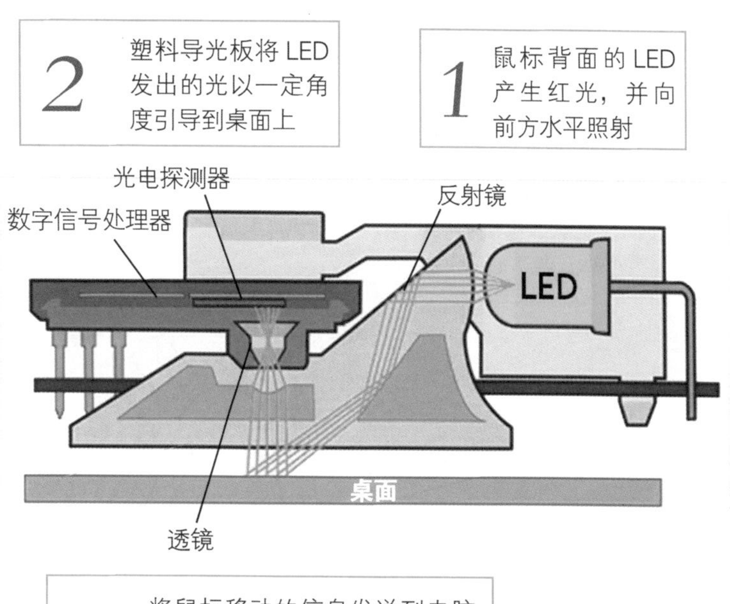

3
从桌面反射回来的光，经透镜聚焦到光电探测器上形成图像，光电探测器每秒捕获数千张图像，并将这些图像发送到数字信号处理器

4
数字信号处理器比较每张图像与前一张图像之间的像素偏移，以确定鼠标是否移动，以什么方向和速度移动

5
将鼠标移动的信息发送到电脑（通过有线或无线），电脑相应地更新光标在屏幕上的位置

电脑鼠标工作原理示意图

触摸屏

触摸屏是怎样工作的？

在触摸屏内部，按照X/Y轴分布多个电极，当用手指按压屏幕时，会导致触摸屏出现耦合现象，导致电流发生变化，这个变化被传感器采集并传送到处理器，处理器识别出触摸位置并执行相应的操作指令。

在玻璃防护层与显示屏之间，有两组相互垂直的透明导线，称为驱动线和传感线。这两组导线就像是坐标的横轴与纵轴。在它们的每个交叉处，有微小绝缘片将它们分开，它们不会接触，但它们之间的距离足够近，以至于流过驱动线的电流，可以被传感线感应检测到，并将此信息传递给触摸屏控制器芯片和中央处理器，识别出具体的触摸位置。

1

控制器芯片依次向每条驱动线发送电流，并逐个检测流经传感线的电流大小。在一部典型的智能手机中，大约有10条驱动线和15条传感线，因此控制器必须监控大约150个交叉点。控制器每秒监测每个交叉点100次

5

中央处理器根据触摸点位置信息，执行相应的操作，比如打开应用、打开相机等操作

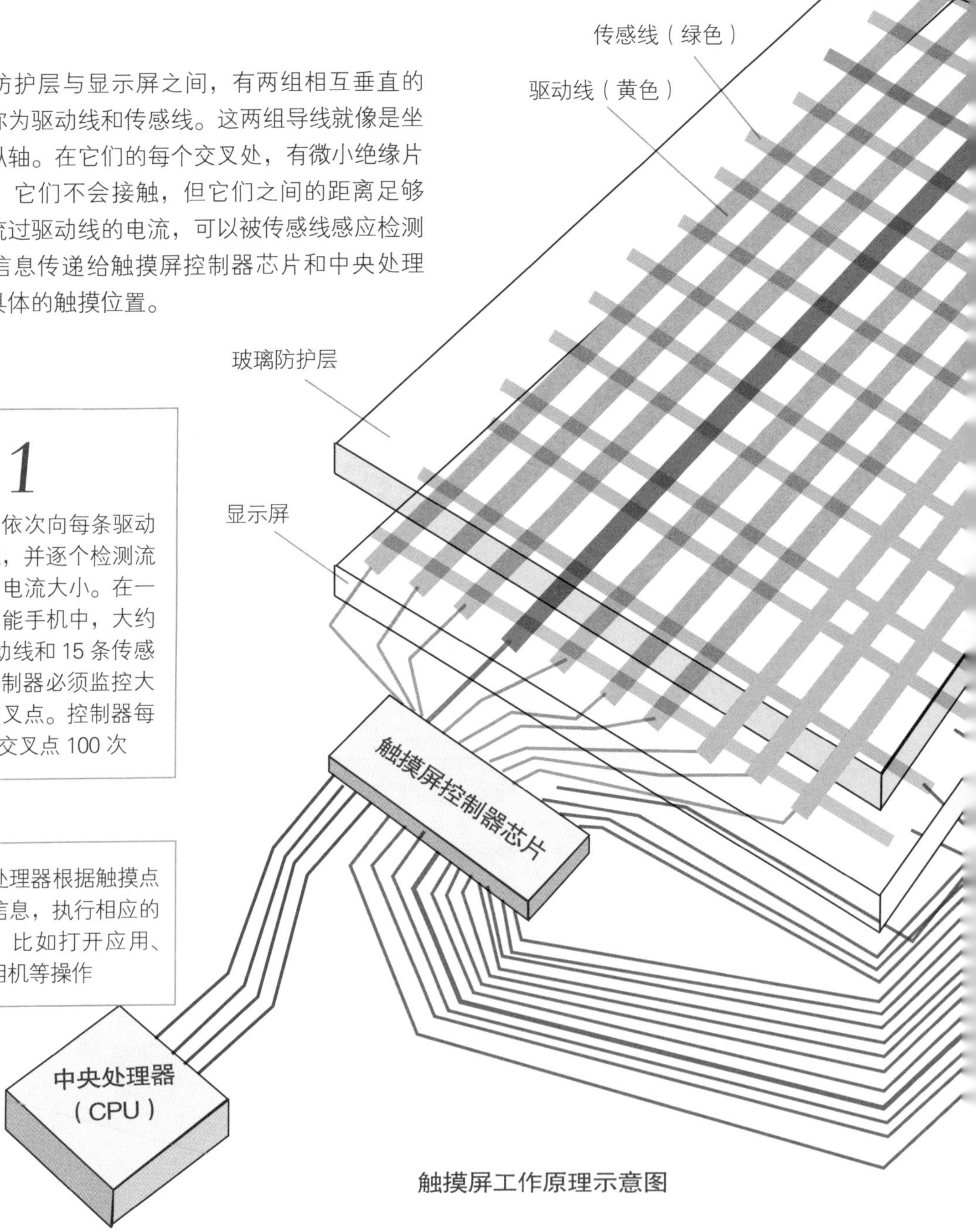

触摸屏工作原理示意图

多点触控是怎样实现的?

驱动线和传感线之间的每个交叉点都是单独扫描的，因此触摸屏可以同时检测到几个手指触摸点，允许用“捏”和“放”的动作来缩小或放大图像，甚至可以在虚拟钢琴上弹奏和弦。

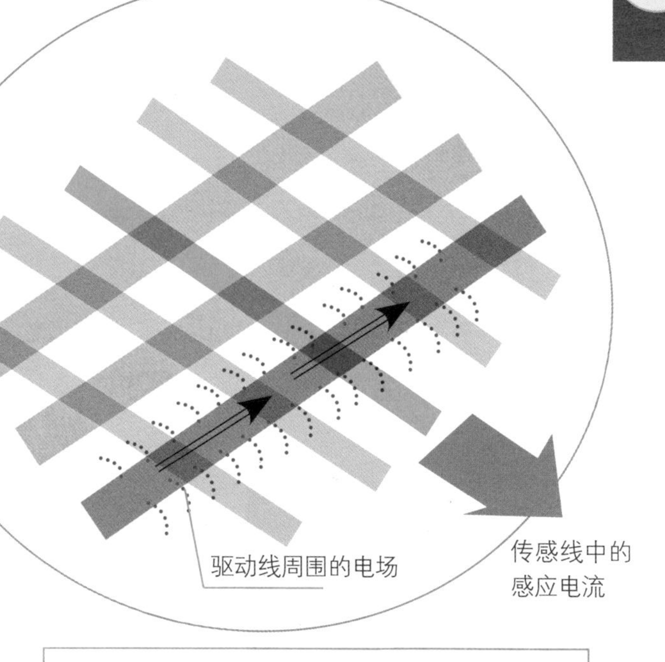

2 当电流从一条驱动线通过时，电流在驱动线周围会产生电场。这个电场使传感线中产生一个微小的感应电流，控制器扫描传感线时就能探测到感应电流的大小

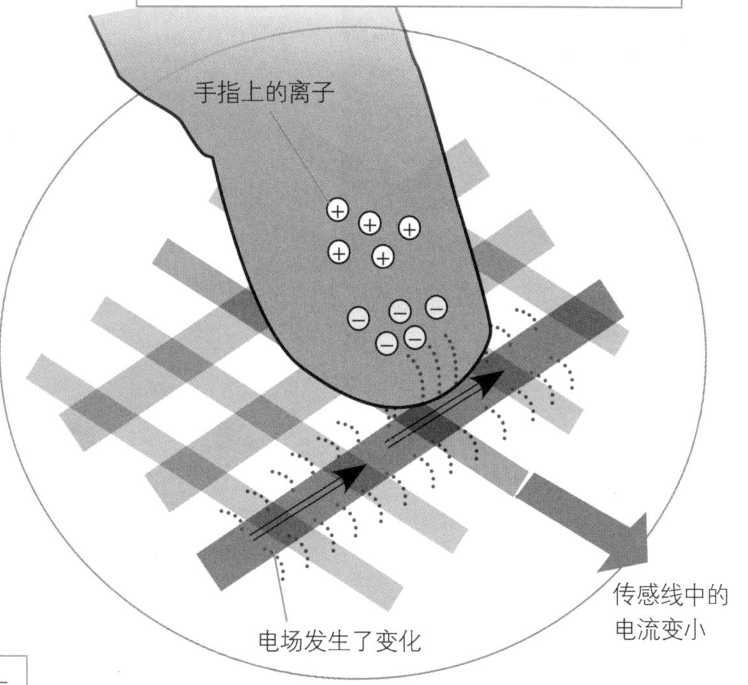

3 每当手指触摸屏幕时，由于人的身体带有离子（带电粒子），手指与导体层间会形成一个耦合电容，使驱动线周围的电场发生变化，从而使传感线上的感应电流也发生变化

4 控制器扫描传感线获得感应电流的大小，而感应电流的大小与触摸位置存在一个对应关系，因此控制器会准确算出触摸位置，并将结果发送给中央处理器（CPU）

智能手机

扫描观看动画视频

智能手机构造

智能手机是怎样工作的？

智能手机相当于是将移动电话机、照相机和电脑及它们的功能整合在一起，而且利用加速度传感器感知手机的移动信息，实现与方向、运动相关的更多功能与应用。

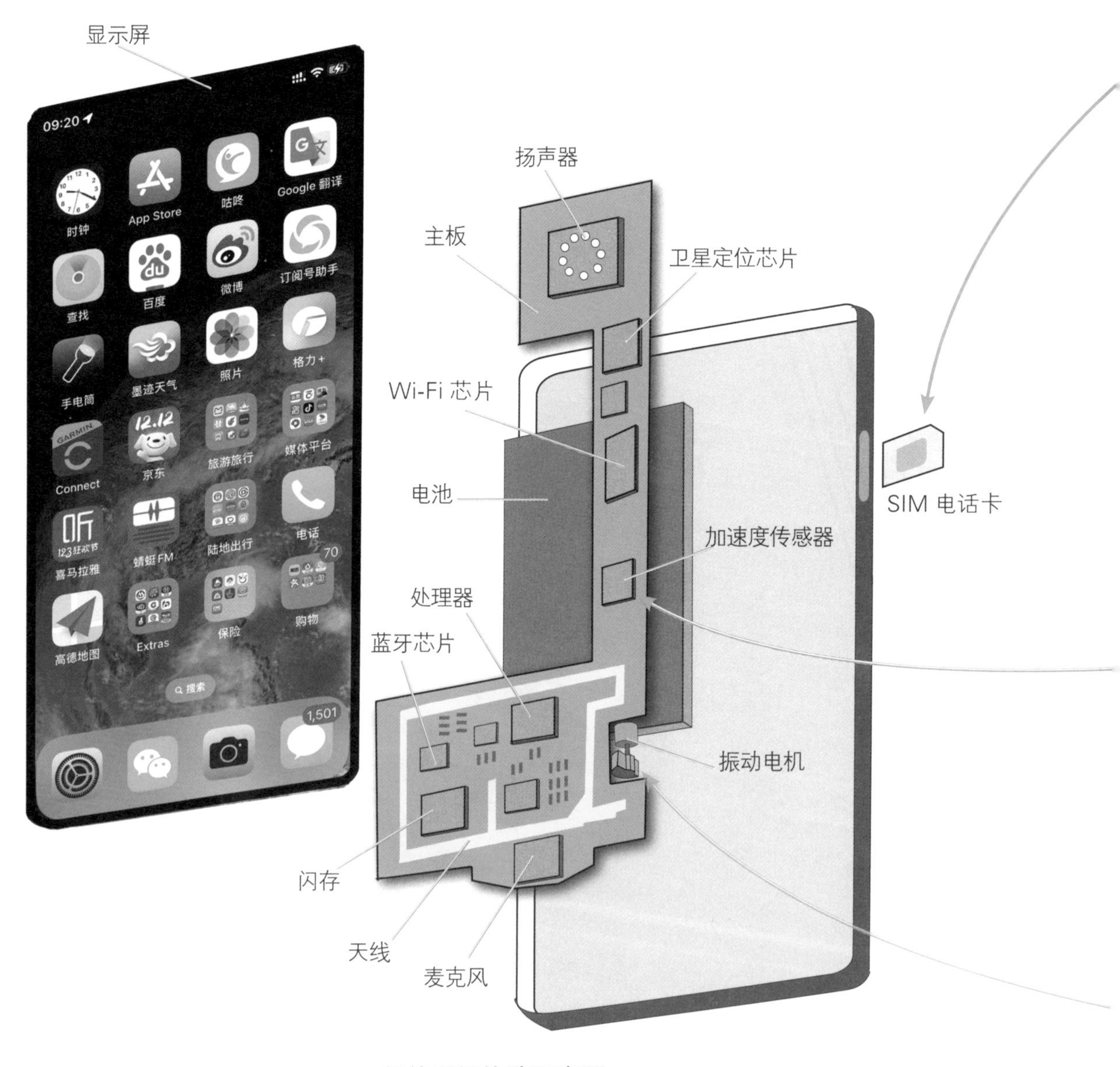

智能手机构造示意图

扫描观看动画视频

移动电话

手机是怎样实现通话的？

NETWORK

1

电话的电磁波信号太弱，不能远距离传输，人们发明了蜂窝技术，在每个六边形区域内建立一个信号塔。信号塔可以检测该区域内特定手机的存在，并通过手机的唯一代码进行识别

2

当拨打电话时，当地手机所在信号塔上的天线，会识别出呼叫者和被呼叫方，然后将这些信息传送到移动交换机中心（Mobile Switch Center，MSC）

3

MSC 维护着一个数据库，其中包含所有打开的手机以及它们的蜂窝基站位置。它向被呼叫方所在区域内最近的基站发送呼叫指令。当被呼叫方接听电话后，系统开始进入语音通话阶段

加速度传感器是怎样工作的？

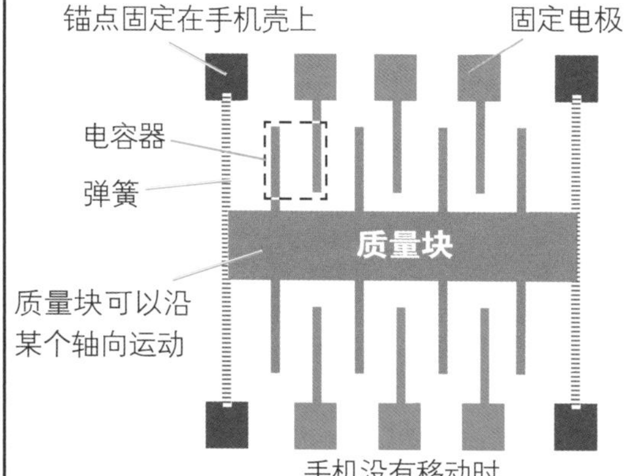

手机没有移动时

手机移动时

1

一个微型弹簧的一端固定，另一端连接质量块。质量块与电容器的一个极板（绿色）固连在一起。电容器的另一个极板（粉色）固定

2

手机移动时，质量块压缩或拉伸弹簧，使电容器两极板间距离发生变化，从而引起电容的变化，也使两极板间的电压，随两极板间的距离变化而变化

3

电压信号作为加速度信号传给中央处理器，从而感知手机的移动方向。将三个相互垂直方向的加速度传感器集成在一起，可感知手机在三维空间的运动

为什么手机会振动？

在一个微型电机的主轴上，安装一个偏心块，当电机旋转时会产生明显的振动，整个电机都会振动，就像电动牙刷或洗衣机甩干衣服时那样振动。当手机设置成振动模式时，如果有来电或短信，就能收到振动提醒。

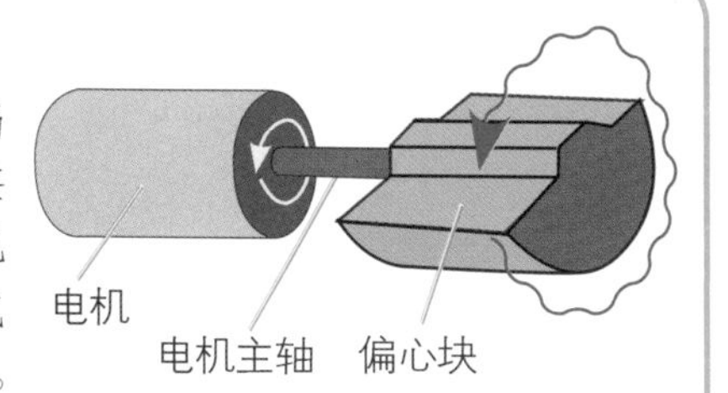

汽车自动驾驶

扫描观看动画视频

汽车自动驾驶

汽车自动驾驶是怎样工作的？

通过各种传感器来感知车辆周围环境，收集驾驶信息、车辆信息和道路信息，经控制单元运算决策后，向执行机构发送控制指令，由执行机构进行转向、加速、制动等操作，使汽车能够具备自动驾驶功能。

汽车自动驾驶系统构成

自动驾驶系统主要由感知系统、决策系统和执行系统组成。自动驾驶系统就像是一位专职驾驶员，而这三大系统分别像是驾驶员的眼睛、大脑、手脚。

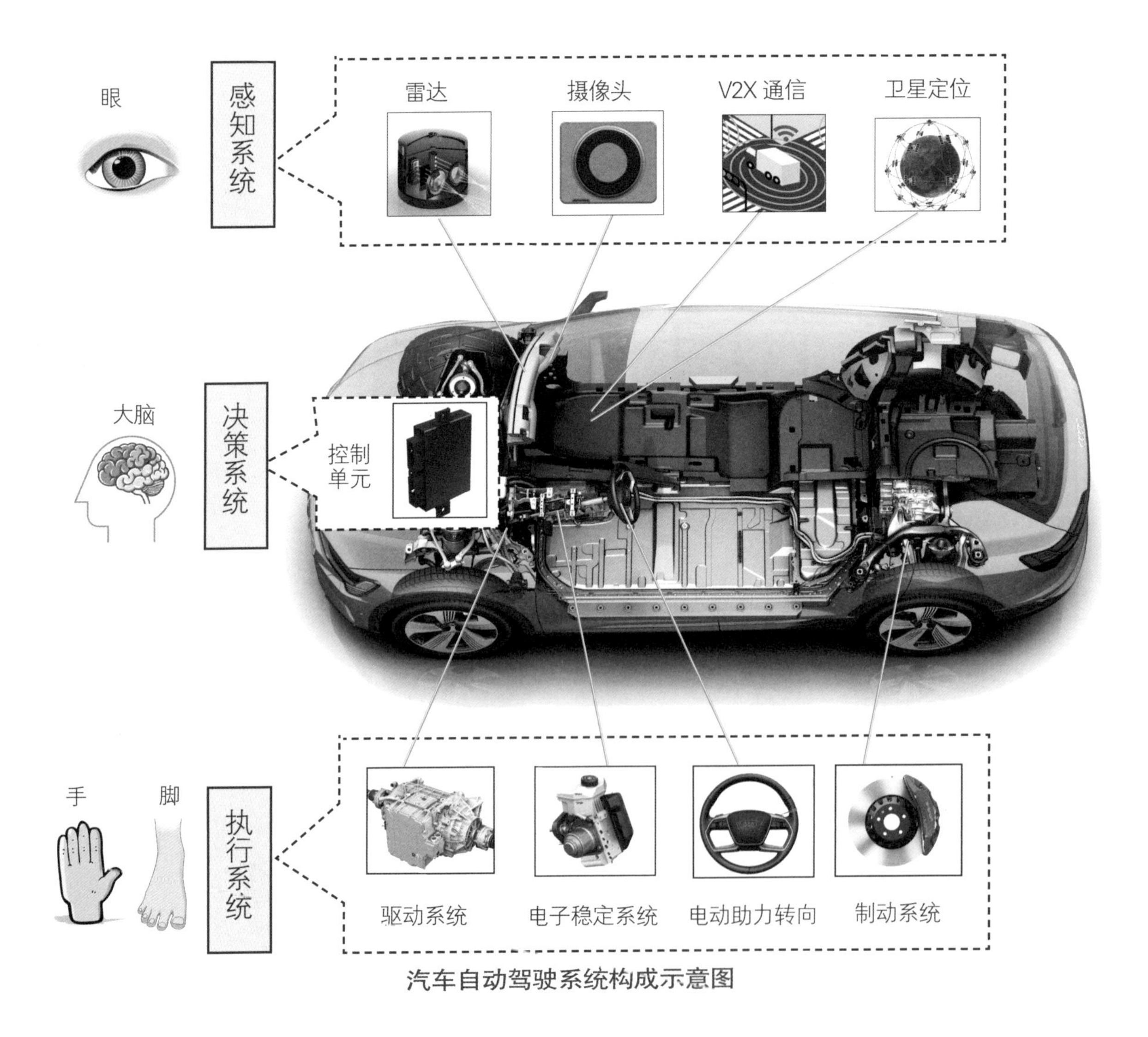

汽车自动驾驶系统构成示意图

汽车自动驾驶系统工作流程

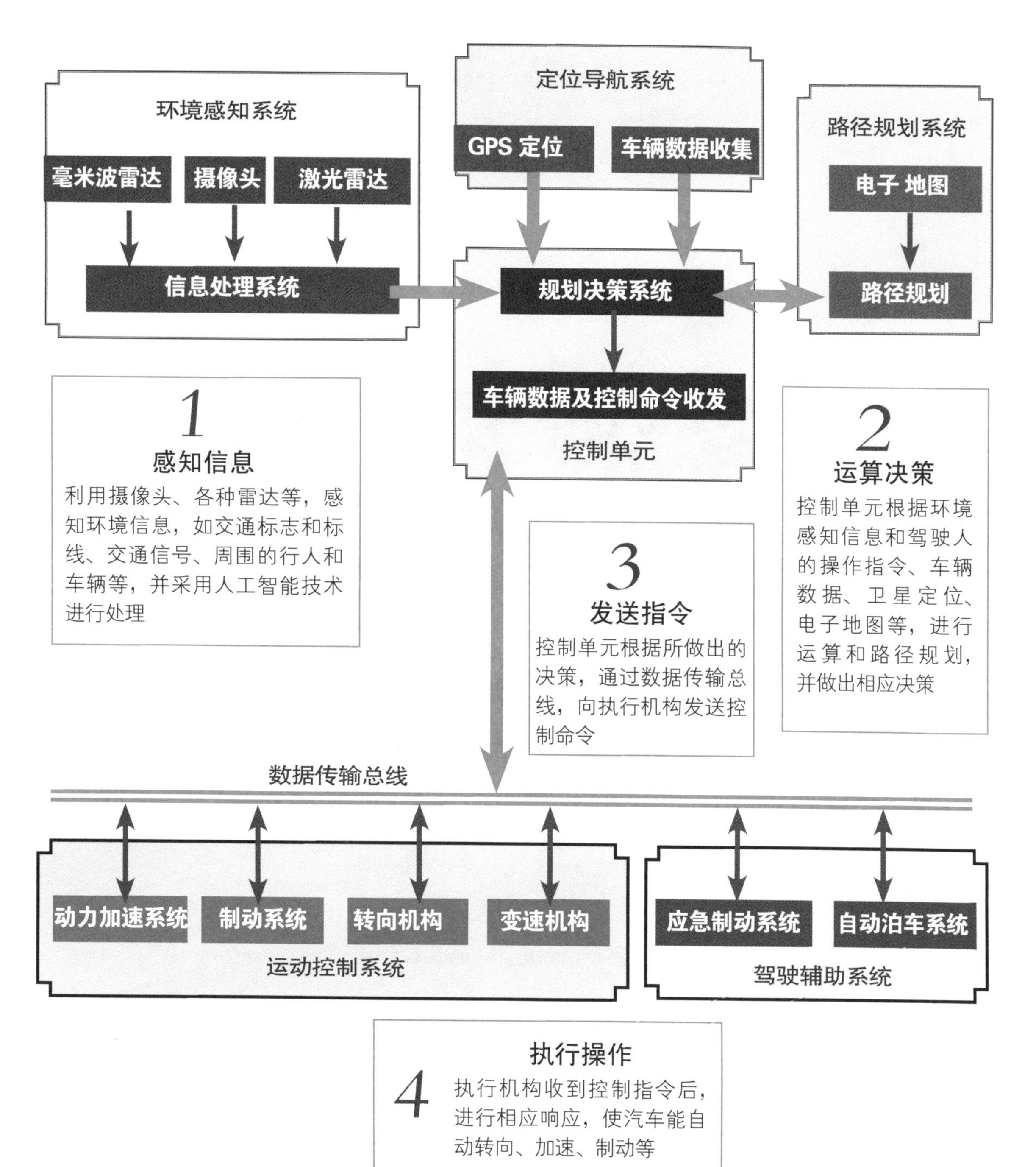

汽车自动驾驶系统工作原理示意图

手机无线充电器

无线充电器是怎样充电的？

利用电磁互感现象，通过充电底座中的发射线圈和手机中的接收线圈之间的相互感应而实现向手机充电。

5 接收线圈中的交流电被转换为直流电，并向手机电池充电

4 离充电器发射线圈很近的手机接收线圈，在变化的磁场中感应出交流电

3 充电器发射线圈中的电流变化时会产生一个变化的磁场

无线充电器

1 从电源插座中获得交流电，经整流后转换为直流电

2 直流电传递到无线充电器的发射线圈

手机无线充电器工作原理示意图

电磁互感现象

当一线圈中的电流发生变化时，在邻近的另一线圈中产生感应电动势，叫做互感现象。

互感现象不仅发生于绕在同一铁芯上的两个线圈之间，而且也可以发生于任何两个相互靠近的电路之间。利用互感现象可以制成变压器、无线充电器等。

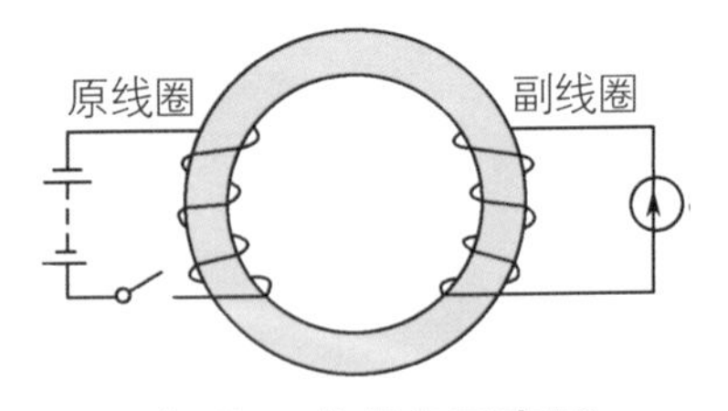

电磁互感现象示意图

烟雾报警器

烟雾报警器是怎样工作的?

光电型烟雾报警器，利用烟雾对红外线传播的影响而探测到烟雾；离子式烟雾报警器，则利用烟雾对离子室内电流的影响而探测到烟雾。

光电型烟雾报警器

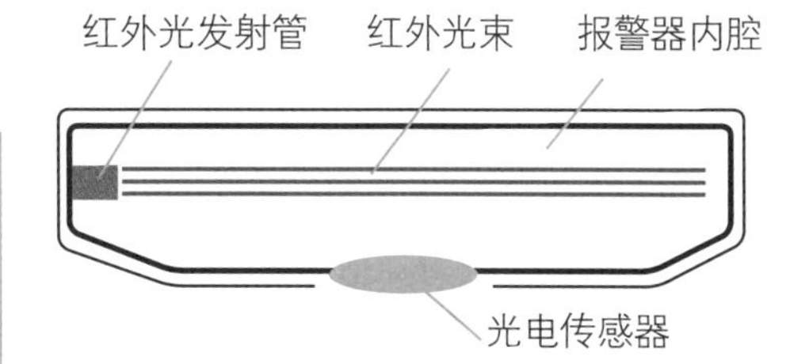

1 红外线管发出红外光，无烟时下面的光电传感器收不到红外光，没有电流产生

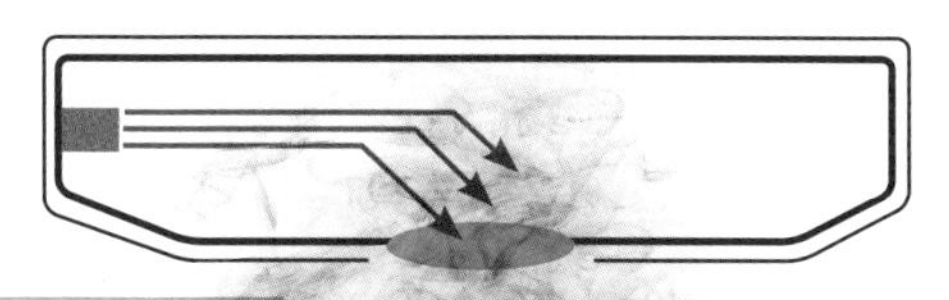

2 当烟雾进入时，烟雾使红外光发生折射、反射，从而使光电传感器接收到红外光并转换成电流

3 检测电路将电流信号放大，当电流值超过阈值时，也就是烟雾浓度超过阈值时，发出警报

光电型烟雾报警器构造与工作原理示意图

离子式烟雾报警器

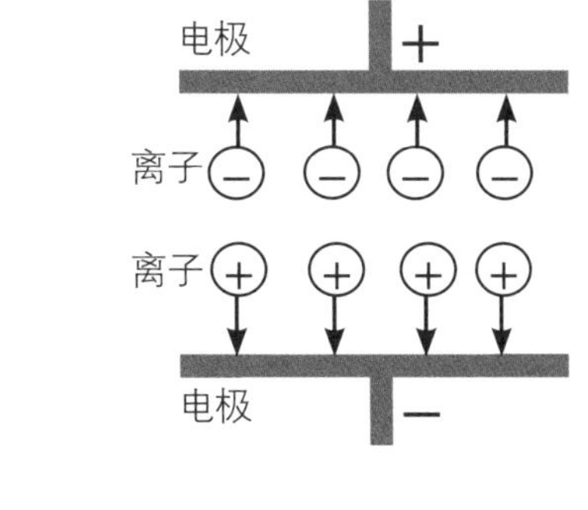

1 利用放射源镅 –241 的射线，使烟雾报警器内腔中的空气电离，产生正离子和负离子，在电场作用下，分别向正负电极移动，从而在电极之间产生电流

2 没有烟雾进入时，电场处于平衡状态，电流保持恒定

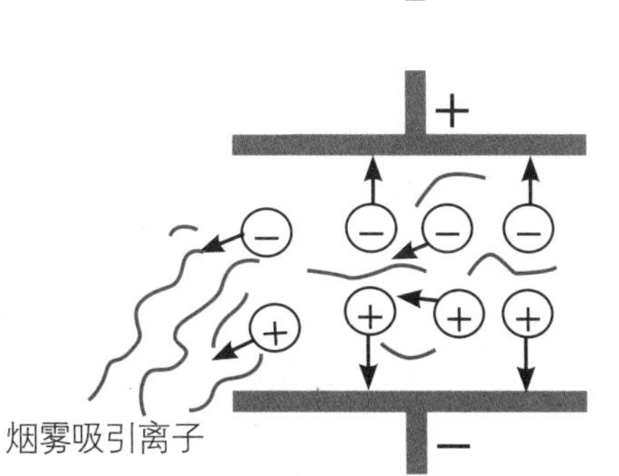

3 当有烟雾进入时，电场平衡被破坏，烟雾颗粒会吸引离子，从而使电流降低，当低于阈值时就发出警报

离子式烟雾报警器工作原理示意图

雷达测速摄像头

雷达测速摄像头是怎样工作的？

雷达向行驶车辆发射电磁波，检测从行驶车辆反射回来的电磁波的频率或波长。由于多普勒效应，雷达发射波和车辆反射波之间存在频率差，控制单元根据频率差或波长差，即可计算出车辆速度。当雷达测得的车速超过限速时就启动摄像机进行抓拍。

多普勒效应

当电磁波击中正在靠近或远离发射机（如测速摄像机）的车辆时，车辆的运动改变了反射波的波长。这种变化被称为多普勒效应。当车辆靠近时，反射波的波长变短，频率升高；当车辆远离时，波长变长，频率降低。

多普勒效应也同样适用于声波，使得消防车的警报声、列车的鸣笛声，在靠近时音调升高，远离时音调下降。

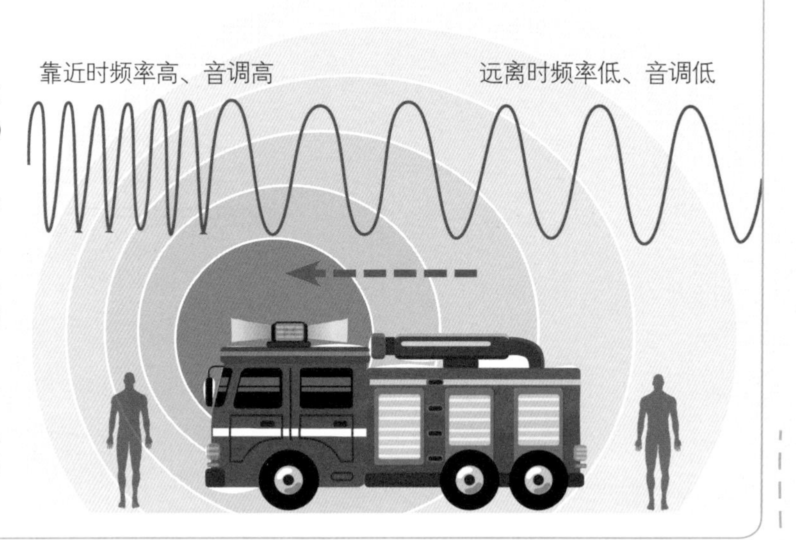

1 雷达发射微波

摄像头的雷达单元发射微波，在公路上呈扇形散开。不到一微秒（百万分之一秒）后，微波到达过往车辆的后部

2 车身反射微波

微波在车身上反射，就像光线在镜子上反射一样。车辆的弯曲形状将反射波向各个方向反射

雷达测速摄像头由雷达单元、摄像机、电源和控制单元组成。它通常指向车辆的后部，这样相机的闪光灯就不会使驾驶员眼花缭乱

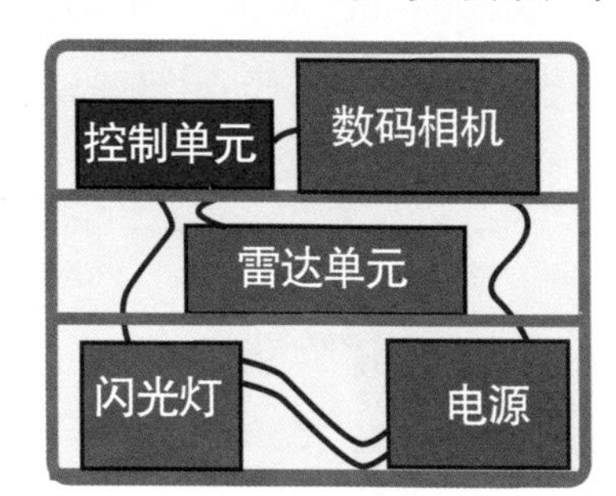

4 启动相机并回传信息

如果计算结果表明车速超过了速度限制，控制单元就会启动数码相机拍摄汽车，并把车辆信息等传回交通违章控制中心

3 接收微波并计算车速

雷达单元接收一些反射微波，控制单元处理反射波信息，根据计算公式，使用反射波和发射波的频率或波长，即可计算出车速

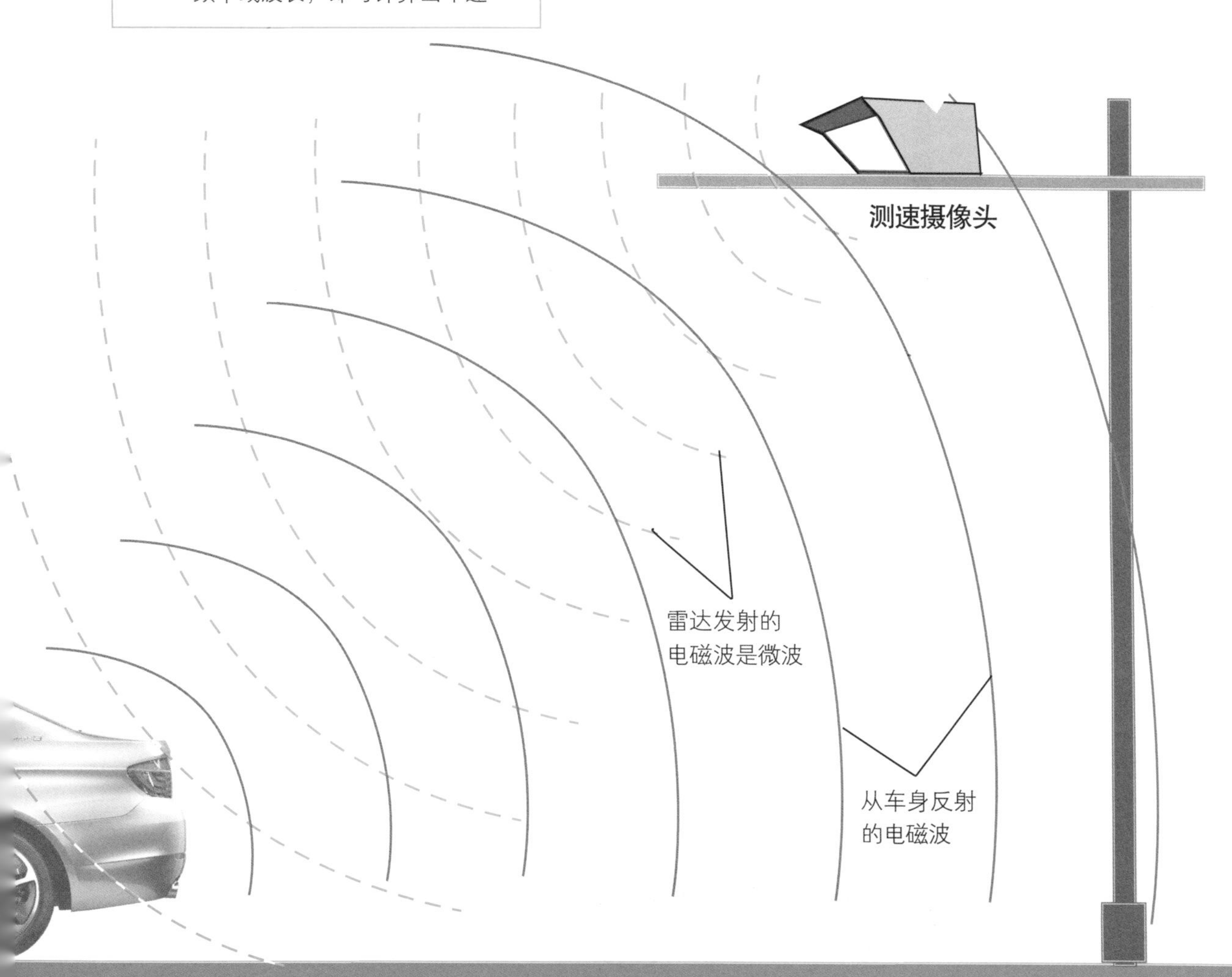

不停车收费（ETC）

不停车收费（ETC）是怎样工作的?

不停车收费（Electronic Toll Collection，ETC）采用无线射频识别技术，与进入感应区域的车辆进行非接触双向数据通信，对车载 ETC 专用卡进行读写，自动收取车辆通行费用。

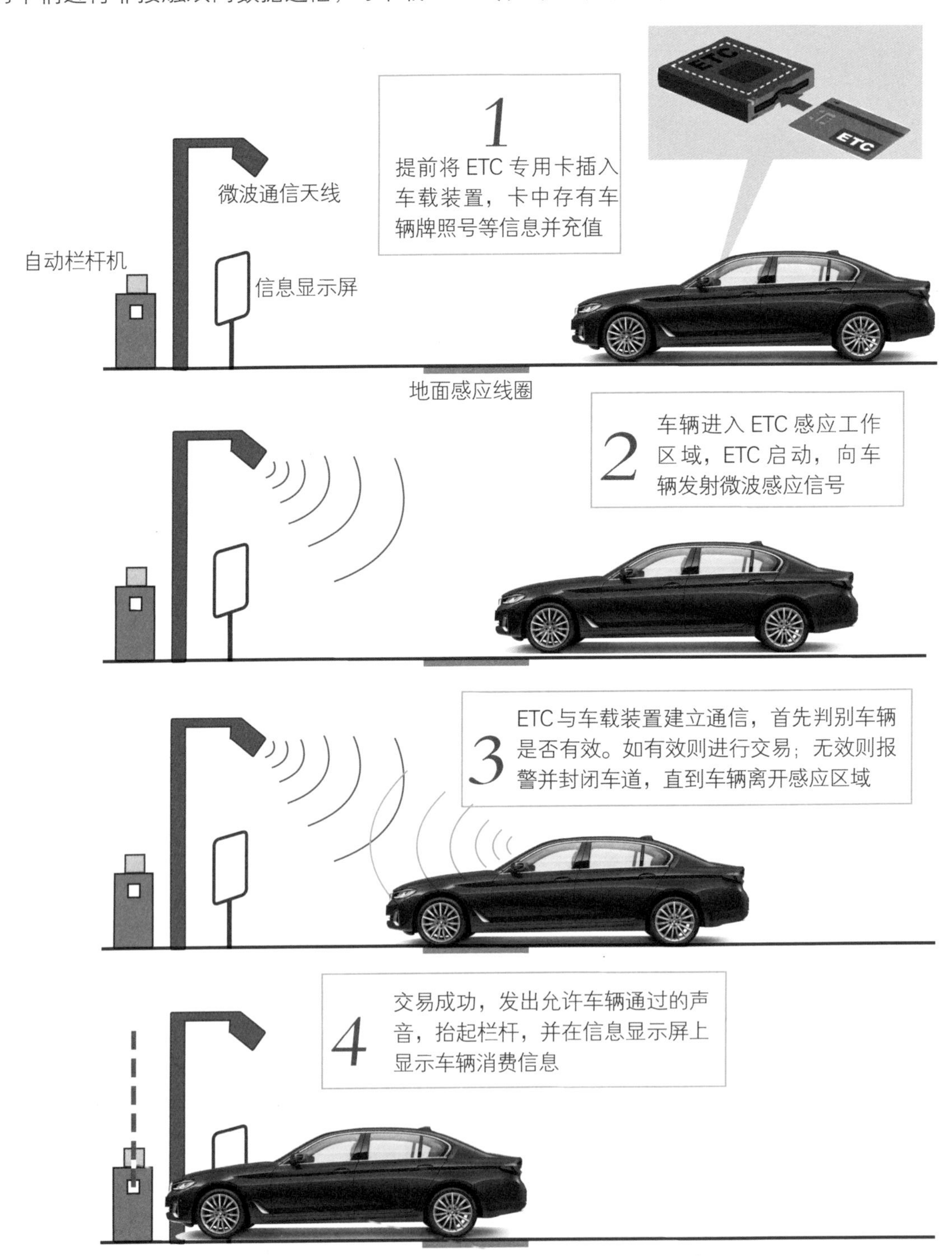

不停车收费系统工作原理示意图

自动门

自动门是怎样工作的?

微波探测器向门前区域发射微波，当有人或物体接近时，根据多普勒效应，反射波的频率会比发射波高，因此，当探测器收到频率较高的反射波时，就会启动电动开门机构。

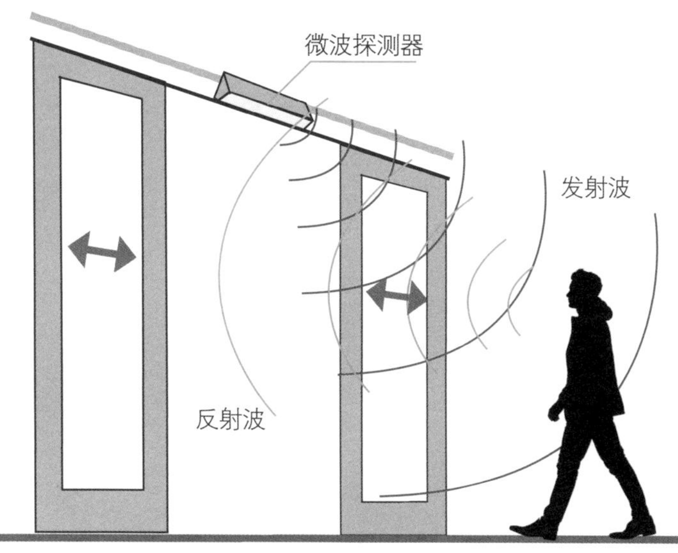

自动门工作原理示意图

1 微波探测器向门前发射微波，当有人或物体靠近时，根据多普勒效应，反射波的频率会增加

2 当微波探测器探测到反射波的频率增加时，就会启动电动开门机构，打开门

3 门上隐形的安全光束和探测器，如探测到人或物体在门口存在，就防止门关闭，直到人或物体通过

防盗警报器

防盗警报器是怎样工作的?

探测器向整个房间发射不可见的微波或超声波光束。房间里的每个物体都会将这些光束反射回探测器。根据多普勒效应，从静止物体（如家具）反射的波在频率上是不变的，但是移动的物体会引起频率的变化。探测器探测到频率变化时，就会发出警报。

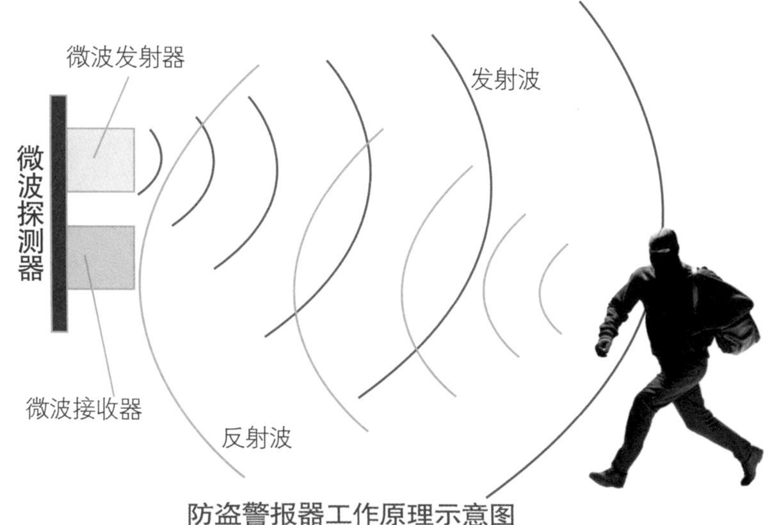

防盗警报器工作原理示意图

1 探测器向防盗区域发射微波或超声波，同时探测器接收反射波，并检测反射波的频率

2 当探测器感知反射波的频率相比发射波的频率有变化时，就启动警报系统，发出声、光警报

医疗与健康

MEDICAL AND HEALTH

心电图仪

心电图仪是怎样工作的？

使用电极测量心脏跳动时的微弱电信号，经放大和转换为数字信号后，即可查看或打印心电图谱。

1 心脏电活动

心脏是一个自主跳动的肌肉器官，它的收缩和舒张是由心脏内部的电信号控制的。这些电信号通过心脏组织传导，并引起心肌细胞的兴奋和收缩

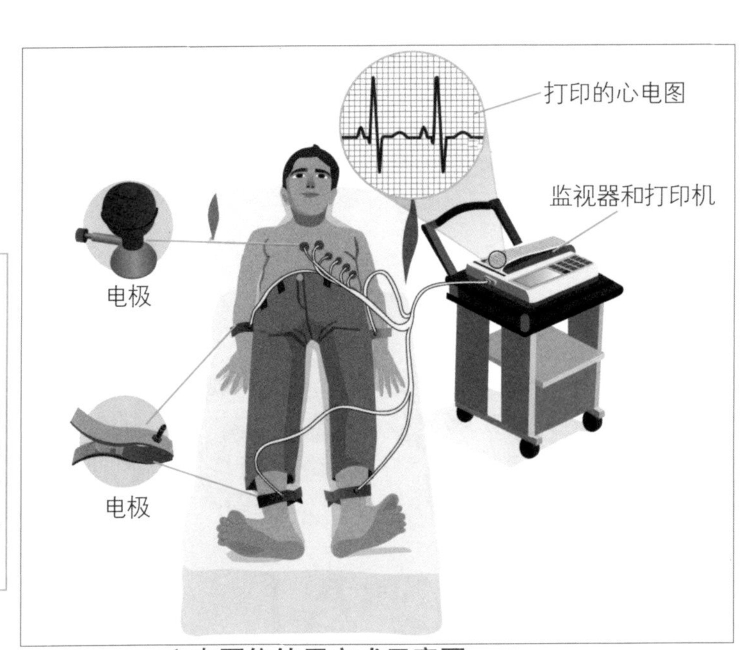

心电图仪使用方式示意图

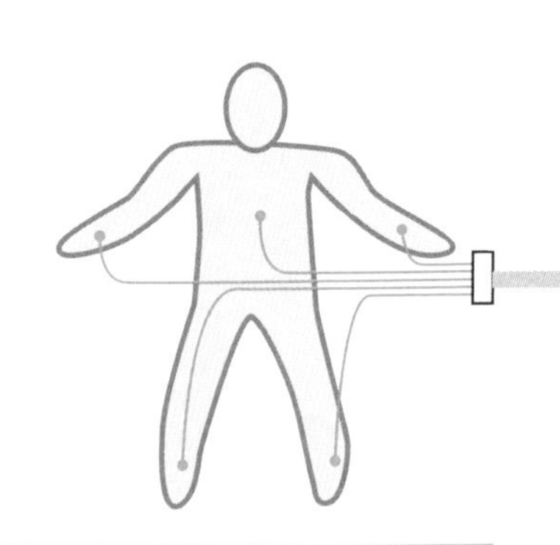

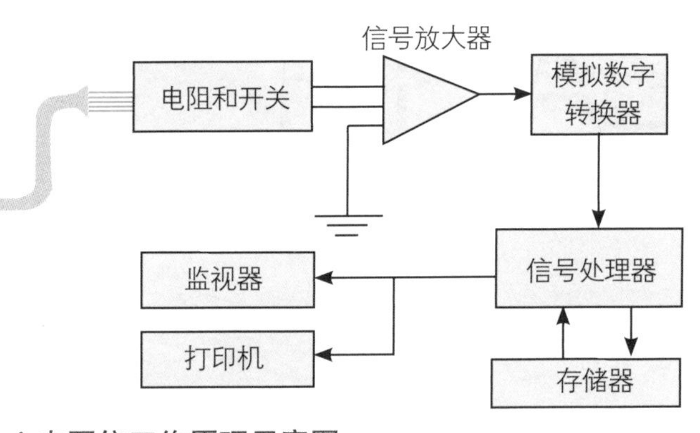

心电图仪工作原理示意图

2 放置电极

在人体特定位置放置电极，利用电极捕捉心脏电信号并传输到记录设备上。为了记录心脏电活动的不同方向和位置，通常在四肢和胸部放置电极

3 记录电信号

当心脏收缩和舒张时，电信号会在心脏组织中传播。电极捕捉到这些电信号，经放大后将其转化为数字信号，然后传输到心电图记录设备上，或打印心电图

B 超扫描仪

B 超扫描仪是怎样工作的?

通过探头发射超声波，将超声波遇到人体组织后反射回来的波信号，转换成图像，从而得以观察人体内部器官和组织结构。

1 发射超声波

超声发生器向探头输送高频电能,使得探头中的压电晶体振动，产生超声波信号，并通过探头面板向待检查的人体部位发射过去

4 形成图像

显示器根据处理后的信号，将其转换成图像，并以可视化的形式展现出来。医生可以通过观察这些图像来判断组织器官的情况，进行诊断

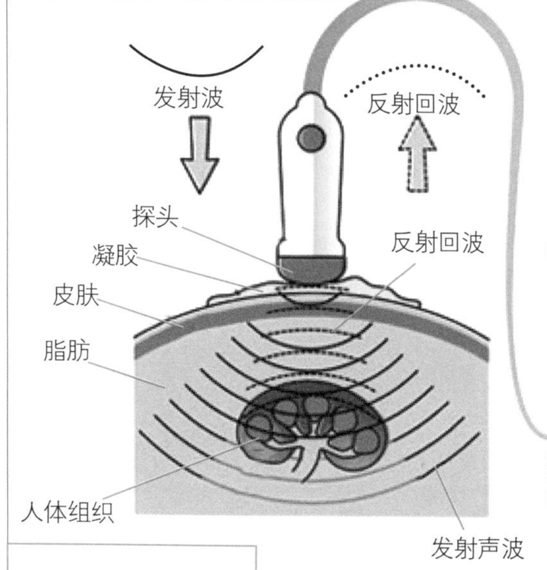

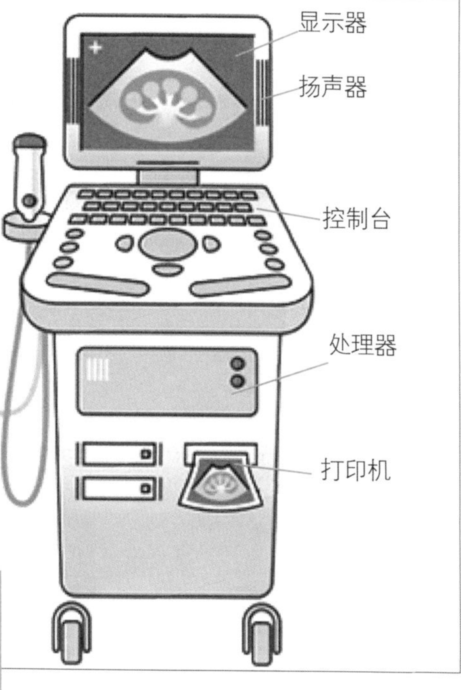

2 超声波在人体组织中传播

超声波穿过人体皮肤、肌肉、脂肪等软组织，当遇到大界面时会发生反射，遇到小界面时会发生散射

3 接收反射回波信号

无论是反射回波还是散射回波，都含有不同组织的声学信息，再通过探头接收不同组织的声学信息，经过信号处理系统处理以后，传送给显示器

B 超扫描仪构造与工作原理示意图

X 光机

X 光机是怎样工作的？

利用阴极向阳极发射电子流，使阳极发热而产生 X 射线，X 射线穿过被检查部位到达 X 射线探测器，探测器将收到的 X 射线转换为数字信号，发送给计算机生成图像。

X 射线

X 射线是一种频率极高、波长极短、能量很大的电磁波。X 射线的频率和能量仅次于伽马射线，可以很容易穿过较柔软、密度较低的人体组织。由于人体组织间有密度和厚度的差异，当 X 射线透过人体不同组织时，被吸收的程度不同，经过显像处理后即可得到不同的影像 。

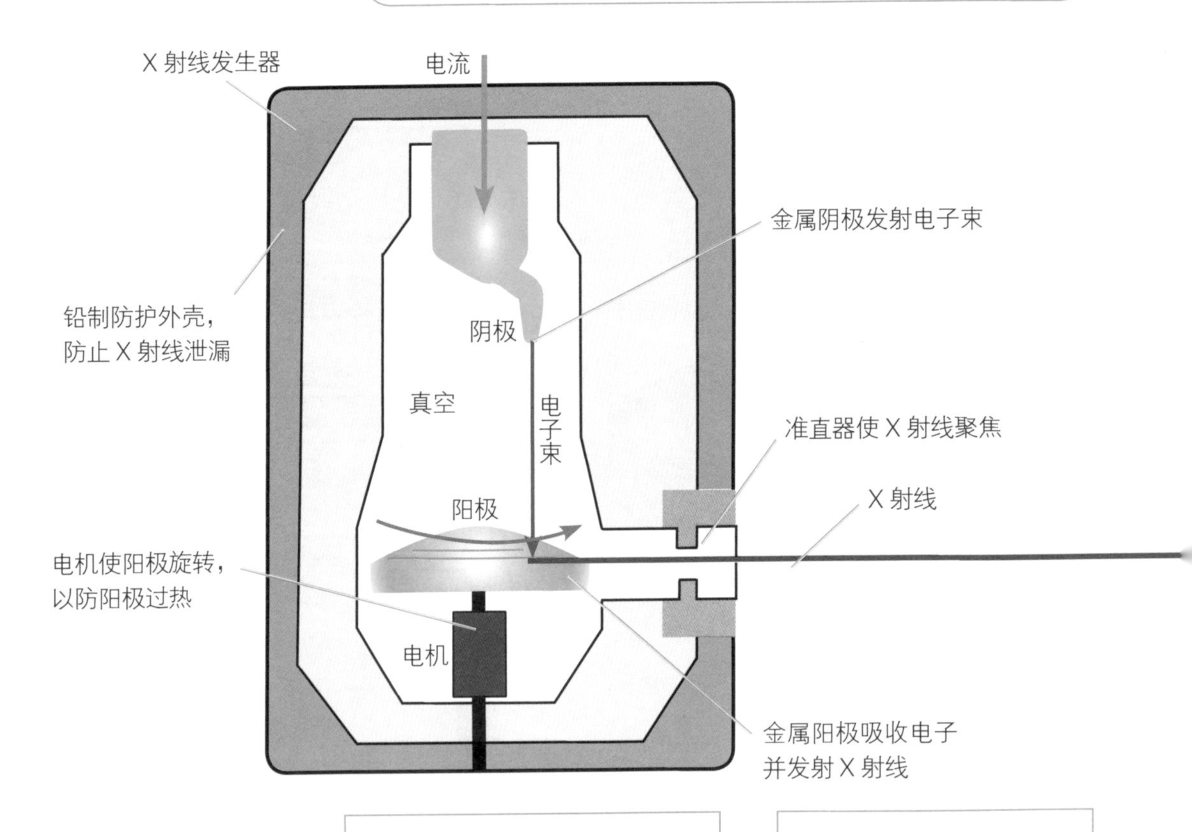

1 产生 X 射线

在真空管中有阴极和阳极。当高压电流通过阴极时，它会发射电子。这些电子流撞击并被阳极吸收，使阳极升温并发出 X 射线

2 聚焦 X 射线

X 射线被一种叫做准直器的装置聚焦，并以辐射束的形式离开 X 射线发生器

X射线是怎样发现的？

伦琴发现了X射线

1895年，德国维尔茨堡大学教授威廉·康拉德·伦琴(1845—1923)发现了X射线。伦琴在实验室里用阴极射线管工作时，观察到阴极射线管附近桌子上的晶体发出荧光。伦琴正在研究的管子由一个玻璃外壳(灯泡)组成，里面包裹着正极和负极。管子里的空气被抽走，当施加高电压时，管子就会发出荧光。伦琴用厚厚的黑纸挡住了管子，发现一种绿色的荧光是由距离管子几英尺远的一种材料产生的。

他得出结论，一种新型的射线正从电子管中发射出来。这种光线能够穿过厚厚的纸张，激发房间里的磷光材料。他发现这种新射线可以穿过大多数投射出固体阴影的物质。伦琴还发现，射线可以穿透人体组织，但不能穿透骨头和金属物体。1895年末，伦琴的第一个实验是拍摄他妻子伯莎的手。

伦琴因无法解释这种不明射线的原理，故借用了数学中代表未知数的“X”作为代号，称为“X射线”。后人为纪念伦琴的这一伟大发现，又把它命名为伦琴射线。

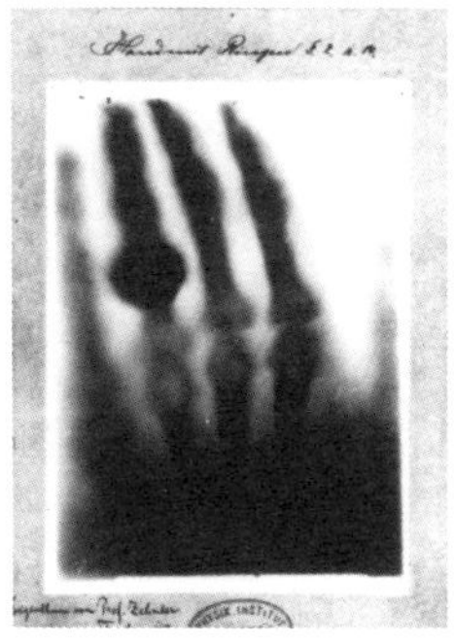

伦琴为他妻子的手拍摄的第一张医学X光片

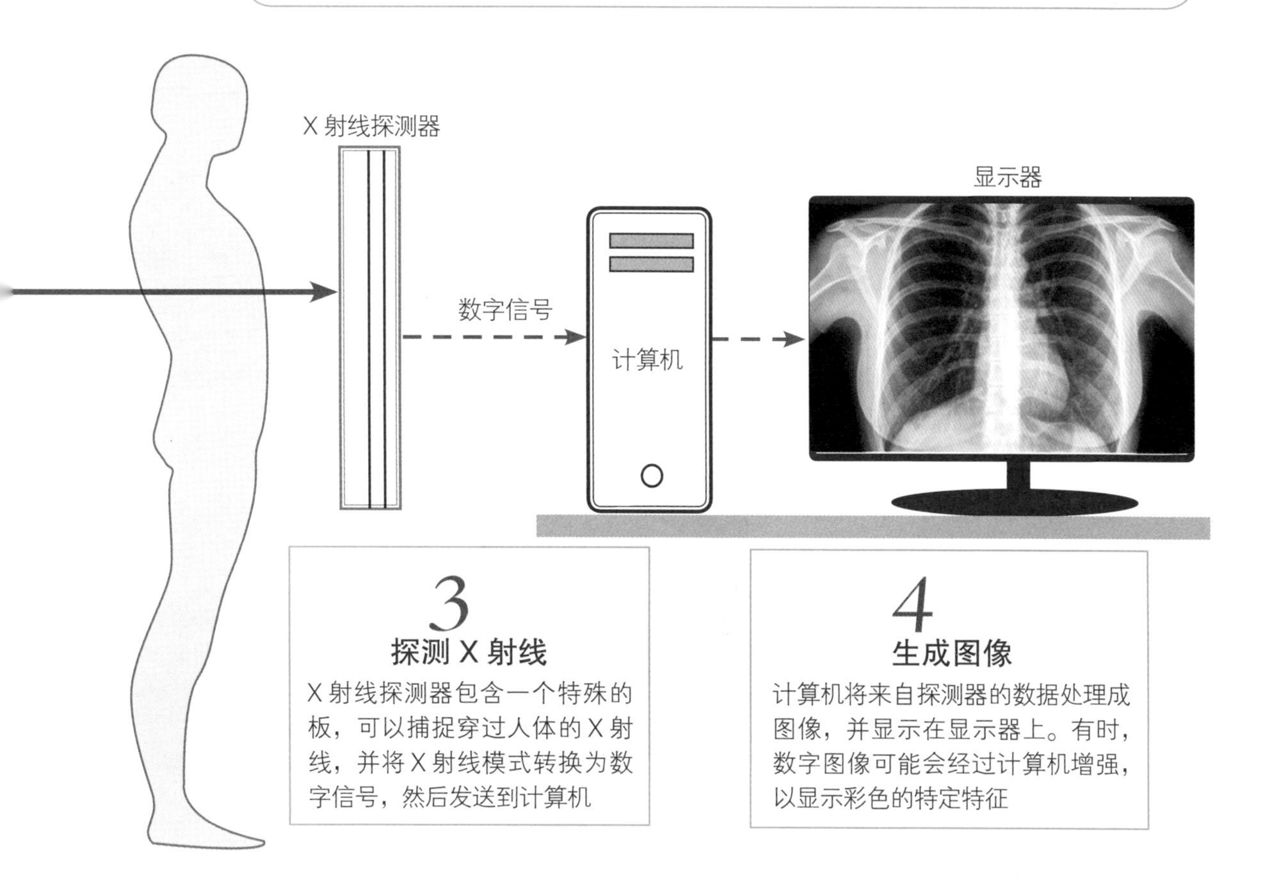

3 探测X射线

X射线探测器包含一个特殊的板，可以捕捉穿过人体的X射线，并将X射线模式转换为数字信号，然后发送到计算机

4 生成图像

计算机将来自探测器的数据处理成图像，并显示在显示器上。有时，数字图像可能会经过计算机增强，以显示彩色的特定特征

磁共振扫描仪

扫描观看动画视频

磁共振扫描仪

磁共振扫描仪是怎样工作的?

射频线圈发射无线电波脉冲，激发人体水分子中的氢质子。停止激发后质子回到原来状态而释放无线电信号，此信号被射频线圈接收并发送给计算机，计算机将信号处理成图像。

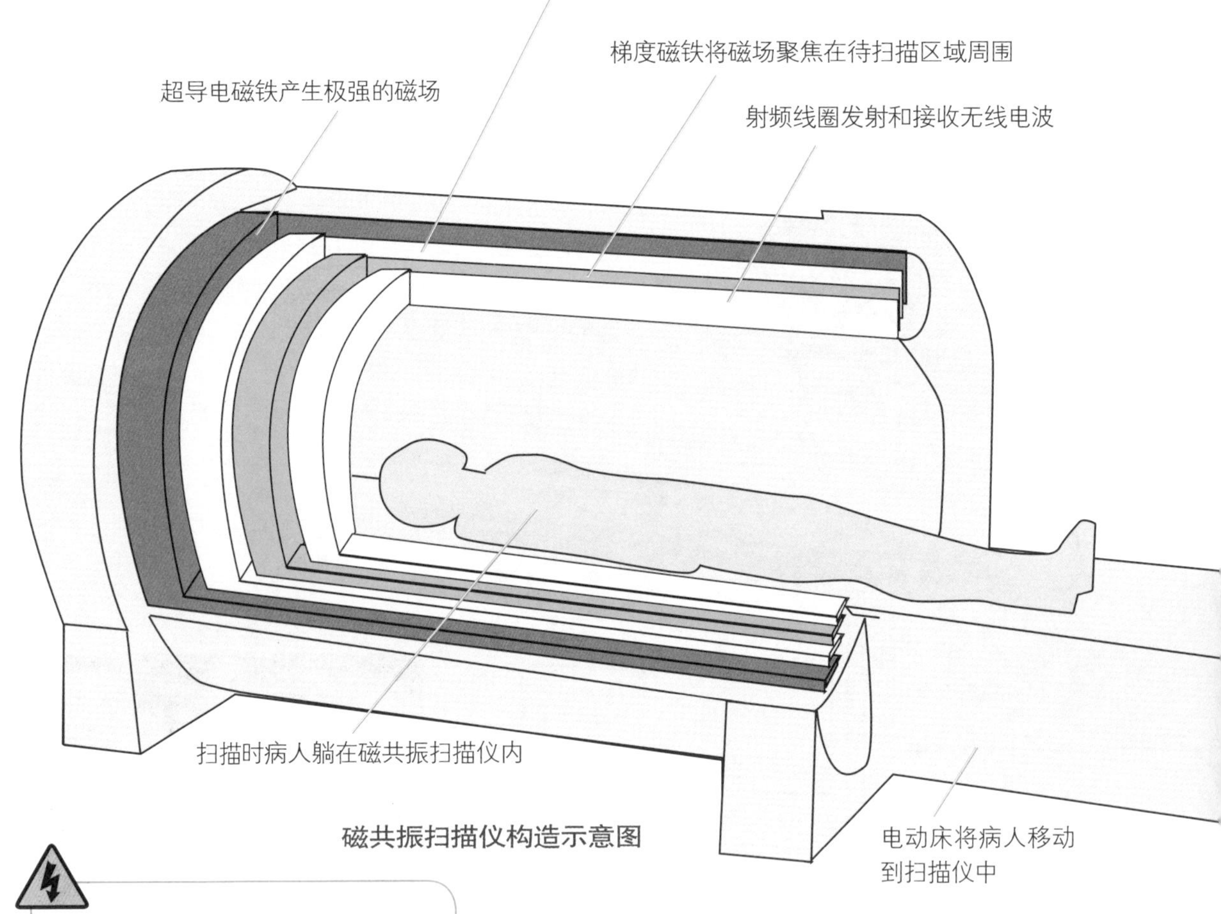

磁共振扫描仪构造示意图

为什么要探测水成分?

我们身体的大约60%都是水。人体组织中一旦发生病变，病变组织中水的成分就会发生改变，一般是增加。如能探测组织中水成分的变化，就能诊断出组织中是否发生了病变。磁共振仪通过接收人体水分子中氢质子释放的无线电信号，而探测组织中水成分变化，并能生成三维图像。

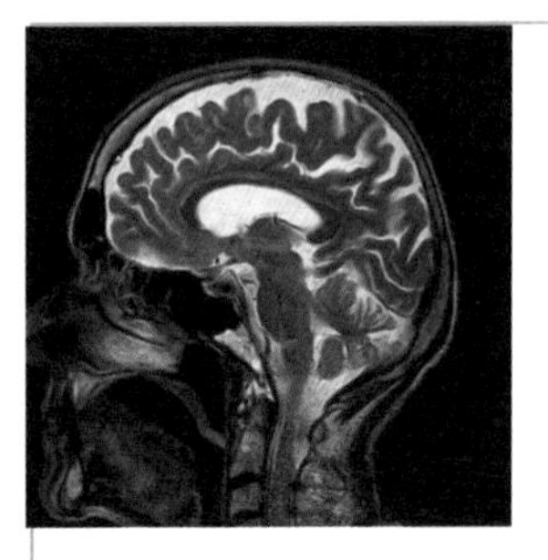

5

无线电信号被传递给计算机，计算机将其处理成图像。通过在磁场的每个部分拍摄身体图像，机器会生成器官的最终三维图像，医生可以对其进行诊断

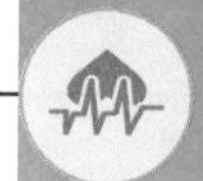

没有施加磁场

1 水分子（H_2O）由一个氧原子与两个氢原子组成。氢原子的原子核由一个质子组成，每个质子都有一个微小磁场。质子绕着自身磁场的轴线旋转。正常情况下，质子的旋转方向是随机的

施加强磁场

低能质子

高能质子

2 使用超导电磁铁，产生超强的磁场。当人体位于磁场内时，大多数质子都会以与外加磁场相同或相反的方向运动。而那些不按磁场方向运动的质子，称为低能质子

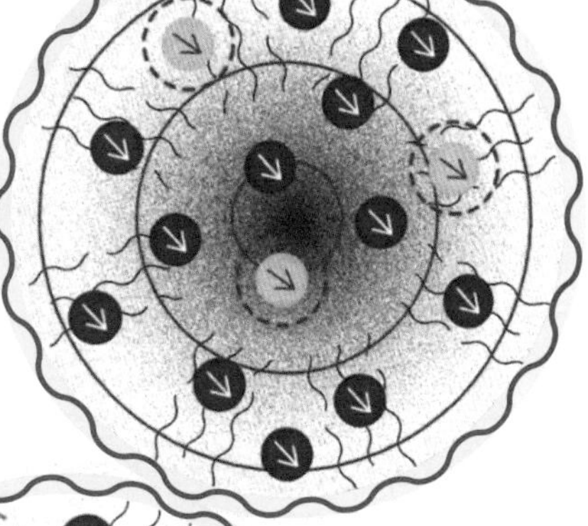

3

为了创建身体部位（例如大脑）的图像，由射频线圈向被检查部位发射与磁场匹配或共振的射频电脉冲，低能质子在吸收能量后，也按与磁场相同的方向运动

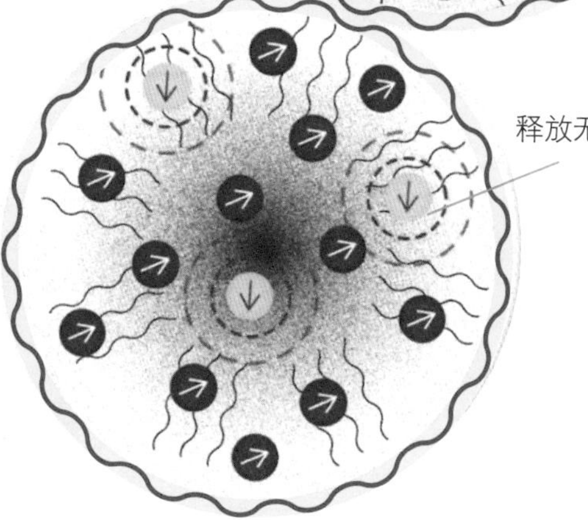

4

在射频电脉冲停止后，原来的低能质子又回到它们原来的低能状态。在此过程中，它们以无线电信号的形式释放被吸收的能量，这些信号被射频线圈接收

CT 扫描仪

CT 扫描仪是怎样工作的？

一束狭窄的 X 射线对准人体扫描部位，并在身体周围快速旋转，产生信号，经计算机处理后生成横截面图像或“切片”。将一些连续的切片整合在一起，可形成人体内部组织的三维图像。

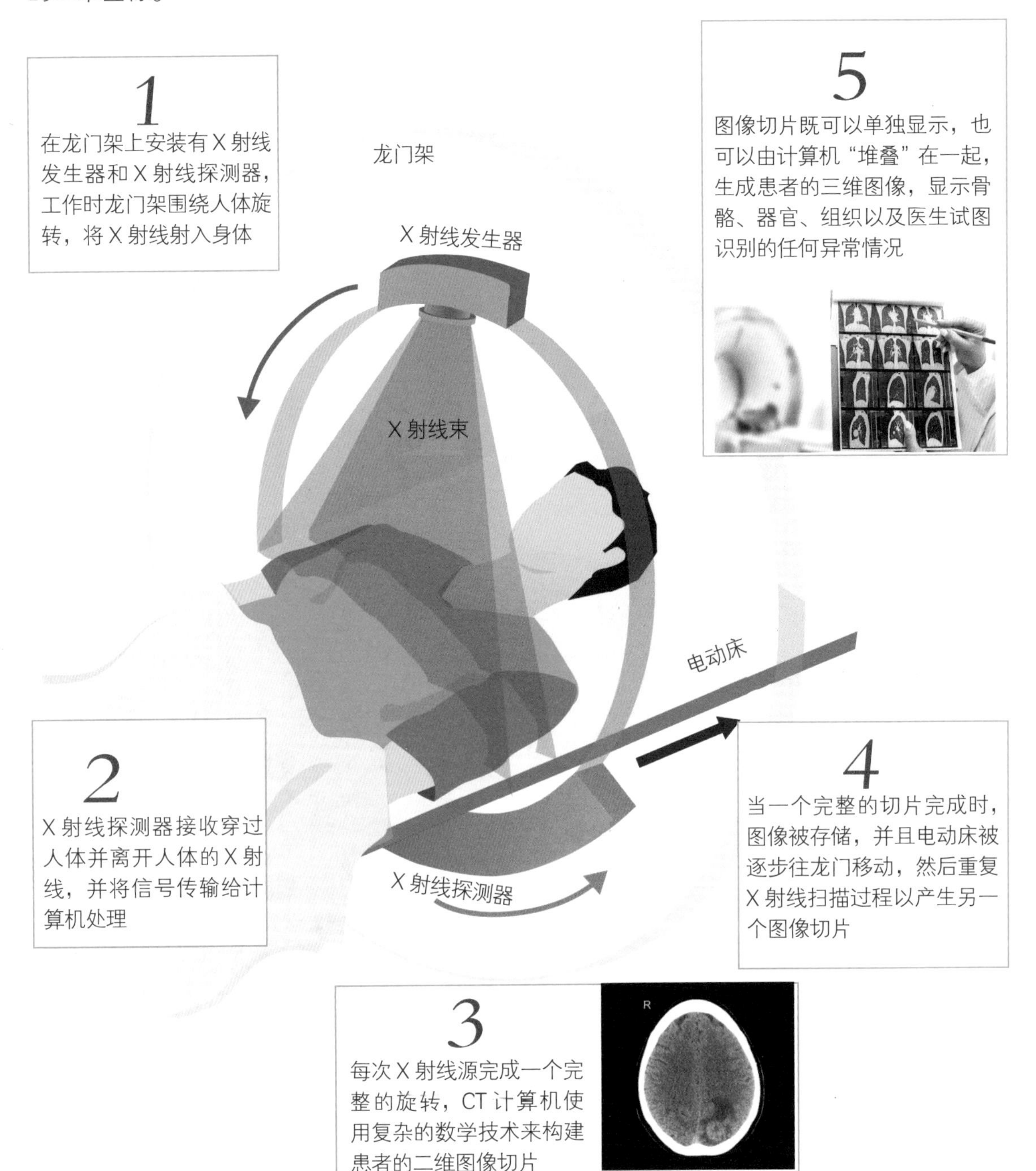

CT 扫描仪工作原理示意图

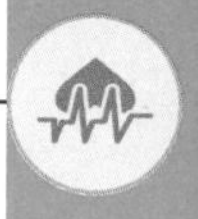

负离子空气净化器

负离子空气净化器是怎样工作的?

负离子空气净化器利用直流负高压尖端放电，空气分子被电离而产生的负离子，对空气中的细菌、病毒、粉尘等有害物质进行吸附，达到净化空气的效果。

一般把装有负离子发生器的空气净化器，称为负离子空气净化器。这种净化器一般还包括机械式过滤网、活性炭过滤网、光触媒网和紫外线等净化装置。

高压转换器

1 高压转换器中的脉冲振荡电路，将输入的低电压升为直流负高压

2 直流负高压连接到金属或碳元素制作的释放尖端，利用尖端直流高压产生高电晕

3 高电晕将空气分子电离，从而生成空气负离子

4 空气负离子因呈负电性，可以主动捕捉空气中呈正电性的飘浮微尘、烟雾等颗粒物，与其凝聚下沉，从而达到净化空气的目的

负离子发生器工作原理示意图

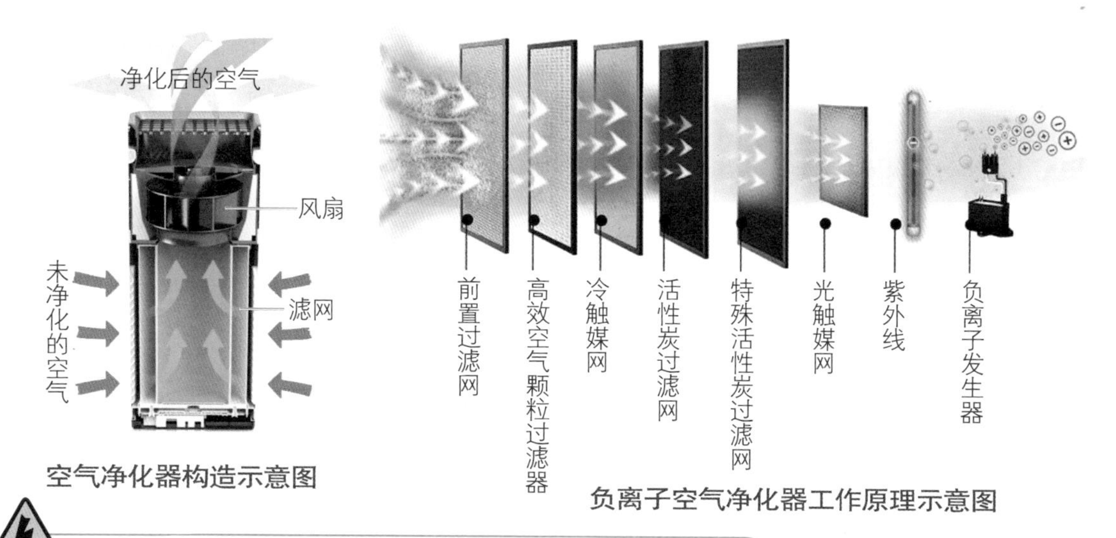

空气净化器构造示意图

负离子空气净化器工作原理示意图

空气负离子无处不在

自然界中的空气负离子无处不在。打雷闪电、植物的光合作用、瀑布水流撞击等自然现象都可以产生大量的空气负离子，这就是人们在雷雨天气、森林里、瀑布旁会感到空气清新的原因所在。

后记

终于到了写后记的时刻。恰逢龙年春节，可以放松心情，回眸微笑。本书创作中，虽然很辛苦，但喜乐和收获更多，因为这是一个有趣、创新、意义非凡的选题，是一本系统、科学、实用、可轻松阅读的科普读物。

创作中，每完成一种电器的内容，就像是攻破一个堡垒。遇到复杂的电器，更像是攻占一座城池。自始至终充满自信、从容、喜悦和满足，而且进程非常顺畅，这是一段值得令人回味的美好经历。

当然，一本好书离不开精心策划。在此感谢化学工业出版社副总编辑张兴辉，对本书的选题策划、结构安排、特色确定等，给予了至关重要的具体指导。

为确保内容的准确性、专业性和权威性，承蒙中国电工技术学会组织专家，对本书内容进行技术审核，并给出了很多非常有意义的指正，使本书臻于完善。在此感谢中国电工技术学会及韩毅秘书长、科普与培训部和技术专家吴雁南老师等，对本书的支持。

最后，特别感谢读者们的支持，希望您能喜欢这本简洁明了、直观通俗的科普书，并期待您的意见反馈。

可加作者微信交流